普通高等教育“十三五”规划教材

先进制造技术

（第4版）

刘忠伟　邓英剑　主　编

陈维克　邓根清　副主编

電子工業出版社

Publishing House of Electronics Industry

北京 • BEIJING

内 容 简 介

先进制造技术在传统制造技术的基础上融合计算机技术、信息技术、自动控制技术及现代管理理念等，所涉及的内容非常广泛，体现学科交叉融合的“新工科”先进理念。本书围绕先进制造技术的多个主题，系统地介绍各先进制造技术的基本知识、关键技术及其在实际中的应用，全书共5章，主要内容包括：绪论；先进设计技术；先进制造工艺技术；制造自动化技术；先进制造生产模式等。本书配套电子课件、习题参考答案等。

本书可作为高等学校机械工程及自动化专业、制造工程领域相关的其他专业相关课程的教材，也可作为制造行业的工程技术人员、管理人员阅读参考之用。

未经许可，不得以任何方式复制或抄袭本书之部分或全部内容。
版权所有，侵权必究。

图书在版编目（CIP）数据

先进制造技术 / 刘忠伟，邓英剑主编. —4版. —北京：电子工业出版社，2017.8

ISBN 978-7-121-32492-5

Ⅰ. ①先… Ⅱ. ①刘… ②邓… Ⅲ. ①机械制造工艺—高等学校—教材 Ⅳ. ①TH16

中国版本图书馆CIP数据核字（2017）第197093号

策划编辑：王羽佳
责任编辑：裴　杰
印　　刷：北京虎彩文化传播有限公司
装　　订：北京虎彩文化传播有限公司
出版发行：电子工业出版社
　　　　　北京市海淀区万寿路173信箱　邮编　100036
开　　本：787×1 092　1/16　印张：13.75　字数：352千字
版　　次：2006年8月第1版
　　　　　2017年8月第4版
印　　次：2025年1月第12次印刷
定　　价：35.00元

凡所购买电子工业出版社图书有缺损问题，请向购买书店调换。若书店售缺，请与本社发行部联系，联系及邮购电话：（010）88254888，88258888。

质量投诉请发邮件至 zlts@phei.com.cn，盗版侵权举报请发邮件至 dbqq@phei.com.cn。

本书咨询联系方式：（010）88254535，wyj@phei.com.cn。

前　言

先进制造技术是制造业不断吸收信息技术及现代化管理等方面的成果，并将其综合应用于产品设计、制造、检测、管理、销售、使用、服务乃至回收的制造全过程，以实现优质、高效、低耗、清洁、灵活生产，提高对动态多变的产品市场的适应能力和竞争能力的制造技术的总称。先进制造技术是发展国民经济的重要基础技术之一，对我国的制造业发展有着举足轻重的作用，体现学科交叉融合的“新工科”先进理念。

本书共 5 章，主要内容包括：绪论；先进设计技术；先进制造工艺技术；制造自动化技术；先进制造生产模式。各章节既有联系，又有一定的独立性。

本书力求语言简练、条理清晰、深入浅出，尽可能做到理论性与实用性相结合，在一些先进制造技术的后面，给出了一些应用实例。本书配套电子课件、习题参考答案等教辅资源，请登录华信教育资源网（http://www.hxedu.com.cn）注册下载。

本书可作为高等院校机械工程及自动化专业教材，也适用于与制造工程领域相关的其他专业，也可作为制造行业的工程技术人员、管理人员阅读参考之用。

本书由湖南工业大学刘忠伟、邓英剑任主编，陈维克、邓根清任副主编，长江学者特聘教授、中南大学机电学院黄明辉教授任主审。第一章、第四章由刘忠伟教授编写，第二章由邓英剑教授编写，第三章由陈维克教授编写，第五章由邓根清副教授编写。全书由刘忠伟统稿，黄明辉教授审阅了全书，并提出许多宝贵意见，在此谨表谢意。

湖南工程学院的邓奕教授也对本书提出了许多宝贵的意见和建议，在此表示衷心的感谢。

由于先进制造技术所涉及的内容极其广泛、学科跨度大，同时发展迅猛，加之作者水平有限，书中难免存在一些错误与不足之处，敬请专家及读者批评指正。

编　者

目　　录

第一章　绪　论

先进制造技术（Advanced Manufacturing Technology，AMT）源于20世纪80年代末的美国。它是制造业不断吸收信息技术及现代化管理等方面的成果，并将其综合应用于产品设计、制造、检测、管理、销售、使用、服务乃至回收的制造全过程，以实现优质、高效、低耗、清洁、灵活生产，提高对动态多变的产品市场的适应能力和竞争能力的制造技术的总称。

本章介绍了制造技术、先进制造技术的基本概念、制造业的基本概念、制造业的发展和我国制造业的现状以及制造技术的基本概念；论述了先进制造技术的内涵、特点、体系结构和分类，提出了先进制造技术的发展趋势。

第一节　制造、制造业及制造技术

一、制造、制造技术和制造业的定义

1．制造（Manufacturing）是人类按照市场的需求，运用主观掌握的知识和技能借助于手工或可以利用的客观物质工具，采用有效的方法，将原材料转化为最终物质产品，并投放市场的全过程。

就“制造过程”而言又有狭义与广义之分。

（1）狭义制造，又称“小制造”，就是指产品的加工和装配过程。

（2）广义制造，又称“大制造”或“现代制造”，它指产品的全生命周期，包括市场调研和预测、产品设计、选材和工艺设计、生产加工、质量保证、生产过程管理、营销、售后服务等产品寿命周期内一系列相互联系的活动。

2．制造业是所有与制造有关的企业机构的总体。

它是将制造资源（物料、能源、设备、工具、资金、技术、信息和人力等），通过制造过程，转化为可供人们使用与利用的工业品与生活消费品的行业，它涉及国民经济的许多部门，是国民经济和综合国力的支柱产业。它一方面创造价值，生产物质财富和新的知识，另一方面为国民经济各个部门包括国防和科学技术的进步与发展提供先进的手段和装备。

在工业化国家中，约有1/4的人口从事各种形式的制造活动，在非制造业部门中约有半数

人的工作性质与制造业密切相关。纵观世界各国，如果一个国家的制造业发达，它的经济必然强大。大多数国家和地区的经济腾飞，制造业功不可没。例如日本、新加坡、韩国、中国台湾、中国香港等。

3．制造技术（Manufacturing Technology）是完成制造活动所需的一切手段的总和，是将原材料和其他生产要素经济合理地转化为可直接使用的具有较高附加值的成品/半成品和技术服务的技术群。健康发达的高质量制造业必然有先进的制造技术作为后盾。

二、传统制造业及其技术的发展

人类文明的发展与制造业的进步密切相关。在石器时代，人类利用天然石料制作劳动工具，以采集利用自然资源作为主要生活手段。到青铜器、铁器时代，人们开始采矿、冶炼铸锻工具、织布、打造工具，满足以农业为主的自然经济的需要，采取的是作坊式手工业的生产方式。生产用的原动力主要是人力，局部利用水力和风力。直到 1765 年，瓦特发明蒸汽机，纺织业、机器制造业才取得革命性的变化，引发了第一次工业革命，近代工业化大生产开始出现。到 1820 年奥斯特发现电磁效应，安培提出电流相互作用定律，1831 年法拉第提出电磁感应定律，1864 年麦克斯韦尔电磁场理论的建立，为发电机、电动机的发明奠定了科学基础，从而迎来电气化时代。以电作为动力源，改变了机器的结构，开拓了机电制造技术的新局面。

19 世纪末 20 世纪初，内燃机的发明，自动机床、自动线的相继问世，以及产品部件化、部件标准化和科学管理思想的提出，掀起制造业革命的新浪潮。20 世纪中期，电力电子技术和计算机技术的迅猛发展及其在制造领域所产生的强大的辐射效应，更是极大地促进了制造模式的演变和产品设计与制造工艺的紧密结合，也推动了制造系统的发展和管理方式的变革。同时，制造技术的新发展也为现代制造科学的形成创造了条件。

回顾制造技术的发展，从蒸汽机出现到今天，主要经历了三个发展阶段：

1．用机器代替手工，从作坊形成工厂

18 世纪后半叶，以蒸汽机和工具机的发明为特征的产业革命，揭开了近代工业的历史，促成了制造企业的雏形——工场式生产的出现，标志着制造业已完成从手工业作坊式生产到以机械加工厂和分工原则为中心的工厂生产的艰难转变。20 世纪初，各种金属切削加工工艺方法陆续形成，近代制造技术已成体系。它产生于英国，19 世纪先后传到法国、德国和美国，并在美国首先形成了小型的机械工厂，使这些国家的经济得到了发展，国力大大增强。

2．从单件生产方式发展成大量生产方式

推动这种根本变革的是两位美国人：泰勒和福特。泰勒首先提出了以劳动分工和计件工资制为基础的科学管理，成为制造工程科学的奠基人。福特首先推行所有零件都按照一定的公差要求来加工（零件互换技术），1913 年建立了具有划时代意义的汽车装配生产线，实现了

以刚性自动化为特征的大量生产方式，它对社会结构、劳动分工、教育制度和经济发展，都产生了重大的作用。20 世纪 50 年代发展到了顶峰，产生了工业技术的革命和创新，传统制造业及其大工业体系也随之建立和逐渐成熟。近代传统制造工业技术体系的形成，其特点是以机械—电力技术为核心的各类技术相互联结和依存的制造工业技术体系。

3. 柔性化、集成化、智能化和网络化的现代制造技术

由于传统制造是以机械—电力技术为核心的各类技术相互联结和依存的制造工业技术体系，其支撑技术的发展，决定了传统制造业的生产和技术有如下特点：

（1）单件小作坊式生产加高度的个人制造技巧，大量的机械化刚性规模生产加一体化的组织生产模式，再加细化的专业分工。

（2）制造技术的界限分明及其专业的相互独立。

（3）制造技术一般仅指加工制造的工艺方法，即制造全过程中某一段环节的技术方法。

（4）制造技术一般只能控制生产过程中的物料流和能量流。机械加工工艺系统输入的是材料或坯料及相应的刀具、量具、夹具体、润滑油、切削液和其他辅助物料等，经过输送、装夹、加工和检验等过程，最后输出半成品或成品。

整个加工过程是物料的输入和输出的动态过程。这种以加工设备和加工工艺为中心，以有形的物质为对象，用以改变物料的形态和地点变化的运动过程被称为物料流；机械加工过程的各种运动，特别是物料的运动、材料的加工厂变形均需要能量来维持，这种能量的消耗、转换、传递的过程称为能量流。

为保证机械加工过程的正常进行，必须集成各方面的信息，包括加工任务、加工方法、刀具状态、工件要求、质量指标、切削参数等。所有这些信息构成了机械加工过程的信息系统，这个系统不断地和机械加工过程的各种状态进行信息交换，从而有效地控制机械加工过程，以保证机械加工的效率和产品质量。这种信息在机械加工系统中的作用过程称为信息流。

（5）制造技术与制造生产管理的分离。

三、现代制造及其技术的发展

自然科学的进步促进了新技术的发展和传统技术的革新、发展及完善，产生了新兴材料技术（新冶炼技术、新合金材料、高分子材料、无机非金属材料、复合材料等），新切削加工技术（数控机床、新刀具、超高速和精密加工），大型发电和传输技术，核能技术，微电子技术（集成电路、计算机、电视、广播和雷达），自动化技术，激光技术，生物技术和系统工程技术。

另外，人类社会在跨入 20 世纪后，物质需求不断提高，在科学和技术进步的同时，受到地球有限资源和环境条件约束，随着全球市场的逐渐形成，世界范围的竞争日益加剧，日益提高的生活质量要求与世界能源的减少和人口增长的矛盾更加突出。因此，社会发展对其经

济支撑行业——制造业及其技术体系提出了更高的需求，要求制造业具有更加快速和灵活的市场响应、更高的产品质量、更低的成本和能源消耗以及良好的环保特性。这一需求促使传统制造业在20世纪开始了又一次新的革命性的变化和进步，传统制造开始向现代制造发展。

现代制造及其技术的形成和发展特点如下：

1．在市场需求不断变化的驱动下，制造的生产规模沿着以下方向发展：小批量→少品种大批量→多品种变批量。

2．在科技高速发展的推动下，制造业的资源配置呈现出从劳动密集型→设备密集型→信息密集型→知识密集型变化。

3．生产方式上，其发展过程是：手工→机械化→单机自动化→刚性流水自动线→柔性自动线→智能自动化。

4．在制造技术和工艺方法上，现代制造在发展中，其特征表现为：重视必不可少的辅助工序，如加工前后处理；重视工艺装备，使制造技术成为集工艺方法、工艺装备和工艺材料为一体的成套技术；重视物流、检验、包装及储藏，使制造技术成为覆盖加工全过程（设计、生产准备、加工制造、销售和维修，甚至再生回收）的综合技术，不断发展优质高效低耗的工艺及加工方法，以取代落后工艺；不断吸收微电子、计算机和自动化等高新技术成果，形成CAD（Computer Aided Design，计算机辅助设计）、CAM（Computer Aided Manufacturing，计算机辅助制造）、CAPP（Computer Aided Processing Planning，计算机辅助工艺规划）、CAT（Computer Aided Testing，计算机辅助测试）、CAE（Computer Aided Engineering，计算机辅助工程）、NC（Numerical Control，数字控制技术）、CNC（Computer Numerical Control，计算机数字控制）、MIS（Management Information System，计算机管理信息系统）、FMS（Flexible Manufacturing System，柔性制造系统）、CIMS（Computer Integrated Manufacturing System，计算机集成制造系统）、IMT（Intelligent Manufacturing Technology，智能制造技术）、IMS（Intelligent Manufacturing System，智能制造计划）等一系列现代制造技术，并实现上述技术的局部或系统集成．形成从单机到自动生产线等不同档次的自动化制造系统。

5．引入工业工程和并行工程（Concurrent Engineering，CE）概念，强调系统化及其技术和管理的集成，将技术和管理有机地结合在一起，引入先进的管理模式，使制造技术及制造过程成为覆盖整个产品生命周期，包含物质流、能量流和信息流的系统工程。

第二节　先进制造技术的内涵及体系结构

一、先进制造技术产生的背景

AMT最早源于美国。美国制造业在“二战”及稍后时期得到了空前的发展，形成了一支强大的研究开发力量，成为当时制造业的霸主，制造业可以说是美国经济的主要支柱，因为美国财富的 68%来源于制造业。战后国际环境发生了很大的变化，军事对峙和显示实力刺激制造业发展的背景减弱了。由于美国长期受强调基础研究的影响，忽视制造技术的发展，到 20 世纪 70 年代日本和德国经济恢复时，美国制造业遇到了强有力的挑战，汽车业、家用电器业、机床业、半导体业、应用电子工业、钢铁业的霸主地位相继退位，连优势最为明显的航天、航空业也遇到了强有力的竞争，出口产品的竞争力大大落后于日本和德国，对外贸易逆差与日俱增，经济滞胀，发展缓慢。而日本在过去几十年内不断地主动采用制造新技术，已使其制造业成为公认的世界领袖。

20 世纪 80 年代初期，美国一批有识之上相继发表言论，对美国制造业的衰退进行了反思，强调了制造技术与国民经济及国力的至关重要的相依关系，强调了制造技术的重要性。在此背景下，克林顿政府在上台后，相继提出了两个颇有号召力的口号：“为美国的利益发展技术”“技术是经济的发动机”，强调了具有明确的社会经济目标的关键技术的重要性，制订了国家关键技术计划，并对其技术政策做了重大调整。美国先进制造技术也就是在这样一个社会经济背景下出台了。此后，AMT 在诸多国家和地区得到广泛的应用。

二、先进制造技术（AMT）的定义

先进制造技术是为了适应时代要求，提高竞争能力，对制造技术不断优化及推陈出新而形成的。先进制造技术作为一个专有名词提出后，至今没有一个明确的、公认的定义。

经过近来对发展先进制造技术方面开展的工作，通过对其特征的分析研究，可以认为：“先进制造技术（AMT）是制造业不断吸收信息技术及现代化管理等方面的成果，并将其综合应用于产品设计、制造、检测、管理、销售、使用、服务乃至回收的制造全过程，以实现优质、高效、低耗、清洁、灵活生产，提高对动态多变的产品市场的适应能力和竞争能力的制造技术的总称。”

三、先进制造技术的内涵及技术构成

先进制造技术的内涵是“使原材料成为产品而采用的一系列先进技术”，其外延则是一个不断发展更新的技术体系，不是固定模式，它具有动态性和相对性，因此，不能简单地理解为就是 CAD、CAM、FMS、CIMS 等各项具体的技术。

先进制造技术在不同发展水平的国家和同一国家的不同发展阶段，有不同的技术内涵和构成，对我国而言，它是一个多层次的技术群。先进制造技术的内涵和层次及其技术构成如图 1-1 所示。

1. 基础技术

第一层次是优质、高效、低耗、清洁基础制造技术。铸造、锻压、焊接、热处理、表面保护、机械加工等基础工艺至今仍是生产中大量采用、经济适用的技术，这些基础工艺经过优化而形成的优质、高效、低耗、清洁基础制造技术是先进制造技术的核心及重要组成部分。这些基础技术主要有精密下料、精密成形、精密加工、精密测量、毛坯强韧化、精密热处理、优质高效连接技术、功能性防护涂层等。

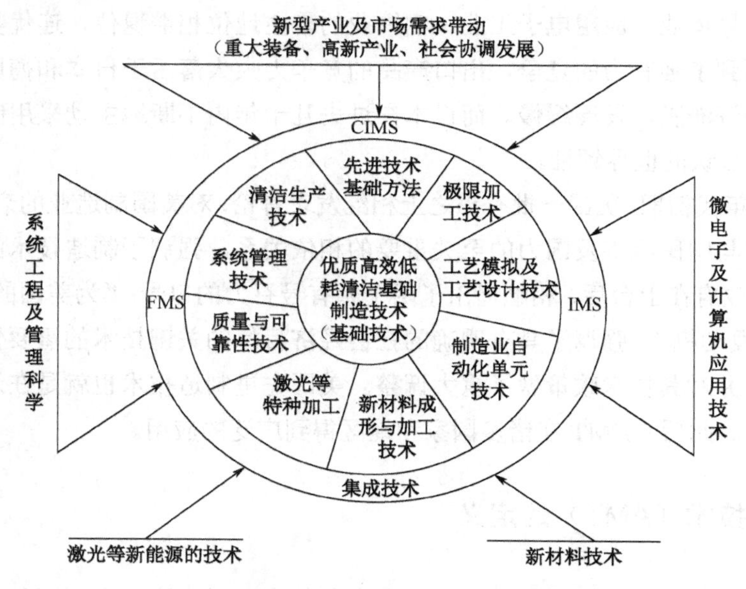

图 1-1 先进制造技术的内涵、层次及其技术构成

2. 新型的制造单元技术

第二个层次是新型的先进制造单元技术。这是在市场需求及新兴产业的带动下，制造技术与电子、信息、新材料、新能源、环境科学、系统工程、现代管理等高新技术结合而形成的崭新的制造技术。如：制造业自动化单元技术、极限加工技术、质量与可靠性技术、系统管理技术、CAD/CAM、清洁生产技术、新材料成形与加工技术、激光与高密度能源加工技术、工艺模拟及工艺设计优化技术等。

3. 集成技术

第三个层次是先进制造集成技术。这是应用信息、计算机和系统管理技术对上述两个层次的技术局部或系统集成而形成的先进制造技术的高级阶段。如 FMS、CIMS、IMS 等。

以上三个层次都是先进制造技术的组成部分，但其中每一个层次都不等于先进制造技术的全部。

四、先进制造技术的特点

1. 先进性

先进制造技术的核心和基础是经过优化的先进工艺（优质、高效、低耗、清洁工艺），它从传统制造工艺发展起来，并与新技术实现了局部或系统集成。

2. 广泛性

先进制造技术不是单独分割在制造过程的某一环节，而是将其综合运用于制造的全过程，它覆盖了产品设计、生产设备、加工制造、销售使用、维修服务，甚至回收再生的整个过程。

3. 实用性

先进制造技术的发展是针对某一具体的制造目标（如汽车制造、电子工业）的需求，而发展起来的先进、适用技术，有明确的需求导向；先进制造技术不是以追求技术的高新度为目的，而是注重产生最好的实践效果，以提高企业竞争力和促进国家经济增长和综合实力为目标。

4. 集成性

先进制造技术由于专业、学科间的不断渗透、交叉、融合，界限逐渐淡化甚至消失，技术趋于系统化、集成化，已发展成为集机械、电子、信息、材料和管理技术为一体的新兴交叉学科，因此可以称其为“制造工程”。

5. 系统性

随着微电子、信息技术的引入，先进制造技术能驾驭信息生成、采集、传递、反馈、调整的信息流动过程。先进制造技术是可以驾驭生产过程的物质流、能量流和信息流的系统工程。

6. 动态性

它不断地吸收各种高新技术成果，将其渗透到企业生产的所有领域和产品寿命循环的全过程，实现优质、高效、低耗、清洁、灵活地生产。

五、先进制造技术的体系结构

1994 年，美国联邦科学、工程和技术协调委员会（FCCSET）下属的工业和技术委员会先进制造技术工作组提出，将先进制造技术分为三个技术群：① 主体技术群；② 支撑技术群；③ 制造技术环境。这三个技术群相互联系、相互促进，组成一个完整的体系，每个部分均不可缺少，否则就很难发挥预期的整体功能效益。图 1-2 给出了先进制造技术的体系结构。

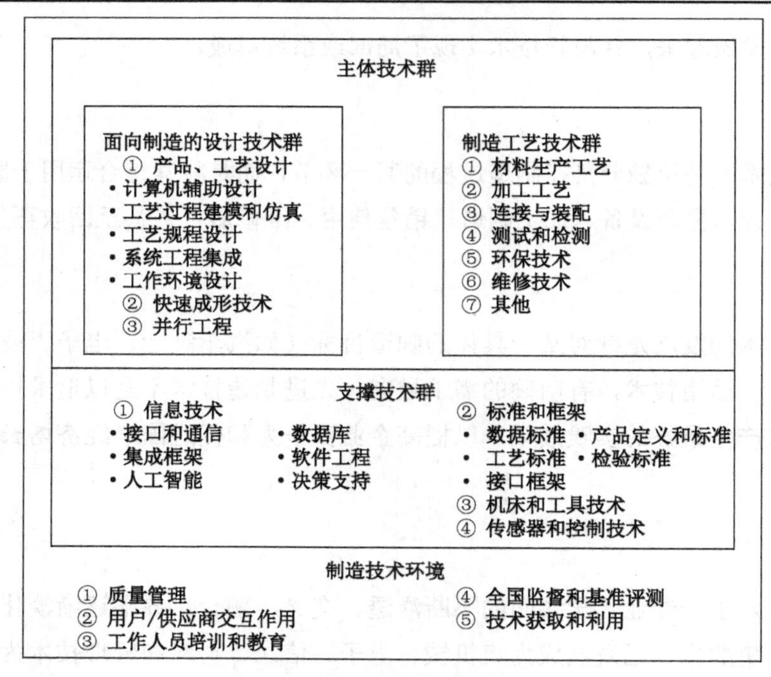

图1-2 先进制造技术的体系结构

六、先进制造技术的分类

先进制造技术已不是一般单指加工过程的工艺方法，而是横跨多个学科，包含了从产品设计、加工制造到产品销售、用户服务等整个产品生命周期全过程的所有相关技术，涉及设计、工艺、加工自动化、管理以及特种加工等多个领域。将目前各国掌握的制造技术系统化，对先进制造技术的研究分为下述四大领域。

1. 先进设计技术

（1）计算机辅助设计技术　包括：有限元法；优化设计；反求工程技术；模糊智能CAD；工程数据库等。

（2）性能优良设计基础技术　包括：可靠性设计；安全性设计；动态分析与设计；防断裂设计；疲劳设计；防腐蚀设计；减摩和耐磨损设计；健壮设计；耐环境设计；维修性设计和维修性保障设计；测试性设计；人机工程设计等。

（3）竞争优势创建技术　包括：快速响应设计；智能设计；仿真与虚拟设计；工业设计；价值工程设计；模块化设计等。

（4）全寿命周期设计技术　包括：并行设计；面向制造的设计；全寿命周期设计。

（5）可持续性发展产品设计技术　主要有绿色设计。

（6）设计试验技术　包括：产品可靠性试验；产品环保性能试验与控制、仿真试验与虚拟试验。

具体内容本书在第二章介绍。

2. 先进制造工艺技术

（1）精密洁净铸造成形工艺　包括：外热冲天炉熔炼、处理、保护成套技术；钢液精炼与保护技术；近代化学固化砂铸造工艺；高效金属型铸造工艺与设备；气化膜铸造工艺与设备；铸造成形工艺模拟和工艺 CAD。

（2）精确高效塑性成形工艺　包括：热锻生产线成套技术；精密辊锻和楔横轧技术；大型覆盖件冲压成套技术；精密冲裁工艺；超塑和等温成形工艺；锻造成形模拟和工艺 CAD 等。

（3）优质高效焊接及切割技术　包括：新型焊接电源及控制技术；激光焊接技术；优质高效低稀释率堆焊技术；精密焊接技术；焊接机器人；现代切割技术；焊接过程的模拟仿真与专家系统。

（4）优质低耗洁净热处理技术　包括：可控气氛热处理；真空热处理；离子热处理；激光表面合金化；可控冷却。

（5）高效高精机械加工工艺　包括：精密加工和超精密加工；高速磨削；变速切削；复杂型面的数控加工；游离磨料的高效加工等。

（6）现代特种加工工艺　包括：激光加工；复合加工；微细加工和纳米技术；水力加工等。

（7）新型材料成形与加工工艺　包括：新型材料的铸造成形；新型材料的塑性成形；新型材料的焊接；新型材料的热处理；新型材料的机械加工。

（8）优质清洁表面工程新技术　包括：化学镀非晶态技术；新型节能表面涂装技术；铝及铝合金表面强化处理技术；超声速喷涂技术；热喷涂激光表面重熔复合处理技术；等离子化学气相沉积技术；离子辅助沉积技术。

（9）快速模具制造技术　包括：锻模 CAD/CAM 一体化技术；快速原型制造技术等。

具体内容本书在第三章介绍。

3. 制造自动化技术

制造自动化是指用机电设备工具取代或放大人的体力，甚至取代和延伸人的部分智力，自动完成特定的作业，包括物料的存储、运输、加工、装配和检验等各个生产环节的自动化。制造自动化技术涉及数控技术、工业机器人技术和柔性制造技术，是机械制造业最重要的基础技术之一。

（1）数控技术　包括数控装置；送给系统和主轴系统；数控机床的程序编制。

（2）工业机器人　包括机器人操作机；机器人控制系统；机器人传感器；机器人生产线总体控制。

（3）柔性制造系统（FMS）　包括 FMS 的加工系统；FMS 的物流系统；FMS 的调度与

控制，FMS的故障诊断。

（4）自动检测及信号识别技术　包括自动检测 CAT；信号识别系统；数据获取；数据处理；特征提取；识别。

（5）过程设备工况监测与控制　包括过程监视控制系统；在线反馈质量控制。

本书在第四章介绍工业机器人和柔性制造系统。

4．系统管理技术

（1）先进制造生产模式　包括现代集成制造系统（CIMS）、敏捷制造系统（AMS）、智能制造系统（IMS）、精良生产（LP）以及并行工程（CE）等先进的生产组织管理和控制方法。

（2）集成管理技术　包括并行工程；物料需求计划（Material Requirement Planning，MRP）与准时制生产（Just In Time，JIT）的集成—生产组织方法；基于作业的成本管理（ABC）；现代质量保障体系；现代管理信息系统；生产率工程；制造资源的快速有效集成。

（3）生产组织方法　包括虚拟公司理论与组织；企业组织结构的变革；以人为本的团队建设；企业重组工程。

其中的先进制造生产模式在本书第五章介绍。

第三节　先进制造技术的发展

一、各国先进制造技术发展概况

1．美国

美国 68%的财富来源于制造业，可以说制造业是美国经济的主要支柱。但由于美国政府长期以来只注重对基础技术和国防技术的支持，而视传统的制造产业为“夕阳工业”，因而制造技术的发展受到了极大的冷遇，导致了 20 世纪 70 年代开始的美国科技优势和经济竞争力的衰退，其在国际市场上竞争能力受到侵蚀，世界领先地位已被动摇。

为了重新树立美国制造业在世界范围内的领导地位，加强其制造业的竞争能力，美国国家自然科学院和工程科学院、白宫科技政策办公室、国防部、商业部以及其他政府部门，都着手对制造业进行调查，在大量研究报告的基础上，美国政府在 20 世纪 90 年代初提出了一系列制造业的振兴计划，其中包括“先进制造技术计划”和“制造技术中心计划”。

（1）先进制造技术计划

该计划是美国联邦政府科学、工程和技术协调委员会于 1993 年制定的 6 大科学和开发计划之一，其目标为：为美国工人创造更多高技术、高工资的就业机会，促进美国经济增长；

不断提高能源效益，减少污染，创造更加清洁的环境；使美国的私人制造业在世界市场上更具有竞争力，保持美国的竞争地位；使教育系统对每位学生进行更富有挑战性的教育；鼓励科技界把确保国家安全以及提高全民生活质量作为核心目标。

该计划 1994 年度的预算为 14 亿美元，围绕以下三个重点领域开展研究：下一代的“智能”制造系统。这类系统将能在提高质量、降低成本的同时，提高生产率（产出）和柔性，特别适用于中小批量的生产。它们将对快速变化的市场需求作出迅速有效的响应。这类柔性的、高度自动化的集成系统将传感器和控制技术、机床和工具、物料搬运装置、信息技术以及计算机硬件软件方面的新成果与高度熟练的、富有适应性的劳动者结合在一起。这种下一代制造系统（有时也称为“制造单元”）将会推动美国制造业企业走在 21 世纪世界市场的前沿。为产品、工艺过程和整个企业的设计提供集成的工具。这些工具将能迅速而并行地开发新产品和相关的生产系统。正像在过去的计算机辅助设计和工程带来产品设计的革命一样，供生产工艺设计用的基于计算机的硬件和软件工具将会给制造过程带来新的活力，并克服由于依次串行地开发产品、工艺和制造企业（工厂布局）而引起的延误和不足。此外，成套的（集成的）工程工具将使制造过程的其他重要新领域得以扩展，例如符合环保要求的制造。这一重点领域的目的在于通过协调地开发和运用各种先进工具来降低生产成本、缩短供货期和改进产品质量。强调要为众多新出现的工艺、设备和工厂设计工具和技术提供一种集成框架、操作环境、公用数据库以及各种接口标准。这一重点领域也考虑了其他先进课题，如快速原型生产法、产品和制造系统的递阶仿真以及企业建模和企业集成化的工具。基础设施建设，包括扩展和联合已有的各种推广应用机构、建立地域性的技术联盟（技术联合体）、制定有关国家制造技术发展趋势的监督和分析机制、制定评测基准和评测指标体系等。

（2）制造技术中心计划

该计划于 1988 年颁布，也称“合作伙伴计划”，指政府与企业在共同发展制造技术上进行密切合作，针对美国 35 万家中小企业，政府的职责不是让它们生产什么产品，而是要帮助这些企业掌握先进技术，使它们具有识别、选择适用于自己技术的能力。该计划要求在一个地区设立一个制造技术中心，为中小企业展示新的制造技术和装备，组织不同类型的培训，帮助企业了解和选用最新的或最适合于它们使用的技术和装备。这些制造技术中心的作用，是在制造技术的拥有者与需要这些技术的中小型企业之间建立沟通桥梁，制造技术的拥有者通常是政府的研究机构、试验室、大学及其他研究机构。

2. 日本

自第二次世界大战之后，日本从战败国一跃成为世界经济强国，在许多重要领域如数控机床、机器人、精密制造、微电子工艺领域等取得了世界领先的进展。

美国曾以福特方法赢得全世界制造技术的优势，而日本人却在福特方法的基础上，不断更新技术以适应市场需求。20 世纪 70 年代，日本汽车大举进入美国市场，以其价廉质优和多品种将美国三大汽车公司推向倒闭的边缘。1990 年，日本 FANUC 公司生产的数控系统装置数量就占世界市场的一半。日本走出了一条：技术引进→自主开发→加强基础研究的技术发展的道路。

1990 年日本通产省提出了智能制造计划（Intelligent Manufacturing System，IMS），并约请美国、欧共体、加拿大、澳大利亚等国参加研究，形成了一个大型国际共同研究项目，由日本投资 10 亿美元保证计划的实施。该计划的核心是如何将分散的制造单元变成有机的整体。该计划目标为：要全面展望 21 世纪制造技术的发展趋势，先行开发未来的主导技术，并同时致力于全球信息、制造技术的体系化、标准化。

IMS 的产生背景是，现在各个国家、各个企业都在极力开发和追求高性能的制造技术和制造装备，但缺乏在整体制造系统的高度上确立各个开发项目的位置的观念。IMS 的研究目的是，通过各发达国家之间的国际共同研究，使制造业在接受订货、开发、设计、生产、物流直至经营管理的全过程中，做到使各个装备、各生产线自律化，并实现自律化的装备、生产线在系统整体上的协调和集成，由此来适应、迎接当今世界制造活动全球化的发展趋势，减少过于庞大的重复投资，并通过先进、灵活的制造过程的实现来解决制造系统中的人因问题。这里所谓的“自律化”，是指能够根据周围环境以及生产作业状况自主地进行判断并采取适当的行动。也就是说，给予装备、生产线一定的“智能”。

从 1992 年秋至 1994 年的大约两年时间内，IMS 选择了六个试验项目开展为期两年的研究，以探讨全面实施计划的可行性。这六个项目是：流程型工业（化学工业等）的无污染制造技术；全球化同步工程技术；全球制造的企业集成技术；自律分散型控制系统；产品快速开发技术；知识系统技术。这六个项目共有来自各参加国的 73 个企业和 67 个大学、研究机构参加，经过近两年的实施，均获得成功。

3．欧共体

西欧各国的制造业强烈地感受到来自美国和日本的压力。以美国而言，美国三大汽车公司就占有 1/4 的西欧市场，而西欧 17 国 1993 年汽车销量比 1992 年下降了 15.9%。西欧清楚地认识到：如果欧共体成员保持各自分散的市场，那将无法同美日抗衡。正如德国前总理科尔所说：“任何一个欧洲国家都不可能仅靠自身的力量有效地对付美国和日本的技术挑战，欧洲只有把财力和人力集中起来，才能保持自己在未来世界上的经济地位。”当时法国总统密特朗提出，要使欧洲不致落后太多，一个统一的欧洲是激发国家创造力的重要支柱，欧洲必须团结在一项伟大工程的周围才能拯救欧洲。为此，欧共体各国政府与企业界共同掀起了一场旨在通过“欧共体统一市场法案”的运动，并制定了“尤里卡计划（EREKA）”“欧洲信息技术研究发展战略计划（ESPRIT）”和“欧洲工业技术基础研究（BRITE）”等一系列发展计划。

尤里卡计划中，1988 年用 5 亿美元资助了涉及 16 个欧洲国家 600 家公司的 165 个合作性高科技研究开发项目。

在欧洲信息技术研究发展战略计划中，13 个成员国向 5500 名研究人员提供资助。把 CIM 中信息集成技术的研究列为五大重点项目之一，明确要向 CIM 投资 620 欧洲货币单位作为研究开发费用，抓好 CIM 的设计原理、工厂自动化所需微电子系统以及采用实时显示显像系统进行生产过程和管理的三大课题。

欧洲工业技术基础研究，重点资助材料、制造加工、设计以及工厂系统运作方式等方面的研究。

4. 韩国

进入 20 世纪 90 年代，随着六个五年计划的完成，韩国经济实力的科技基础都有了很大提高。1992 年开始的第七个五年计划，在科学技术方面提出了更高的目标。鉴于工业发达国家加强了技术保护措施，从而限制了韩国的工业发展，唯一的出路是发展本国的高技术，增加产品竞争能力。1991 年底韩国提出了“高级先进技术国家计划”，通常称为 G-7 计划。该计划的目标是到 2000 年把韩国的技术实力提高到世界第一流工业发达国家的水平，并希望通过这一计划的实施在 21 世纪初加入七国集团。

G-7 计划包括七项先进技术和七项基础技术，其中七项先进技术指：大规模集成电路、综合业务数字网、高清晰度电视、电气车辆、智能计算机、医学和农业试剂、先进制造系统，七项基础技术指：高级材料、下一代运输系统、生物技术、环境技术、新能源、新型核反应堆、人机接口技术。政府和产业部门分别投资 32 亿美元和 30 亿美元。G-7 计划是韩国政府第一次试图协调与技术相关的各部门的研究活动。过去，由于缺乏协调，导致研究投资的重复，而各部各自投资又强度太小，不足以实施大的计划。现在联合各部，制订统一的计划，再由各个部负责主管，分头实施。G-7 计划主要由科技部、工商部、能源部、交通部主管。

G-7 计划中的“先进制造系统”是一个将市场需求、设计、车间制造和分销集成在一起的系统，旨在改善质量和生产率，最终建立起全球竞争能力。该项目由三部分组成：共性基础技术，包括：集成的开放系统、标准化及性能评价；下一代加工系统，包括：加工设备、机械技术、操作过程技术；电子产品的装配和检验系统。包括：下一代印制板装配和检验系统、高性能装配机构和制造系统、先进装配基础技术、系统操作集成技术、智能技术。

二、我国先进制造技术的发展状况

中国先进制造技术在政府的关怀下得到快速发展和重大突破。具体表现在以下 10 个方面。

1．计算机辅助设计（CAD）技术普及化。

CAD 技术的普及，提高了中国企业的设计水平和产品开发能力。以三维 CAD 和产品数据管理（PDM）为重点，在软件市场和企业应用方面都相当活跃。在三维 CAD 软件开发上，主要表现为：新一代三维 CAD 软件及 CAD/CAM 系统纷纷上市，建立了 2D 和 3D 统一模型，软件的集成性得到提高与改善，软件的专业化和本地化得到加强。

在CAD技术的应用方面，到1999年底，已经遍及中国29个省市的各个行业，有10万家企业应用。

2．快速原型制造技术由起步迈向成熟，应用初具规模。

快速原型制造（Rapid Prototype Manufacturing，RPM）技术是一项国外在20世纪80年代中期才发展起来的高新技术，包括一切由CAD模型直接驱动的快速制造任意复杂形状三维实体的技术总称。

中国从20世纪90年代期间起步，并取得了突破性的进展。目前已掌握了4种最主要的RPM技术，即立体光刻（SLA）、叠层实体制造（LOM）、选择性激光烧结（SLS）、熔融沉积造型（FDM）技术，并在工艺、装备、材料方面并举发展。采用上述技术的设备国内都已商品化生产，投放国内市场并有少量出口。目前中国拥有的RPM设备从20多台发展到约200台，其中有50%是中国自已制造的。

3．精密成形与加工技术水平显著提高，在汽车零部件、重大装配制造中获得广泛应用。

精密成形与加工技术是指机械零部件从毛坯成形、零件加工到装配成为产品的全过程中，采用近净成形（Near Net Shape Process）、近无缺陷成形、越精密、超高速等多种先进技术，使制造过程精密、高效、低耗，以获得高精度、高质量产品的综合集成技术。

在精密加工方面：通过超精密车床的研究开发，一种最小分辨率（最小脉冲当量）为5nm、主轴精度为50nm、定位精度小于0.1μm/100mm、主轴最大回转直径为800mm的超精密车床已经问世。另外，还针对谐振腔体加工、复印鼓加工、球面加工的需要，开发了专用超精密车床等。

在精密成形方面：攻克了采用铜金属型进行球墨铸铁铸件精密铸造的难关，开发了汽车球铁薄型件金属型铸造工艺与成套装备，并已用于汽车齿轮等零件毛坯制造；在对汽车覆盖件冲压成形过程仿真技术及相关成套技术系统研究基础上，建立了中国具有自主版权的汽车覆盖件CAD/CAE/CAM一体化技术，并解决了柳州微型汽车厂、长沙梅花车身厂覆盖件冲压时起皱与拉裂等生产难题。

4．热加工工艺模拟优化技术取得重要进展，使材料热加工由“技艺”走向“科学”。

热加工工艺模拟优化技术（以下简称模拟优化）以材料热加工过程的精确数学、物理建模为基础，以数值模拟及相应的精确测试为手段，能够在计算机逼真的拟实环境中动态模拟热加工过程，预测材料经过成形、改性制成零件毛坯后的组织性能质量，特别是能找出易发缺陷的成因及消除方法，通过在虚拟条件下工艺参数的反复比较，得出最优工艺方案，通过模拟优化，可以确保关键大件一次制造成功；对于大批量生产的毛坯件，可以减小试模次数，直至确保一次试模成功。

5．激光加工在基础研究和技术开发方面有实质性进展，产业应用获得经济效益。

在应用基础研究方面：大功率CO_2及YAG激光三维焊接和切割机理与技术研究已取得重

要进展，一是建立了大功率激光光束的传输与聚焦理论及加工用激光光束质量的评定方法；二是建立了具有真正实用价值的激光三维加工数控自动编程。

在技术开发方面：通过对大功率激光光束光斑诊断技术的研究，已开发出大功率激光光束光斑诊断仪样机，可对连续大功率激光光束和聚焦光斑的功率密度分布进行测量。在激光熔敷技术方面解决了两个关键技术：一是研制出采用载气送粉和同轴保护气的自汇聚三维随动熔敷加工头；二是设计制作了以高精车为主体的光束成型系统，从而使该技术真正走向工业应用。

6. 数控技术取得重要进展，国内市场占有率有所提高。

中国在数控机床共性关键技术攻关、数控机床开发、数控系统和普及型数控机床产业化工程研究、传统装备的数控化改造等方面取得了进展，在一些基础技术和关键技术上有重大突破。

7. 现场总线智能仪表研究开发获重要进展，应用已有一定的基础。

基于计算机及数字通信技术的工业控制通信网络技术，即现场总线技术，以及相关的设备及系统技术获得飞速发展，这是未来工业自动化技术和自动化控制技术的重要发展方向。

8. 微型机械研究进展迅速，标志着先进制造技术正向微观领域扩展。

微型机械研究泛指尺寸范围为毫米、微米或纳米级，集微结构、微传感器、微执行器和微控制器为一体的微机电系统。

9. 现代集成制造系统研究和应用取得突破，在国际上占有一席之地。

10. 新生产模式的研究和实践具有特色，推动了中国制造业的技术进步和管理现代化。

20 世纪 90 年代，中国在汽车制造业中首先推广精良生产。通过精简机构、减少管理层次、组织团队、消除企业中存在的各种浪费现象，显著提高了企业的经营效益，随着 Internet 的普及应用，众多高等院校将敏捷制造作为研究方向，并结合中国制造业的实际情况，进行了有益的探索和实践。

三、先进制造技术的发展趋势

随着以信息技术为代表的高新技术的不断发展和市场需求的个性化与多样化，未来制造业发展的重要特征是全球化、网络化、虚拟化，未来先进制造技术发展的总趋势是向精密化、柔性化、虚拟化、网络化、智能化、敏捷化、清洁化、集成化及管理创新的方向发展。

1. 传统制造技术向高效化、敏捷化、清洁化方向发展

（1）向高效化方向发展

机械加工、铸造、锻压、焊接、热处理与表面改性等传统工艺技术在相当长时间内仍将是量大面广、经济实用的制造技术，对其加以优化和革新具有重大技术经济效益。随着精度

补偿、应用软件、传感器、自动控制、新材料和机电一体化等技术的发展，工艺装备在数控化的基础上进一步向生产自动化、作业柔性化、控制智能化方向发展。例如，焊接生产已由单机控制发展到专机群控，进而发展到柔性生产及车间集中控制、大型焊接成套设备、多自由度焊接机器人和焊接工程专家系统；新一代装备制造技术也在不断发展，多轴联动加工中心、装配作业集成机床、虚拟轴机床、快速成形机等新型加工设备不断涌现；与工艺和装备发展相匹配的计量测试技术、工况监测与故障诊断技术、装配技术、质量保证技术等也不断取得新的进展。

（2）向敏捷化方向发展

进入20世纪90年代以来，世界经济表现为竞争全球化、贸易自由化、需求多样化，产品生产朝多品种小批量方向发展，从而对制造企业快速响应市场和产品一次制造成功的要求日益提高。基于此，现代的产品设计正由手工绘图方式向计算机自动绘图方式方向发展，由满足单个构件要求的设计向对整个制造系统功能的综合设计、将设计与制造及相关因素进行系统综合的并行设计、基于网络的远程设计方向发展。面向制造、面向装配、面向检测的设计将利用并行工程的原理和方法，从设计一开始就考虑到从产品概念设计到报废处理的全生命周期的有关问题；在计算机建模仿真基础上扩展的虚拟制造技术，在产品设计阶段就适时地、并行地、协同地“虚拟”出产品未来的制造全过程及其产品性能、可制造性等相关因素，从而更经济、更快捷、更柔性地组织生产和优化布局，以达到缩短产品开发周期，降低生产成本，提高生产效率，完善产品设计质量的目的。因此，可以预测，面向并行工程的设计、虚拟制造的设计、全寿命周期设计、CAD/CAM/CAPP一体化技术等敏捷设计制造技术与系统将在今后若干年内得到长足发展。

（3）向清洁化方向发展

保护环境、节约资源已成为全球密切关注的焦点，为此发达国家正积极倡导“绿色制造”和“清洁生产”，大力研究开发生态安全型、资源节约型制造技术。因此，发达国家正在大力发展清洁绿色的精密成形与加工制造技术，能实现少甚至无切削的塑性成形技术、“干净”成形技术、粉末冶金技术等将成为21世纪优先发展的制造技术。随着可持续发展思想的深入人心，发达国家正通过立法的、经济的、政策的、舆论的手段加强对制造业的环境监督与安全保护，对制造企业废弃物的排放标准日趋严格，制造工艺安全标准也不断提高。

2．先进制造技术向精密化、多样化、复合化方向发展

进入21世纪，先进制造技术正以迅猛的步伐，逐步、全面地改变着传统制造技术的面貌和旧的制造模式。就发达国家的AMT发展而言，具有以下比较明显的发展趋势。

（1）向精密化方向发展

加工技术向高精度发展是制造技术的一个重要发展方向。精密加工和超精密加工、微型机械的微细和超微细加工等精密工程是当今也是未来制造技术的基础，其中纳米级的超精密

加工技术和微型机械技术被认为是21世纪的核心技术和关键技术。

精密、超精密加工主要包括 4 个领域：超精密切削加工。国外采用金刚石刀具已成功地实现了纳米级极薄层的稳定切削。超精密磨削加工和研磨加工。国外用精密砂带加工出的磁盘其表面粗糙度可达 9nm。超精密特种加工技术。发达国家用电子束、离子束刻蚀法已加工出精度2.5nm、表面粗糙度4.5nm以下的大规模集成电路芯片。超精密加工装备制造技术。目前加工圆度在10nm、表面粗糙度在3nm以内的超精密加工机床已经问世并用于生产。微细、超微细加工是一种特殊的精密加工，它不仅加工精度极高，而且加工尺寸细微，其主要工艺方法有光刻、刻蚀、沉积、外延生长等。微型机械是机械技术与电子技术在 μm/nm 级水平上相融合的产物。据国外专家预测，21 世纪将是微型机械、微电子和微型机器人的时代。美国采用半导体微细加工工艺已在硅片上加工出纳米级微型静电电机和微流量控制泵；可注入人体血管的医用微型机器人和其他实验、演示用微型机器人也已诞生。

（2）向多样化方向发展

为适应制造业对新型或特种功能材料以及精密、细小、大型、复杂零件的需要，发达国家正大力研究与开发各种原理不同、方法各异的加工与成形方法，如超硬/超脆材料的高能束流加工、复合材料的水射流切割、陶瓷材料的微波能加工、超塑性材料的等温锻造、高温超导材料的粉末成形、复杂精密零件的电铸加工、大型板状零件的等离子体加工以及特殊环境和极限条件下的真空焊接、水下切割、爆炸成形等。据统计，目前在机械制造中采用的成形工艺已达500种以上，特种成形工艺也有百余种。

（3）向复合化方向发展

由于材料加工难度越来越大，工件形状越来越复杂，加工质量要求越来越高，国外正在研究多种能量的复合加工方法以及常规加工与特种加工的组合加工工艺。如在切削区引入声、光、电、磁等能量后，可以形成超声振动切削、激光辅助切削、导电加热切削、磁性切削等复合加工工艺。不同的特种加工工艺也可以相互组合，扬长避短，如对陶瓷、人造金刚石等超硬、脆件材料加工方法的研究带动了电火花与电化学复合加工、电火花与超声波复合加工、电解复合抛光等多种能量复合加工技术的发展。还出现了激光退火或真空镀膜与离子注入相结合、塑性成形与扩散连接相结合、化学热处理与电镀相结合等组合化工艺。目前，两种能量的复合工艺已得到广泛应用，而多种能量的复合加工工艺也正在探索之中。

利用特种加工易于实现自动化、自适应控制的特点，将特种加工技术和信息技术相结合，不断发展高精度、高效率的超大型、超微型、超精密特种加工机床和加工中心。例如，激光加工中心能将切割、打孔、焊接、表面处理等不同加工工序集成在一起，能加工多种材料和多种规格、形状的零件，并能实现多维度的智能化控制。

3．制造系统向柔性化、集成化、智能化、全球化方向发展

（1）向柔性化方向发展

制造业自动化水平是制造技术先进性的主要标志之一，不断提高制造业自动化程度是工

业先进国家追求的目标，随着制造业生产规模向“小批量→少品种大批量→多品种变批量”的演进，发达国家制造业自动化系统也相应地从20世纪70年代以前刚性连接的自动线和自动化单机发展到20世纪80年代的计算机数控（CNC）、柔性生产线和柔性制造系统（FMS）以及20世纪80年代中期以后的计算机集成制造系统（CIMS），并正向更高水平的智能制造系统（IMS）和全球敏捷制造系统推进。总之，制造业自动化系统正沿着数控化→柔性化→集成化→智能化→全球化之螺旋式阶梯攀缘而上，柔性化程度越来越高。

（2）向集成化方向发展

20世纪80年代中期以来，国外的柔性制造设备开始与CAD、CAPP、CAM等自动化技术和生产管理中的管理信息系统（MIS）等进行集成，借助计算机和网络技术，将企业所有的技术、信息、管理功能和人员、财务、设备等资源与制造活动有机结合在一起向CIMS发展，构成一个覆盖企业制造全过程（产品订货、设计、制造、管理、营销），能对企业“三流”（即物质流、资金流、信息流）进行有效控制和集成管理的完整系统，实现全局动态综合优化、协调运作和整体高柔性、高质量、高效率，从而创造出巨大生产力。目前，发达国家的CIMS已从实验室走向大规模工业应用，CIMS既是当今制造业自动化十分热门的前沿科技，也是21世纪制造业的主流生产技术和未来工厂的主导生产模式。

（3）向智能化方向发展

未来的制造业是基于知识和信息的高技术产业。随着微电子、信息和智能技术的迅猛发展，现代机器将由传统的动力驱动型（体力取代型）和命令型转向未来的信息驱动型和智能型（脑力取代型），制造自动化也将从强调全盘自动化转向重视人的智能和人机交互合作。20世纪80年代末、90年代初，发达国家开始将人工神经网络（Artificial Neural Network，ANN）、遗传算法（Genetic Algorithm，GA）等为代表的新一代人工智能技术与制造技术进行集成，发展了一种新型的智能制造技术（IMT）和智能制造系统（IMS）。IMT及IMS首次系统地提出了对制造系统的数据流、信息流、知识流的全面集成，也更加突出了制造过程中人类智能的能动作用和人机融洽合作。智能化是柔性化、集成化的拓展和延伸，未来的智能机器将是机器智能与人类专家智能的有机结合，未来的制造自动化将是高度集成化与高度智能化的融合。

（4）向全球化方向发展

人类已经步入知识经济和信息化的时代，随着世界自由贸易体制的不断完善，全球统一大市场的形成以及全球信息高速公路网络和交通运输体系的建立，制造业将得以借助全球互联网络、计算机通信和多媒体技术实现全球或异地制造资源（知识、人才、资金、软件、设备等）的共享与互补，制造业、制造产品和制造技术走向国际化，制造自动化系统也进一步向网络化、全球化方向发展。基于Internet的敏捷制造、全球制造已经成为现实。

4．制造科学、技术与管理向交叉化、综合化方向发展

（1）向交叉化方向发展

不同领域的学科与技术相互交叉渗透是大科学时代的重要特征。随着现代科技的突飞猛

进，制造技术正吸收与融会微电子学、计算机科学与技术、信息科学、材料科学、生物学、管理科学以至人文社会科学等诸多学科的理论知识和最新成果，不断研究各类产品与机器的新原理和制造机理。探索新的制造科学基础理论，改进旧的或创造新的设计方法、制造工艺、技术手段、工艺装备和制造模式，建立新的学科群、技术群和产业群，制造技术本身也由一门工艺技术发展为一门面向大制造业、涵盖整个产品生命周期和制造各环节、横跨众多学科与技术领域的新型、交叉工程科学——制造科学。制造科学与技术走向一体化，制造科学指导、支撑制造技术，制造技术丰富、推动制造科学，两者相互包含，彼此促进，相得益彰。AMT 的研究与开发越来越依赖于多学科的交叉与综合。例如，对制造机理的研究和制造规律的揭示离不开以微电子和计算机技术为基础的现代实验测试、监控补偿、理论算法、数据处理、建模仿真等技术的发展。又如 AMT 中的快速成形技术涉及机械、电子、计算机、光学、材料等多个学科，每个学科的相关进步都会促进快速成形技术的发展，反过来，快速成形技术的发展又会对各相关学科提出更高、更新的课题。

总之，21 世纪将是制造科学技术与现代高新技术进一步交叉、融合的世纪，制造科学技术体系将更臻充实、完善与拓展。

（2）向综合化方向发展

以系统论、控制论、信息论为核心的系统科学与管理科学也正在向制造技术领域渗透、移植与融合，产生出新的制造技术与制造模式。制造技术与管理技术已成为推动制造系统向前运动的两个快速转动的“驱动轮”，制造模式则是连接两轮的“主轴”。

先进制造模式是一项由人与物、技术与组织管理构成的集成系统，制造硬技术与管理软技术在制造模式中得到有机统一。管理技术已成为柔性制造系统、计算机集成制造系统等的重要组成部分，更是后续章节介绍到的如敏捷制造、智能制造、虚拟制造等先进制造模式的内核和灵魂。组织管理体制的变革与制造模式的创新推动了制造技术的进步，增强了制造业对日益多变市场的应变能力。如何更好地实现管理技术与制造技术的有机融合将是未来制造业发展面临的一个永恒的课题。制造技术在充分利用现代高新技术改造和武装自身的同时，AMT 这门技术科学内部各学科、各专业间也不断渗透、交叉与融合，界限逐步模糊甚至消失，技术趋于系统化、集成化。例如，精密成形技术的发展使热加工有可能提供最终形状、尺寸可直接装配的零件，淡化了冷、热加工的界限；在制造自动化系统内部，计算机技术、智能技术、自动化技术、现代管理技术等犬牙交错、密不可分；在计算机集成制造系统中，加工、检测、物流与装配过程之间，产品设计、材料应用、加工制造、组织管理之间界限逐渐模糊，走向一体化。

复习思考题

1．简述先进制造技术的产生背景。

2．先进制造技术的内涵和特点是什么？

3．说明先进制造技术的体系结构。

4．简述先进制造技术的发展趋势。

第二章　先进设计技术

先进设计技术是先进制造技术的基础，它是制造技术的第一个环节。据相关资料介绍，产品设计成本仅占产品成本的 10%，但却决定了产品制造成本的 70%～80%，在产品质量事故中，约有 50%是由于不良设计造成的，所以设计技术在制造技术中的作用和地位是举足轻重的。

先进设计技术涉及的学科领域很多，受本书篇幅所限，本章主要介绍应用广泛的、相对成熟的计算机辅助设计；优良性能设计基础技术中的可靠性设计；竞争优势创建技术中的智能设计和仿真与虚拟设计；全寿命周期设计技术中的并行设计；可持续发展产品设计技术中的绿色设计。

第一节　概述

一、先进设计技术的定义

先进设计技术是指融合最新科技成果，适应当今社会需求变化的、新的、高级水平的各种设计方法和手段。

先进设计技术的“先进”是指在设计活动中融入了新的科技成果，特别是计算机和信息技术的成果，从而使产品在性能、质量、效率、成本、环保和交货期等方面明显高于现有产品，甚至有很大的创新。

二、先进设计技术的特点

设计是一个不断探索、多次循环、逐步深化的求解过程。先进设计技术已扩展到产品的规划、制造、营销和回收等各个方面。先进设计技术具有以下一系列特点。

1．系统性。它是指用系统的观点分析和处理设计问题，从整体上把握设计对象，考虑对象与外界（人、环境等）的联系。

2．创新性。它是指突出创新意识，力主抽象的设计构思，扩展发散的设计思维、多种可行的创新方法，广泛深入地评价决策，基体运用创造技法，探索创新工艺试验，不断要求最优方案。

3．动态性。不仅考虑产品的静态特性，还要考虑产品在实际工作状态下的动态特征，考虑产品与周围环境的物质、能量及信息的交互。

4．数字化。很多先进设计技术的实现都依赖计算机，如有限元分析、系统仿真等。它们充分利用计算机快捷的数值计算功能、严密的逻辑推理能力和巨大的信息存储及处理能力，弥补自然人存在的天生不足，实现了人机优势的互补。

5．智能化。它是指在已被认识的人的思维规律的基础上，在智能工程理论的指导下，以计算机为主模仿人的智能活动，通过知识的获取、推理和运用，解决复杂的问题，设计高度智能化的产品。

6．最优化。它是指在设计过程中，通过优化的理论与技术，对产品进行方案优化、结构优化和参数优化，力争实现系统的整体性能最优化，以获得功能全、性能好、成本低、价值高的产品。

三、先进设计技术的技术体系

先进设计技术分支学科很多，其体系结构如图2-1所示分解为基础技术、主体技术、支撑技术和应用技术四个层次。

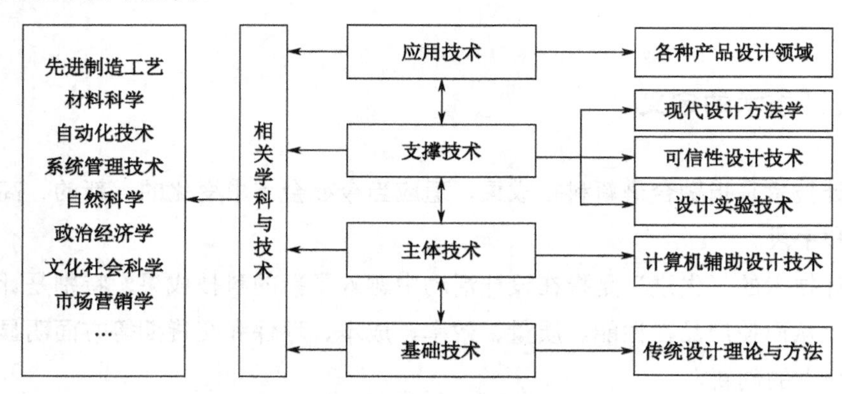

图2-1　先进设计技术体系结构图

1．基础技术。它是指传统的设计理论与方法，包含运动学、静力学、动力学、材料力学、热力学、电磁学、工程数学等。这些基础技术为先进设计技术提供了坚实的理论基础，也是先进设计技术发展的源泉。

2．主体技术。它是指计算机支持的设计技术，它以数值计算与对信息和知识的独特处理能力，成为先进设计技术群体的主干。可以毫不夸张地说，没有CAD技术、优化技术、有限元分析、模拟仿真、虚拟设计和工程数据库，就没有先进设计技术。

3．支撑技术。它是指现代设计方法学、可信性设计技术和设计实验技术，为设计信息的处理、加工、推理与验证提供了理论、方法和手段的支撑。

（1）现代设计方法学包含系统设计、功能设计、模块化设计、价值工程、反求工程、绿色设计、模糊设计、工业设计等；

（2）可信性设计包含可靠性设计、安全设计、动态设计、防断裂设计、疲劳设计、健壮设计、人机工程设计等；

（3）设计实验技术包含产品性能实验、可靠性实验、环保性能实验、数字仿真实验和虚拟实验等。

4．应用技术。它是针对实用而派生的各类具体产品设计领域的技术，如汽车、工程机械、精密机械等设计的知识和技术。

第二节 计算机辅助设计（Computer Aided Design，CAD）

一、CAD 的定义

计算机辅助设计（CAD），是工程技术人员以计算机为工具，用各自的专业知识，对产品进行设计、绘图、分析和编写技术文档等设计活动的总称。

CAD 技术思想起源于 20 世纪 60 年代末，得益于美国麻省理工学院 Sutherland 博士的研究工作。40 多年来，CAD 技术已经发展成以“计算机技术”和“计算机图形学”为技术基础，融合各应用领域中的设计理论与方法的一种高新技术。

二、CAD 系统的基本功能

完整的 CAD 系统有图形处理、几何建模、工程分析、仿真模拟和工程数据库的管理与共享等功能，如表 2-1 所示。

表 2-1 CAD 系统的基本功能

功能	功能说明
图形处理	完成图形绘制、编辑、图形变换、尺寸标注及技术文档生成等
几何建模	几何建模指在计算机上对一个三维物体进行完整几何描述，几何建模是实现计算机辅助设计的基本手段，是实现工程分析、运动模拟及自动绘图的基础
工程分析	对设计的结构进行分析计算和优化，应用范围最广、最常用的分析是利用几何模型进行质量特性和有限元分析。质量特性分析提供被分析物体的表面积、体积、质量、重心、转动惯性等特性。有限元分析可对设计对象进行应力和应变分析及动力学分析、热传导、结构屈服、非线性材料蠕变分析，利用优化软件，可对零部件或系统设计任务建立最优化问题的数字模型，自动解出最优设计方案

续表

功能	功能说明
仿真模拟	在产品设计的各个阶段，对产品的运动特性，动力学特性进行数值模拟从而得到产品的结构、参数、模型对性能等的影响情况，并提供设计依据
数据库的管理与分享	数据库存放产品的几何数据、模型数据、材料数据等工程数据，并提供对数据模型的定义、存取、检索、传输、转换

三、CAD 系统的组成

一般来说，一个 CAD 系统由以下三部分组成。

1．CAD 硬件

由计算机及其外围设备和网络通信环境组成。

计算机按主机等级可分为大中型机系统、小型机系统、工作站和微型机系统。目前应用较多的是 CAD 工作站，工作站是用户可以进行 CAD 工作的独立硬件环境。

外围设备包含鼠标、键盘、扫描仪等输入设备和显示器、打印机、绘图仪等输出设备。

网络系统由中继器、位桥、路由器、Modem 和网线组成。计算机及外围设备以不同的方式连接到网络上，以实现资源共享。

2．CAD 软件

CAD 软件分为三个层次：系统软件，支撑软件和应用软件，其关系如图 2-2 所示。系统软件与硬件的操作系统环境相关，支撑软件主要指各种工具软件；应用软件是指以支撑软件为基础的各种面向工程应用的软件。各种软件的功能如表 2-2 所示。

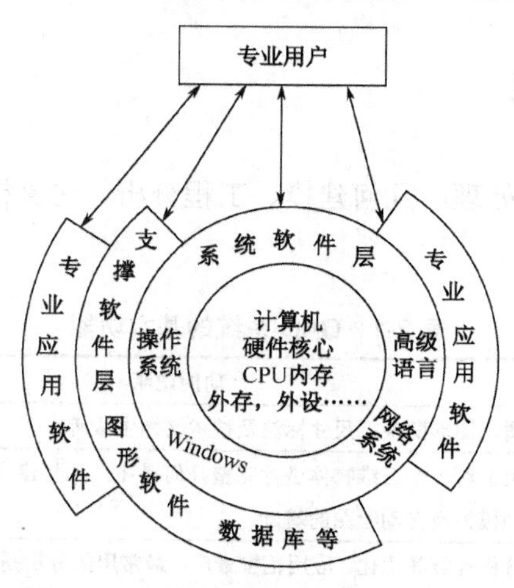

图 2-2 CAD 软件的层次结构示意图

3．设计者

设计者与 CAD 系统的软硬件一起组成能协同完成设计任务的人机系统。

表 2-2　CAD 系统的软件

组成		功能	备注
系统软件	语言编译软件	CAD 技术中广泛应用的面向过程或面向问题的高级语言程序叫源程序，源程序要通过编译器编译后产生可执行的二进制机器语言码，才可以在计算机中执行，常用的高级语言有 BASIC，FORTRAN，PASCAL，C，LISP 和 PROLOG 等	程序编写者可根据具体情况选用某种高级语言，例如 FORTRAN 语言计算功能强，适于科学计算等
	操作软件	操作软件是指为控制和管理计算机的硬件和软件资源，合理组织计算机工作流程以及方便用户使用计算机而配置的程序的集合	操作软件必须提供多道程序运行或分时操作的可能性，它必须使用户能用高级程序语言，以实现对语式和几何数据的输入和输出
CAD 支撑软件		图形软件，二维图形软件主要提供绘制机械制图图样的功能；三维图形软件则还具有生成透视图、轴测图、阴影浓淡外形图等的功能。在 CAD 工作中，还要求能方便地在屏幕上构成设计对象形状和尺寸，并反复作优化修改，即有构形的功能 分析软件，常用的有有限元计算软件，机构运动分析和综合计算软件，优化计算软件，动力系统分析计算软件等 数据库管理软件和数据交换接口软件，CAD 过程中需要引用大量设计标准和规范数据；设计对象的几何形状，材料热处理以及工艺参数等数据需在设计过程中逐步确定，并根据分析结果作优化修改，因此，CAD 系统中需要有数据库管理软件，以便对 CAD 数据库进行组织和管理	支撑软件有图形软件，分析软件，数据库管理软件，数据交换接口软件等
应用软件		应用软件是直接解决实际问题的软件，例如把常用的典型的机构或零件的设计过程标准化，然后建立通用设计程序，设计者可以方便地调用，按照需要输入参数来计算应力，确定几何尺寸、质量以及设计工艺过程等	它可以是一个用户专用，也可以为许多用户通用

四、CAD 系统的建模技术

建模技术是 CAD 系统的核心，也是实现计算机辅助制造（CAM）的基本手段。它分为几何建模和特征建模两类方法。

1. 几何建模（Geometric Modelling）

几何建模是指对于现实世界中的物体，从人们的想象出发，利用交互的方式将物体的想象模型输入计算机，而计算机以一定的方式将模型存储起来。目前常用的三维几何建模，根据描述的方法和存储的信息不同，可分为如图 2-3 所示的三种类型。

（1）线框模型（Wire Frame Model）。这是最早应用也是最简单的模型，物体只通过棱边来描述，模型只存储有关框架线段信息。线框模型具有数据结构简单、对硬件要求不高和易于掌握等特点，但存在没有面的信息造成图形的多义性，如图 2-4 所示左边的透视图就可以有右边两图的理解。目前应用较少。

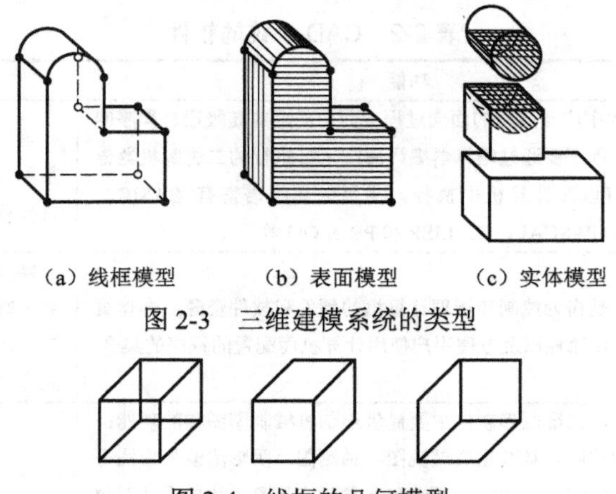

（a）线框模型　（b）表面模型　（c）实体模型

图 2-3　三维建模系统的类型

图 2-4　线框的几何模型

（2）表面模型（Surface Model）。这是 CAD 和计算机图形学中最活跃、最关键的学科分支之一，通过对物体各种表面或曲面进行描述的建模方法。表面模型除了储存线框线段信息外，还存储了各个外表面的几何描述信息。它常用于飞机、汽车、船舶的流体动力学分析，家用电器等的工业造型设计，山脉、水浪等自然景物模拟。

（3）实体模型（Solid Model）。实体模型储存了物体完整的三维几何信息，它可以区别物体的内部和外部，可以提取各部分几何位置和相互关系的信息。实体建模的典型应用是绘制真实感强的自动消去隐藏线透视图和浓淡图，自动生成剖视图，自动计算体积、质量和重心，动态显示运动状态和进行装配干涉检验，支持有限元网格划分。

实体模型生成物体的方法主要有如表 2-3 所示的边界表示法、构造实体几何法、扫描法和单元分解法四种。

表 2-3　常用实体建模方法

名　称	描述
边界表示法	以物体边界为基础的定义和描述三维物体的方法，它能给出完整的界面描述，边界表示的数据结构一般用体表、面表、环表、边表及顶点表 5 层描述，它对物体几何特征的整体描述能力弱，不能反映物体的构造过程和特点，不能记录物体的组成元素的原始特征，目前边界表示是实体造型系统中使用最广泛的表示方法之一
构造实体几何法	一种由简单的几何形体（通常称为体素，例如球、圆柱、圆锥等）通过正则布尔运算（并，交，差），来构造复杂三维物体的表示方法，用 CSG 方法表示，一个复杂物体可以描述为一棵树，树的叶节点为基本体素，中间节点为正则集合运算，这棵树称为 CSG 树，树中的叶节点对应于一个体素并记录体素的基本定义参数；树的根节点和中间节点对应于一个正则集合运算符；一棵树以根节点作为查询和操作的基本单元，它对应于一个物体名，CSG 表示的物体具有唯一性和明确性，CSG 表示的主要缺点是不具备物体的面、环、边、点的拓扑关系和不具有唯一性
扫描法	扫描表示法是基于一个点、一条曲线、一个表面后一个三维体沿某一路径运动而产生所要表达的三维形体，扫描表示有两种常见特例：平移扫描和旋转扫描。平移扫描的扫描轨迹是直线。平移与旋转扫描表示都是把对三维物体的表示转化为二维或一维物体的表示
单元分解法	单元分解表示法是一个几何体有规律地分割为有限个单元，单元分解是非二义性的，却不是唯一的

2．特征建模（Feature Modelling）

特征建模是基于产品定义的一种建模技术。特征建模不仅包含几何建模物体的几何信息与拓扑信息，而且包含了物体与制造工艺相关的信息，既增加了实体几何的工程意义，又为实现 CAD/CAPP/CAM 系统集成奠定了基础。

第三节　可靠性设计（Reliability Design，RD）

一、可靠性的定义

按照国家标准规定，产品的可靠性就是产品在规定的条件下和规定的时间内完成规定功能的能力。

从上述定义可以得出产品可靠性的概念包含以下五个要素：

1．产品。产品是可靠性工程研究的对象，它可以是零部件、元器件、设备、分系统和系统，也可以是硬件或软件。不同的产品对可靠性的要求是不同的。比如航空、航天和核电站等一旦发生故障就会造成极大的生命财产的损失，它们对其产品的可靠性要求很高，而灯泡、电扇等一般生活用品的可靠性要求显然就不那么高。

2．规定的条件。产品在完成规定功能过程中所处的环境条件、使用条件和维护条件等规定条件。环境条件包含温度、压力、振动等；使用条件包含使用时的应力条件，操作人员的技术水平等；维护条件包含维护方法、储存条件等。在产品可靠性分析中必须明确所规定的条件，因为同一产品在不同的规定条件下产品的可靠性是不同的，比如同一辆汽车在高速公路和山路上行驶，可靠性的表现就不太一样。

3．规定的时间。产品完成规定功能所需要的时间，随着产品对象和目标功能的不同而不同，比如液压系统一般要求在几个月到几年内可靠，而火箭的飞行则在几分钟到几十分钟内可靠。总体来说，产品随着任务时间的延长，发生故障的概率也将增加，产品的可靠性将下降，所以分析系统可靠性必须指出是在多长规定时间的可靠性。

4．规定的功能。规定的功能是产品规定了的、必须具备的功能及其技术指标。只有对产品规定的功能有明确的定义后，才能对产品是否发生故障有一个确切的判断。同一产品规定不同的功能或技术指标，其可靠性指标会有一定的区别。

5．能力。产品完成其规定功能的可能性。产品在规定的条件和规定的时间内，可能完成任务，也可能完不成任务，这是一个随机事件，随机事件可以用概率来描述。因此，通常用概率来衡量产品的可靠性。

二、可靠性设计的主要内容

可靠性设计的任务就是确定产品质量指标的变化规律，在此基础上确定如何用最少的费用保证产品应有的工作寿命和可靠度，建立最优的设计方案，实现所要求的产品可靠性水平。可靠性设计的主要内容有以下几个方面：

1．可靠性水平的确定

可靠性设计的根本任务是使产品达到预期的可靠性水平。随着世界经济的一体化形成，产品的竞争成为国际市场之间的竞争。所以，根据国际标准和规范，制定相关产品的可靠性水平等级，对于提高企业的管理水平和市场竞争能力有十分重要的意义。此外，统一的可靠性指标可以为产品的可靠性设计提供依据，有利于产品的标准化和系列化。

2．故障机理和故障模型研究

产品在使用过程中受到载荷、速度、温度、振动等各种随机因素的影响，致使元件材料逐渐老化、丧失原有的性能，从而发生故障或失效。因此，掌握材料老化规律，揭示影响老化的根本因素，找出引起故障的根本原因，用统计分析方法建立故障或失效的机理模型，进而较确切地计算分析产品在使用条件的状态和寿命，这是解决可靠性问题的基础所在。

3．可靠性试验技术研究

表征机械零件工作能力的功能参数是设计变量和几何参数的随机函数，若从数学的角度推导这些功能参数的分布规律较为困难，所以需要通过可靠性实验来获取。可靠性实验是取得可靠性数据的主要来源之一，通过可靠性实验发现产品设计和研制阶段的问题，确定是否需要修改设计。可靠性实验是既费时又费钱的试验，所以采用正确而又恰当的试验方法不仅有利于保证和提高产品的可靠性，而且能够大大地节省人力和费用。

三、可靠性设计的常用指标

可靠性设计就是要将可靠性及相关指标定量化，具有可操作性，用以指导产品的开发过程。可靠性设计的常用指标有：

1．可靠度（Reliability）

可靠度是指零件（系统）在规定的运行条件下、在规定的工作时间内能正常工作的概率。可靠度越大，产品完成规定功能的可靠性越大。

一般情况下，产品的可靠度是时间的函数，用$R(t)$表示，称为可靠性函数，该函数是累积分布函数，它表示在规定的时间内圆满工作的产品占全部工作产品累积起来的百分数。设有N

个相同的产品在相同的条件下工作，到任一给定的工作时间 t 时，产品发生故障的个数为 $n(t)$，当 N 足够大时，在时间 t 的可靠度 $R(t)$表示为

$$R(t)=\frac{N-n(t)}{N} \tag{2-1}$$

其中，N——产品总数；

$n(t)$——N 个产品到 t 时刻的失效数。

如果随机失效按指数分布规律，则可靠度为

$$R(t)=e^{-\int_0^t \lambda(t)\mathrm{d}(t)}=e^{-\lambda\int_0^t \mathrm{d}t}=e^{-\lambda t} \tag{2-2}$$

2．失效率（Failure Rate）

失效率又称故障率，它表示产品工作到某一时刻后，在单位时间内发生故障的概率，用 $\lambda(t)$表示。故障率是衡量产品可靠性的一个重要指标，故障率越低，产品的可靠性越高。其数学表达公式为

$$\lambda(t)=\lim_{\Delta t\to 0}\frac{n(t+\Delta t)-n(t)}{[N-n(t)]\Delta t}=\frac{\mathrm{d}n(t)}{[N-n(t)]\Delta t} \tag{2-3}$$

其中，N——产品总数；

$n(t)$——N 个产品到 t 时刻的失效数；

$n(t+\Delta t)$——N 个产品工作到 t 时刻的失效数。

失效率是一个时间的函数，若以二维图形进行描述，就可以得到如图 2-5 所示典型的失效率曲线，图中实线为机械产品的失效率曲线，虚线为电子产品的失效率曲线。

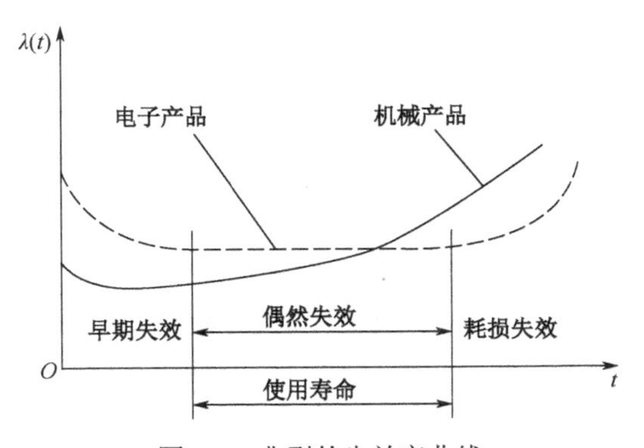

图 2-5　典型的失效率曲线

从图 2-5 可以看出电子产品的失效率呈浴盆状，俗称浴盆曲线，由该曲线可以明显看出产品失效的三个阶段：

（1）早期失效期。在产品的试制或开始投入使用后的阶段，由于工艺过程造成的缺陷，某些元件很快失效，表现出高的失效率。

（2）偶然失效期（正常使用期）。当有缺陷的元件被淘汰后，产品失效率明显下降并趋于稳定，仅仅是由于工作过程中偶然因素导致失效。

（3）耗损失效期。一般情况下，产品元件表现为耗损、疲劳或老化所致的失效，失效率迅速上升。

机械产品与电子产品的失效率曲线有较大的差异。因为机械产品的主要失效形式是疲劳、磨损、腐蚀等典型的损伤累计失效，而且一些失效的随机因素也很复杂，所以随着时间的推移，失效率呈递增趋势。在试验或使用的早期阶段，少数零件由于材料存在缺陷或工艺过程造成的应力集中等，使得部分零件很快失效，出现较高的失效率。在正常使用期后，由于损伤累积，失效率将不断增加。

3．平均寿命（Mean Life）

平均寿命有两种情况：对于可修复的产品，是指相邻两次故障间工作时间的平均值 *MTBF*（Mean Time Between Failure），称作平均失效间隔时间，即平均无故障工作时间；对于不可修复的产品，是指从开始使用到发生故障前工作时间的平均值 *MTTF*（Mean Time To Failure），称作平均失效前时间。

平均寿命可由下式计算

$$MTBF(\text{或}MTTF)=\frac{1}{N}\sum_{i=1}^{N}t_{\mathrm{i}} \tag{2-4}$$

其中，N——对不可修复产品而言为试验品数，对可修复产品而言为总故障次数；

t_{i}——对不可修复产品为第 i 个产品失效前工作时间，对可修复产品为第 i 次故障前的无故障工作时间。

四、系统的可靠性设计

系统的可靠性设计包含两层含义，其一是可靠性预测，其二是可靠性分配。

可靠性预测是按系统的组成形式，根据已知的单元和子系统的可靠度计算求得的。它是一种合成方法，是按单元→子系统→系统自下而上地落实可靠性指标。

可靠性分配是将已知系统的可靠性指标合理地分配到其组成的各子系统和单元上去，从而求出各单元应具有的可靠度。它是一种分解方法，是按系统→子系统→单元自上而下地落实可靠性指标。

不管是可靠性预测还是可靠性分配，计算系统的可靠度都需要系统的可靠性模型。

1．系统的可靠性模型（系统）

（1）串联系统。由若干个单元（零、部件）或子系统（为了简略，后文子系统均略）组成的系统中，当任一个单元失效时都会导致整个系统失效，或者说只有系统中每个单元都正常工作时系统才正常，如图 2-6 所示。

（2）并联系统。由若干单元组成的系统中，只要一个单元在发挥其功能，系统就能维护其功能，或者说只有当所有单元都失效时系统才失效，如图 2-7 所示。

1　2　…　n

图 2-6　串联系统可靠性框图

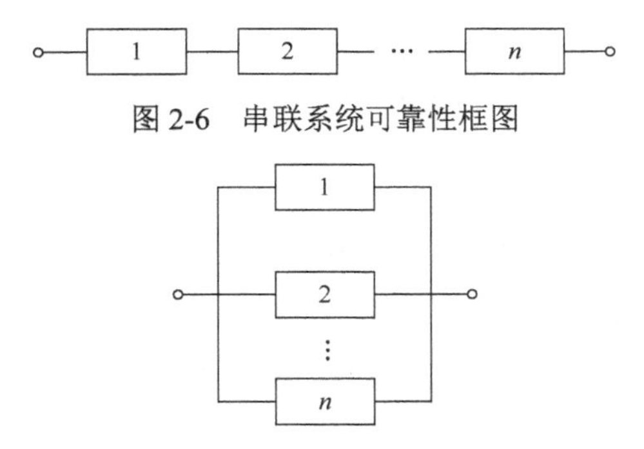

图 2-7　并联系统可靠性框图

（3）混联系统。由串联的子系统和并联的子系统组合而成，它可分为串—并联系统（先串联再并联的系统）和并—串联系统（先并联再串联的系统），如图 2-8 所示。

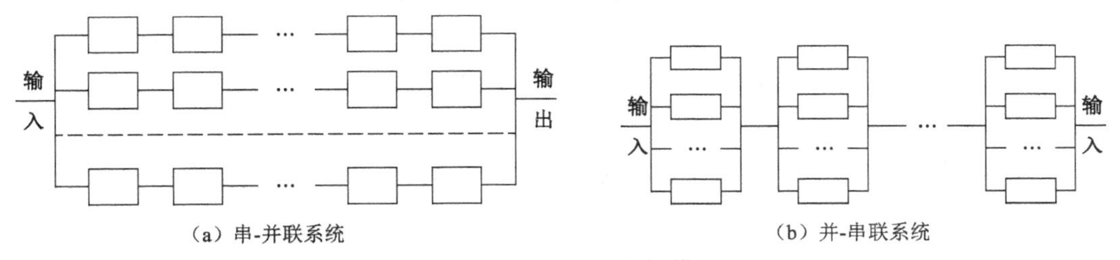

（a）串-并联系统　（b）并-串联系统

图 2-8　混联系统可靠性模型

（4）旁联系统（备用冗余系统）。一般来说，在产品或系统的构成中，把同功能单元或部件重复配置以作备用。当其中一个单元或部件失效时，用备用的来替代（自动或手动切换）以继续维持其功能，如图 2-9 所示。该系统明显特点是有一些并联系统，但它们在同一时刻并不是全部投入运行的。

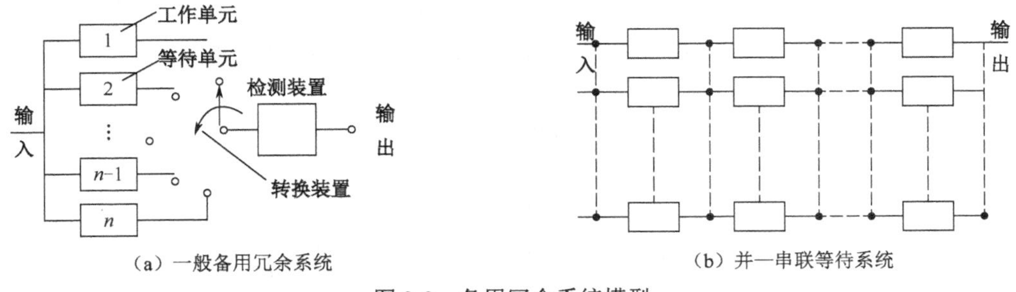

（a）一般备用冗余系统　（b）并—串联等待系统

图 2-9　备用冗余系统模型

（5）复杂系统。非串—并联系统和桥式网络系统都属于复杂系统，如图 2-10 所示。

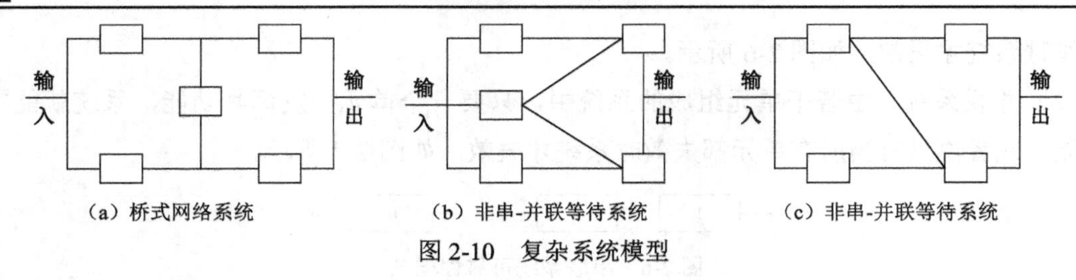

（a）桥式网络系统　（b）非串-并联等待系统　（c）非串-并联等待系统

图 2-10　复杂系统模型

2．系统的可靠性预测

根据系统的可靠性模型，由单元的可靠度通过计算就可预测系统的可靠度。

（1）串联系统的可靠度计算

串联系统要能正常工作必须是组成其的所有单元都能正常工作，应用概率乘法定律可知串联系统的可靠度为

$$R_s(t)=\prod_{i=1}^{n}R_i(t) \tag{2-5}$$

式中，$R_s(t)$为系统的可靠度；$R_i(t)$为单元 i 的可靠度，i=1,2,3,…,n。

由于串联系统的可靠度随其组成单元数的增加而降低，且其值要比可靠度最低的那个单元还要低，所以最好采用等可靠度单元组成系统，并且组成单元越少越好。

（2）并联系统的可靠度计算

并联系统只有当所有的组成单元都失效时系统才失效，应用概率乘法定律可知并联系统的可靠度为

$$R_s(t)=1-\prod_{i=1}^{n}[1-R_i(t)] \tag{2-6}$$

式中，$R_s(t)$为系统的可靠度；$R_i(t)$为单元 i 的可靠度，i=1,2,3,…,n。

并联系统的单元数目越多，系统的可靠度越大。

（3）混联系统的可靠度计算

混联系统的可靠度计算可直接参照串联和并联系统的公式进行。例如，对于图 2-11 所示的并—串联系统，若各单元 A_i 的可靠度为 $R_i(t)$，则系统的可靠度为

$$R_{s1}(t)=\prod_{i=1}^{n}[1-(1-R_i(t))^m] \tag{2-7}$$

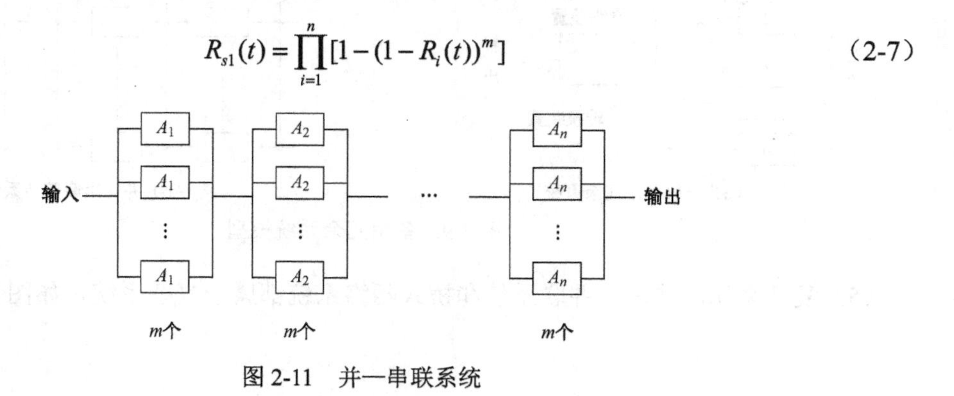

图 2-11　并—串联系统

而对于图 2-12 所示的串—并联系统，若各单元 A_i 的可靠度为 $R_i(t)$，则对于由 m 个串联系统组成的并联系统的可靠度为

$$R_{s2}(t)=1-\left[1-\prod_{i=1}^{n}R_i(t)\right]^n \tag{2-8}$$

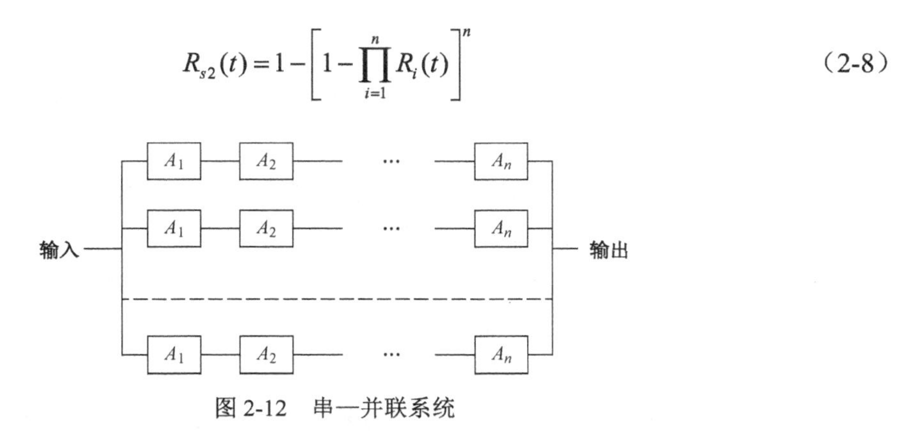

图 2-12 串—并联系统

这两种系统的功能相同，但可靠度却不同。也可以采用“等效单元”的办法进行计算，即先把其中的串联和并联系统分别计算，得出“等效单元”的可靠度，然后再就等效单元组成的系统进行综合计算，从而得到系统的可靠度。

第四节 反求工程（Reverse Engineering，RE）

一、反求工程的含义

反求工程又称逆向工程或反求设计，这一术语起源于 20 世纪 60 年代，但对它从工程的广泛性进行研究，从反求的科学性进行深化还是从 20 世纪 90 年代初开始的。反求工程类似于反向推理，属于逆向思维体系。它以社会方法学为指导，以现代设计理论、方法、技术为基础，运用各种专业人员的工程设计经验、知识和创新思维，对已有的产品进行解剖、分析、重构和再创造，在工程设计领域，它具有独特的内涵，可以说它是对设计的设计。

反求工程技术是测量技术、数据处理技术、图形处理技术和加工技术相结合的一门结合性技术，随着计算机技术的飞速发展和上述单元技术的逐渐成熟，近年来在新产品设计开发中愈来愈多地被得到应用，因为在产品开发过程中需要以实物（样件）作为设计依据参考模型或作为最终验证依据时尤其需要应用该项技术，所以在汽车、摩托车的外形覆盖件和内装饰件的设计、家电产品外形设计、艺术品复制中对反求工程技术的需求尤为迫切。

反求工程是将数据采集设备获取的实物样件表面或表面及内腔数据，输入专门的数据处理软件或带有数据处理能力的三维 CAD 软件进行处理和三维重构，在计算机上复现实物样件的几何形状，并在此基础上进行原样复制，修改或重设计，该方法主要用于对难以精确表达

的曲面形状或未知设计方法的构件形状进行三维重构和再设计。

二、反求工程的研究内容

1．反求工程技术的研究对象多种多样，主要可以分为以下三大类：

（1）实物类：主要是指先进产品设备的实物本身；

（2）软件类：包括先进产品设备的图样，程序，技术文件等；

（3）影像类：包括先进产品设备的图片，照片或以影像形式出现的资料。

2．反求工程包含对产品的研究与发展，生产制造过程，管理和市场组成的完整系统的分析和研究。主要包括以下几个方面：

（1）探索原产品设计的指导思想

掌握原产品设计的指导思想是分析了解整个产品设计的前提。如微型汽车的消费群体是普通百姓，其设计的指导思想是在满足一般功能的前提下，尽可能降低成本，所以结构上通常是较简化的。

探索原产品原理方案的设计各种产品都是按规定的使用要求设计的，而满足同样要求的产品，可能有多种不同的形式，所以产品的功能目标是产品设计的核心问题。产品的功能概括而言是能量、物料信号的转换。例如，一般动力机构的功能通常是能量转换，工作机通常是物料转换，仪器仪表通常是信号转换。不同的功能目标，可引出不同的原理方案。设计一个夹紧装置时，把功能目标定在机械手段上，则可能设计出斜楔夹紧、螺旋夹紧、偏心夹紧、定心夹紧、联动夹紧等原理方案；如把功能目标确定扩大，则可设计出液动、气动、电磁夹紧等原理方案。探索原产品原理方案的设计，可以了解功能目标的确定原则，对产品的改进设计有极大帮助。

（2）研究产品的结构设计

产品中零部件的具体结构是实现产品功能目标，对保证产品的性能、工作能力、经济性、寿命和可靠性有着密切关系。

确定产品的零部件形体尺寸。由外至内、由部件至零件分解产品实物，通过测绘与计算确定零部件形体尺寸，并用图样及技术文件方式表达出来。它是反求设计中工作量很大的一部分工作。为更好地进行形体尺寸的分析与测绘，应总结箱体类、轴类、盘套类、曲线曲面及其他特殊形体的测量方法，并合理标注尺寸。

确定产品中零件的精度（即公差设计），是反求设计中的难点之一。通过测量，只能得到零件的加工尺寸，而不能获得几何精度的分配。精度是衡量反求对象性能的重要指标，是评价反求设计产品质量的主要技术参数之一。科学合理地进行精度分配，对提高产品的装配精度和力学性能至关重要。

确定产品中零件的材料可通过零件的外观比较、重量测量、力学性能测定、化学分析、光谱分析、金相分析等试验方法，对材料的物理性能、化学成分、热处理等情况进行全面鉴定，在此基础上遵循立足国内的方针，考虑资源及成本，选择合用的国产材料，或参照同类产品的材料牌号，选择满足力学性能及化学性能的国有材料代用。

（3）确定产品的造型

对产品的外观构型、色彩设计等进行分析，从美学原则、顾客需求心理、商品价值等角度进行构型设计和色彩设计。

（4）确定产品的维护与管理

分析产品的维护和管理方式，了解重要零部件及易损零部件，有助于维修及设计的改进和创新。

三、反求工程的关键技术和相关技术

1．关键技术

（1）实物原型的数字化技术

实物样件的数字化是通过特定的测量设备和测量方法，获取零件表面离散点的几何坐标数据的过程。随着传感技术、控制技术、制造技术等相关技术的发展，出现了各种各样的数字化技术。

（2）数据点云的预处理技术

以上获得的数据一般不能直接用于曲面重构，因为：对于接触式测量，由于测头半径的影响，必须对数据点云进行半径补偿；在测量过程中，不可避免会带进噪声、误差等，必须去除这些点；对于海量点云数据，对其进行精简也是必要的。包括：半径补偿、数据插补、数据平滑、点云数据精简、不同坐标点云的归一化。

（3）三维重构基本方法

复杂曲面的 CAD 重构是逆向工程研究的重点。而对于复杂曲面产品来说，其实体模型可由曲面模型经过一定的计算演变而来，因此曲面重构是复杂产品逆向工程的关键。包括：多项式插值法、双三次 Bspline 法、Coons 法、三边 Bezier 曲面法、BP 神经网络法等。

（4）曲线曲面光顺技术

在基于实物数字化的逆向工程中，由于缺乏必要的特征信息，以及存在数字化误差，光顺操作在产品外形设计中尤为重要。根据每次调整的型值点的数值不同，曲线/曲面的光顺方法和手段主要分为整体修改和局部修改。光顺效果取决于所使用方法的原理准则。方法有：最小二乘法、能量法回弹法、基于小波的光顺技术。

（5）逆向工程的误差分析与品质分析

2．相关技术

反求工程中常用的测量方法。一般分成两类：接触式与非接触式。

（1）接触式测量方法

1）坐标测量机

图2-13　坐标测量机

坐标测量机是一种大型精密的三坐标测量仪器，可以对具有复杂形状的工件的空间尺寸进行逆向工程测量，如图2-13所示。坐标测量机一般采用触发式接触测量头，一次采样只能获取一个点的三维坐标值。20世纪90年代初，英国Renishaw公司研制出一种三维力—位移传感的扫描测量头，该测头可以在工件上滑动测量，连续获取表面的坐标信息，扫描速度可达8米/秒，数字化速度最高可达500点/秒，精度约为0.03mm。这种测头价格昂贵，目前尚未在坐标测量机上广泛采用。坐标测量机主要优点是测量精度高，适应性强，但一般接触式测头测量效率低，而且对一些软质表面无法进行逆向工程测量。

2）层析法

层析法是近年来发展的一种反求工程逆向工程技术，将研究的零件原形填充后，采用逐层铣削和逐层光扫描相结合的方法获取零件原型不同位置截面的内外轮廓数据，并将其组合起来获得零件的三维数据。层析法的优点在于任意形状，任意结构零件的内外轮廓进行测量，但测量方式是破坏性的。

（2）非接触式测量方法

非接触式测量根据测量原理的不同，大致有光学测量、超声波测量、电磁测量等方式。以下仅介绍在反求工程中最为常用与较为成熟的光学测量方法（含数字图像处理方法）。

1）基于光学三角形原理的逆向工程扫描法

这种测量方法根据光学三角形测量原理，以光作为光源，其结构模式可以分为光点、单线条、多光条等，将其投射到被测物体表面，并采用光电敏感元件在另一位置接收激光的反射能量，根据光点或光条在物体上成像的偏移，通过被测物体基平面、像点、像距等之间的关系计算物体的深度信息。

2）基于相位偏移测量原理的莫尔条纹法

这种测量方法将光栅条纹投射到被测物体表面，光栅条纹受物体表面形状的调制，其条纹间的相位关系会发生变化，数字图像处理的方法解析出光栅条纹图像的相位变化量来获取被测物体表面的三维信息。

3）基于工业CT断层扫描图像逆向工程法

这种测量方法对被测物体进行断层截面扫描，以X射线的衰减系数为依据，经处理重建断层截面图像，根据不同位置的断层图像可建立物体的三维信息，如图2-14所示。该方法可以对被测物体内部的结构和形状进行无损测量。该方法造价高，测量系统的空间分辨率低，获取数据时间长，设备体积大。美国 LLNL 实验室研制的高分辨率 ICT 系统测量精度为 0.01mm。

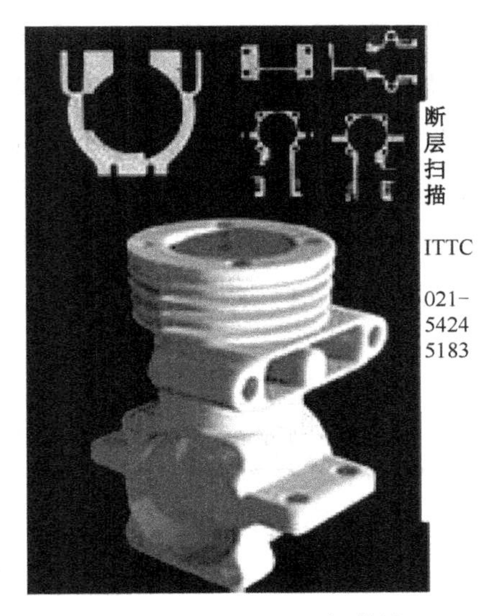

图 2-14　工业 CT 扫描法

4）立体视觉测量方法

立体视觉测量是根据同一个三维空间点在不同空间位置的两个（多个）摄像机拍摄的图像中的视差，以及摄像机之间位置的空间几何关系来获取该点的三维坐标值。立体视觉测量方法可以对处于两个（多个）摄像机共同视野内的目标特征点进行测量，而无须伺服机构等扫描装置。立体视觉测量面临的最大困难是空间特征点在多幅数字图像中提取与匹配的精度与准确性等问题。近来出现了以将具有空间编码的特征的结构光投射到被测物体表面制造测量特征的方法有效解决了测量特征提取和匹配的问题，但在测量精度与测量点的数量上仍需改进。

第五节　并行工程（Concurrent Engineering，CE）

一、并行工程的产生

20 世纪 70 年代中期以来，世界工业市场竞争不断加剧，给企业带来巨大的压力，迫使企业纷纷寻求有效的方法，最大限度地提高产品质量，降低生产成本，缩短产品开发周期，以便更有力地参与竞争。竞争的焦点就是以最短的时间开发出高质量、低成本的产品投放市场，并提供用户好的服务。这些焦点可以概括为 TQCS，即短时间（Time）、高质量（Quality）、低成本　（Cost）、好服务（Service），而其中的核心是时间。

然而，传统的产品开发模式已不能满足激烈的市场竞争要求。传统的产品开发模式是一种线性阶段模式，其开发过程是顺序过程：产品设计→工艺设计→计划调度→生产制造。它是串行进行的，设计工程师与制造工程师之间互相不了解，互相不交往，如图2-15所示的状态。这种产品开发模式存在不少缺点：部门之间信息共享存在障碍；操作流程的串行实行，使得设计早期不能全面考虑产品生命周期中的各种因素，不能综合考虑产品的可制造性、可装配性和质量可靠性等因素，导致产品质量不能达到最优；各个部门对产品开发的独立修改导致产品开发出现各种反复，总体开发时间延长；基于图样以手工设计为主，设计表达存在二义性，缺少先进的计算机平台，不足以支持协同化产品开发。

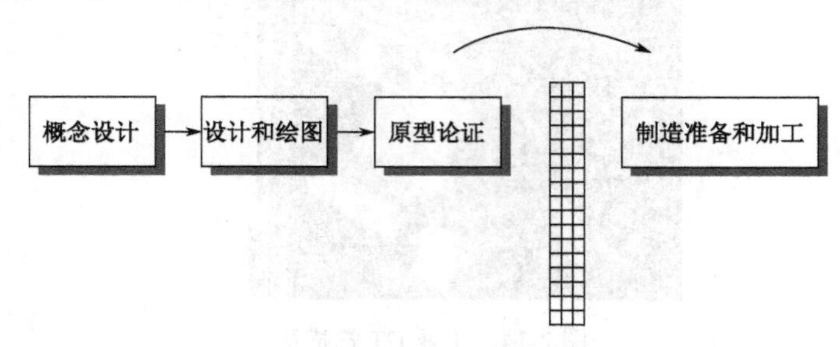

图2-15 传统的产品开发模型

在现代制造技术发展到一定程度后，以信息技术为基础的并行工程（Concurrent Engineering，CE）技术应运而生。并行工程作为一个系统化的思想是由美国国防先进研究计划局（DARPA）最先提出的。DARPA于1987年12月举行了并行工程专题研讨会，提出了发展并行工程的DICE计划（DARPA's Initiative in CE，1988—1992）。与此同时，美国国防部指示美国国防御分析研究所IDA（Institute of Defense Analyses）对并行工程及其用于武器系统的可行性进行调查研究。IDA通过研究与调查，1988年发表了其研究结果，公布了著名的R-388研究报告，明确提出了并行工程的思想。1988年DARPA发出了并行工程倡议，为此，美国的西弗吉尼亚大学设立了并行工程研究中心（CERC），美国许多大的软件公司、计算机公司开始对支持并行工程的工具软件及集成框架进行开发。并行工程在国际上引起各国的高度重视，并行工程的思想被越来越多的企业及产品开发人员接受和采纳，各国政府都在加大力度支持并行工程技术的开发，把它作为抢占国际市场的重要技术手段。经过十多年的发展，并行工程已在一大批国际上著名的企业中获得了成功的应用，如波音、洛克希德、雷诺、通用电气等大公司均采用并行工程技术来开发自己的产品，并取得了显著的经济效益。并行工程及其相关技术成了自20世纪90年代以来的热门课题。

与传统的产品开发模式不同，并行工程是一种企业组织、管理和运行的先进设计、制造模式，是采用多学科团队和并行过程的集成化产品开发模式。它把传统的制造技术与计算机技术、系统工程技术和自动化技术相结合，在产品开发的早期阶段全面考虑产品生命周期中的各种因素，力争使产品开发能够一次获得成功，从而缩短产品开发周期、提高产品质量、降低产品成本。并行工程摒弃传统的“反复做，直到满意”的思想，强调“一次就达到目的”，这虽然提高了市场分析和设计阶段的成本，但却大大降低了所有其他相关环节中成本，产品的总成本仍是大为降低。如图 2-16 所示，尽管在产品开发前期投入的成本，比传统的串行工程要高，但由于并行工程后期投入成本的减少，使得总体成本比传统的串行工程要低。

传统产品开发过程的信息流向单一、固定，而并行产品的设计过程是并发式的，信息流向是多方向的，如图 2-17 所示并行工程能很大程度上缩短产品开发周期。

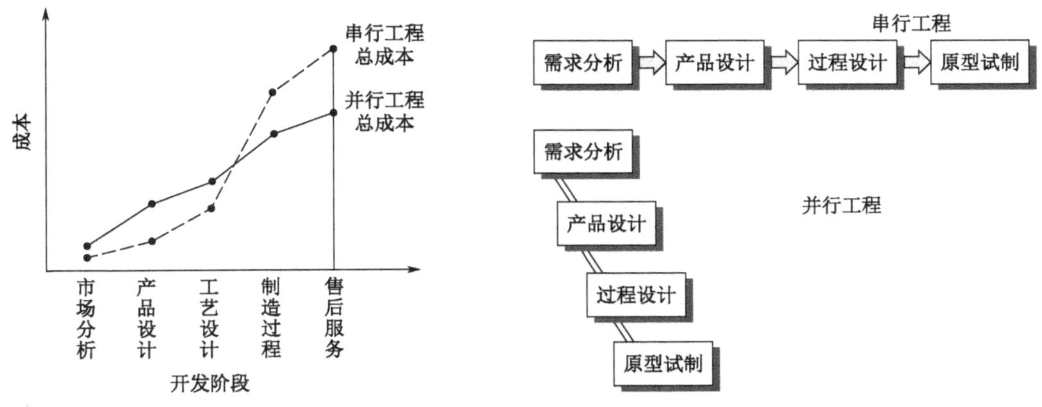

图 2-16　并行工程与串行工程产品开发成本比较

图 2-17　串行、并行产品开发过程对比

二、并行工程的定义及运行特性

1. 定义

许多研究者从不同的角度对并行工程的内涵进行了论述。最有代表性且被广泛采用的是美国防御分析研究所 IDA 于 1988 年在 R-388 报告中给出的定义："并行工程是对产品及其相关过程（包括制造过程和支持过程）进行并行、一体化设计的一种系统化的工作模式。这种工作模式力图使开发人员从一开始就考虑到产品全生命周期中的各种因素，包括质量、成本、进度及用户需求。"

2. 运行特性

并行工程是一种系统工程的方法和哲理，是一种工作模式，又被称为并行设计和同步工程，它有如下的运行特性。

（1）并行特性　并行工程的最大特点是把时间上有先有后的作业过程转变为同时考虑和尽可能同时（或并行）处理的过程，在产品的设计阶段就并行地考虑了产品整个产品生命周期中的所有因素，研制周期将明显地缩短。这样设计出来的产品不仅具有良好的性能，而且易于制造、检验和维护。

（2）整体特性　并行工程哲理认为，制造系统（包括制造过程）是一个有机的整体，在空间中似乎相互独立的各个制造过程和知识处理单元之间，实质上都存在着不可分割的内在联系。特别是丰富的双向信息联系。例如图 2-18 反映了产品开发过程中的主要作业环节之间的内在联系。

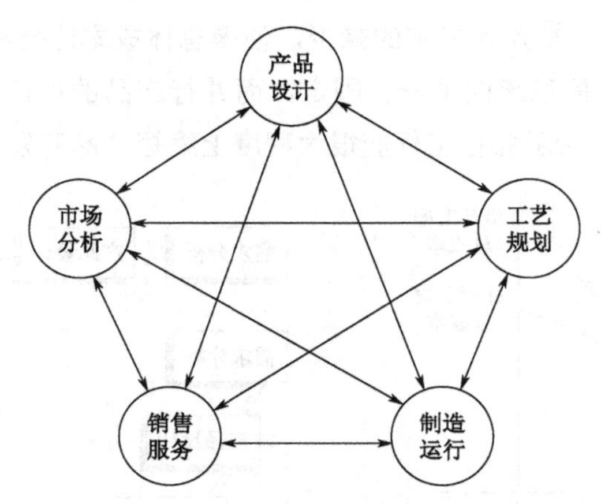

图 2-18 制造系统各环节的内在联系

并行工程强调全局性的考虑问题，即产品研制者从一开始就考虑到产品整个生命周期中的所有因素。

并行工程追求的是整体最优。有时为了保证整体最优，甚至可能不得不牺牲局部的利益。

（3）协同特性

并行工程特别强调设计群体的协同工作（Team work）。现代产品的功能和特性越来越复杂，产品开发过程涉及的学科门类和专业人员也越来越多，要取得产品开发过程的整体最优，其关键是如何很好地发挥人们的群体作用。为此，并行工程方法非常注重协同的组织形式、协同的设计思想以及所产生的协同效益。

1）多功能的协同组织机构。并行工程是根据任务和项目的需要组织多功能工作小组，小组成员由设计、工艺、制造和支持（质量、销售、采购、服务等）的不同部门、不同学科的代表组成。工作小组有自己的责、权、利，有自身的工作计划和目标，小组成员之间使用相同的术语和共同信息资源工具，协同地完成共同任务。

2）协同的设计思想。并行工程强调一体化、并行地进行产品及其相关过程的协同设计，尤其注意早期概念设计阶段的并行和协调。

3）协同的效率。并行工程特别强调“1＋1＞2”的思想，力求排除传统串行模式中各个部门间的壁垒，使各个相关部门协调一致地工作，利用群体的力量提高整体效益，强调“工”字钢带来的三块钢板的协调强度。

（4）集成特性　并行工程是一种系统集成方法，具有人员、信息、功能、技术的集成特性。

1）人员集成。管理者、设计者、制造者、支持者以至用户集成为一个协调的整体。

2）信息集成。产品全生命周期中各类信息的获取、表示、表现和操作工具的集成和统一管理。

3）功能集成。产品全生命周期中企业内各部门功能集成，以及产品开发企业与外部协作企业间功能的集成。

4）技术集成。产品开发全过程中涉及的多学科知识以及各种技术、方法的集成，形成集成的知识库、方法库。

三、并行工程的体系结构及关键技术

1. 并行工程的体系结构

在产品并行设计过程中，按四个阶段进行设计和评价，如图 2-19 所示。

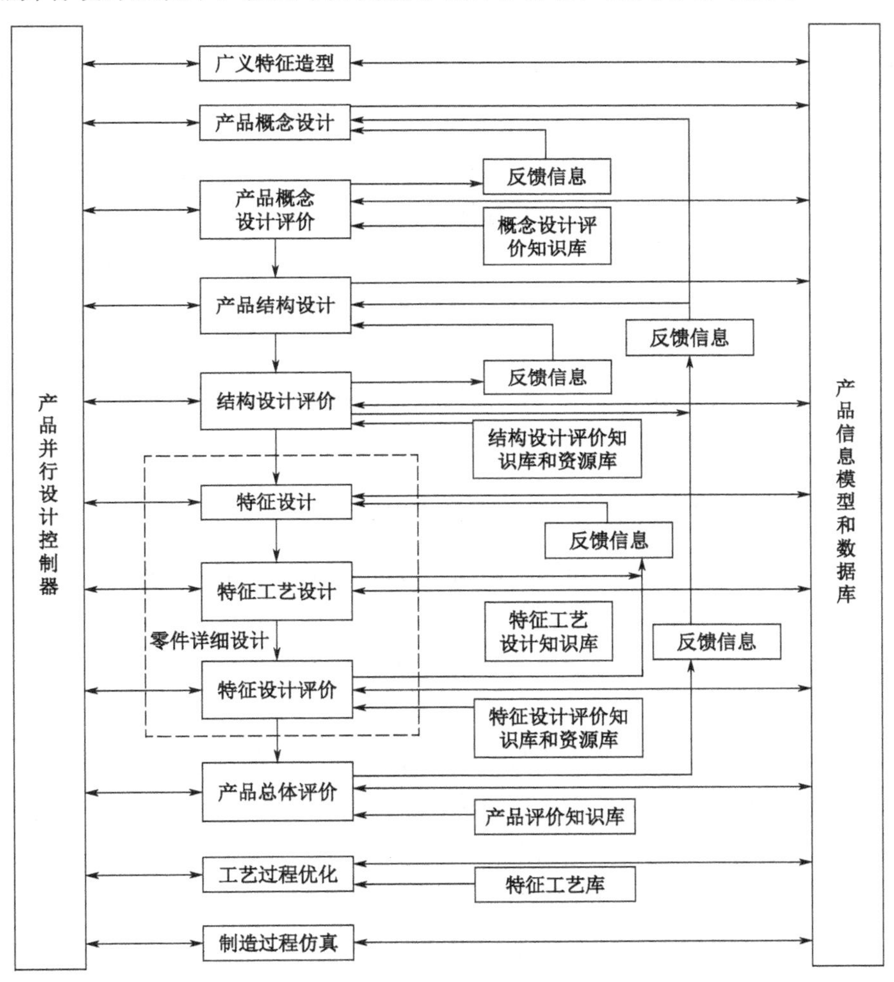

图 2-19 计算机辅助产品并行设计系统

(1) 产品概念设计 对产品设计要求进行分组描述和表述，如设计实体的模式，以性质、属性等之间的关系描述，并对方案优选、产品批量、类型、可制造性和可装配性评价，选出最佳方案，指导产品概念设计。

（2）结构设计及其评价　将产品概念设计获得的最佳方案结构化，确定产品的总体结构形式以及零件部件的主要形状、数量和相互间的位置关系；选择材料，确定产品的主要结构尺寸，以获得产品的多种结构方案，并对各种制造约束条件、加工条件、装夹方案、工装设计和零件标准化等，对各种方案进行评价和决策。选择最佳结构设计方案或提供反馈信息，指导产品的概念设计和结构设计。

（3）详细设计及其评价　根据结构设计方案对零部件进行详细设计。零件由许多个特征组合而成，进行特征设计的同时进行工艺设计（生成其加工方法、切削参数、刀具选用和装夹方式等），并对其可制造性进行评价，即时反馈修改信息，指导特征设计，实现了特征/工艺并行设计。

（4）产品总体性能评价　该阶段由于产品信息较完善，对产品的功能、性能、可制造性和成本等采用价值工程方法对产品进行总体评价，并提出反馈信息，指导产品的概念设计、总体设计和详细设计。

在完成上述四个阶段的设计和评价后，还必须进行工艺过程优化，在完成产品设计、工艺设计和工装设计的基础上，对零件的实际加工过程进行仿真。

基于广义特征建立的产品信息模式，为产品并行设计过程中各项活动的信息交换与共享提供了切实的保证。而并行设计控制器是一协调板，它对设计结构进行发布和接收设计的反馈信息，对设计过程中的上下游活动进行协调与控制。实现多学科工程技术人员以及专家系统的协同工作，控制方式有电子邮件、文件传输、远程登录、远程布告牌和系统菜单操作等。并行设计是在各种资源约束下进行反复迭代（设计与修改），获得产品最优解和满意解的过程。

2．并行工程的关键技术

传统的CIMS中的基础技术，如信息集成、CAD/CAPP/CAM、数据库、网络通信等，在并行工程中仍然扮演着重要的角色。然而，在CIMS信息技术的基础上实施并行工程还需要组织管理、过程改进、并行化设计方法学等新的关键技术支持。下面对并行工程的关键技术进行简要的介绍。

（1）过程管理与集成技术　并行工程与传统生产方式的本质区别在于它把产品开发的各个活动作为一个集成的、并行的产品开发过程，强调下游过程在产品开发早期参与设计过程；对产品开发过程进行管理和控制，不断改善产品开发过程。具体技术包括：过程建模技术，过程管理技术，过程评估技术；过程分析技术和过程集成技术。

（2）团队技术　产品开发由传统的部门制或专业组变成以产品（型号）为主线的多功能集成产品开发团队（Integrated Product Team，IPT）。

集成化开发团队是企业为了完成特定的产品开发任务而组成的多功能型团队。它包括来自市场、设计、工艺、生产技术准备、制造、采购、销售、维修、服务等各部门的人员，有时可能还包括顾客、供应商或协作厂的代表。团队的成员技能互补，致力于共同的绩效目标，并且共同承担责任。它能够大大提高产品生命周期各阶段人员之间的相互信息交流，促进他们的协同工作。总之，只要是与产品整个生命周期中有关的，而且对该产品的本次设计有影响的人员都需要参加，并任命团队领导，负责整个产品开发工作。采用这种团队工作方式能大大提高产品生命周期各阶段人员之间的相互信息交流和合作，在产品设计时及早地考虑产品的可制造性、可装配性、可检验性等等。

根据团队成员聚集和沟通的方式不同，IPT 又可分为以下两种基本的类型：

1）实体小组：在这种小组工作方式中，小组各成员是真正物理上聚集在一起。成员们完全是处于同一个物理空间，这是最常见的一种形式。

2）虚拟小组：这种小组并不是面对面地聚集在一起工作，而是通过计算机网络相互联系。

（3）协同工作环境 并行工程发展到今天，已由原始的小组会议、小组讨论、设计人员面对面地相互交流等具体协同工作方式，发展到现在的在计算机支持下的协同工作形式。产品开发是由分布在异地的采用异种计算机软件工作的多学科小组完成的。多学科小组之间及多学科小组内部各组成人员之间存在着大量相互依赖的关系；并行工程协同工作环境支持 IPT 的异地协同工作。协调系统用于各类设计人员协调和修改设计，传递设计信息，以便做出有效的群体决策，解决各小组间的矛盾。

协同工作环境的具体关键技术包括约束管理技术、冲突仲裁技术、多智能体（Multi-agent）技术、CSCW（Computer－Supported Cooperative Work）技术等。其中 CSCW 是研究如何利用计算机来支持交叉学科的研究人员共同工作，结合计算机的交互性、网络的分布性和多媒体的综合性，为并行工程环境下的多学科小组提供一个协同的群组工作环境。所谓协同的群组工作环境，就是在高带宽、低延迟、小误码率的网络支持下，同时提供多媒体电子邮件、文档库、电子论坛、通知与简报、项目管理、电子评审和会议管理等功能，通过先进的通信手段和先进的管理手段（如工作流管理器、项目协调板等），辅助分布在异地的多学科团队相互协作，使他们及时交流信息，加快产品开发进度。

（4）DFX

DFX 是并行工程的关键性能技术。DFX 中的 X 可代表产品生命周期中的各项活动，包括制造、装配、拆卸、检测、维护、服务等。它们能够使设计人员在早期就考虑设计决策对后续过程的影响。应用较多的是 DFA（面向装配的设计）和 DFM（面向制造的设计）。

DFA（Design For Assembly）的主要作用是：制定装配工艺规划，考虑装配的可行性；优化装配路径；在结构设计过程中，通过装配过程仿真避免装配干涉。DFA 的应用将有效地减少产品最终装配向设计阶段的大反馈，有效地缩短开发周期并优化产品结构，提高产品质量。

DFM（Design For Manufacturing）的主要思想是在产品设计时不但要考虑功能和性能的要求，而且要同时考虑制造的可能性、高效性和经济性，即产品的可制造性。其目标是在保证功能和性能的前提下使制造成本最低。在这种设计与工艺同步考虑的情况下，很多隐含的工艺问题提前暴露出来，避免了很多设计返工；而且对不同的设计方案，根据可制造性进行评估取舍，根据加工费用进行优化，能显著地降低成本，增强产品竞争力。

（5）PDM

产品数据管理（Product Data Management，PDM）能对并行工程起到技术支撑平台的作用。它集成和管理产品所有相关数据及其相关过程。在并行工程中，产品数据是在不断地交互中产生的，PDM 能在数据的创建、更改及审核的同时跟踪监视数据的存取，确保产品数据的完整性、一致性以及正确性，保证每一个参与设计的人员都能即时地得到正确的数据，从而使产品设计返回率达到最低。

第六节　绿色设计（Green Design，GD）

一、绿色设计的概念和内涵

绿色设计是减小产品在生命周期内对环境造成影响的最有效方法之一。因为产品在设计阶段就基本确定了采用何种材料、资源以及何种加工方式，同时也确定了产品在整个生命周期过程中的环境属性（可拆卸性、可回收性、可维护性、可重复利用性等）。一般来说，设计阶段决定了产品在生命周期中至少 70%的消耗。

绿色设计（也称为面向环境的设计，Design for environment）是系统地考虑环境影响并集成到产品最初设计过程中的技术和方法。绿色设计概念的核心是从整个产品系统的角度考虑，在整个产品的生命周期内，从原材料的提取、制造、运输、使用到废弃各个阶段对环境产生的影响。绿色设计要求在满足产品的功能、质量和成本的同时，优化各有关设计因素，使产品在整个生命周期过程中对环境的影响减少到最小。

绿色设计所关心的目标除传统设计的基本目标外，还有两个：一是防止影响环境的废弃物产生；二是良好的材料管理。也就是说，避免废弃物产生，用再造加工技术或废弃物管理方法协调产品设计，使零件或材料在产品达到寿命周期时，以最高的附加值回收并重复利用。

绿色设计与传统设计的根本区别在于：绿色设计要求设计人员在设计构思阶段就要把降低能耗、易于拆卸、再生利用和保护生态环境与保证产品的性能、质量、寿命、成本的要求列为同等的设计目标，并保证在生产过程中能够顺利实施。

二、绿色设计的设计原则及其主要内容

1．绿色设计的设计原则（如图 2-20 所示）。

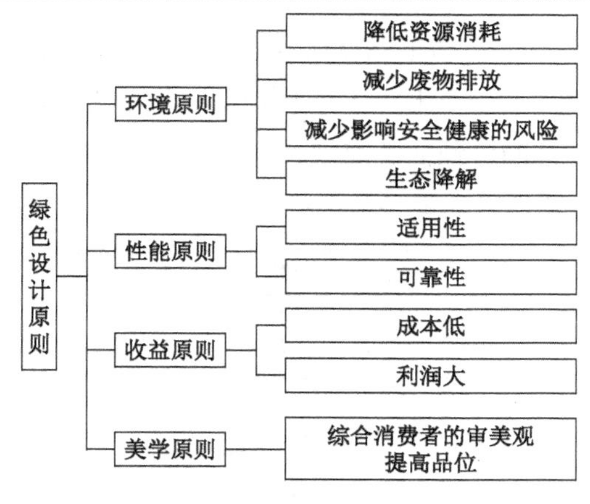

图 2-20　绿色设计的设计原则

2．产品绿色设计的主要内容

产品绿色设计的主要包括：绿色材料的选择、面向拆卸设计、回收性设计、面向制造和装配设计、绿色产品的长寿命设计等。

1）产品的绿色材料选择。绿色材料（Green Material，GM）又称环境协调材料（Environmental Conscious Material，ECM），是指具有良好使用性能，并对资源和能源消耗少，对生态与环境污染小，有利于人类健康，再生利用率高或可降解循环利用，在制备、使用、废弃直至再生循环利用的整个过程中，都与环境协调共存的一大类材料。产品设计的材料选择要考虑很多因素，如工程需要、可制造性、性能等，但产品的绿色设计要求设计人员改变传统的选材方法．选材时不仅要考虑产品的使用、性能要求，更要考虑材料对环境的影响，应尽可能选用无毒、无污染、易回收、可再用或易降解的材料。如用可降解的快餐纸盒代替不易降解的塑料餐具。

绿色材料的选择是一个系统性和综合性很强的复杂问题。美国卡耐基梅龙大学 Rosy 提出了一种将环境因素融入材料选择的方法，该方法在满足功能、几何形状、材料等特性和环境等需求的基础上，使零件的成本最低。该材料选择方法的流程图如图 2-21 所示。图中的 LCA 为生命周期评价（Life Cycle Assessment），它是一个对产品从原材料取得阶段到最终废弃处理的全过程中对社会和环境影响的评价方法。

2）产品的面向拆卸设计。产品的面向拆卸设计（Design For Disassembly，DFD）也称拆卸设计，是指在设计时将可拆卸性作为结构设计的一个评价准则，使设计的产品易于拆卸，使不同的材料可以很方便地分离开，以利于循环再用、再生或降解。对于应用多种不同材料的复杂产品，只有通过产品拆卸和分类才能较彻底地进行材料回收和零部件的再循环利用。

可拆卸性是产品的固有属性，单靠计算和分析是设计不出好的可拆卸性能，需要根据设计和使用、回收中的经验，拟定准则，用以指导设计。拆卸设计的设计准则有：① 拆卸量最少准则。包括零件合并原则、减少零件所用材料种类原则、材料相容性原则、有害材料集成原则等。② 结构可拆卸准则。包括采用易于拆卸或未破坏的连接方法、紧固件最少原则、简化拆卸运动原则等。③ 拆卸易于操作准则。包括单纯材料零件原则、废液排泄原则、便于抓取原则、非刚性零件原则等。④ 易于分离准则。包括一次表面原则、便于识别原则、零部件标准化原则、模块化设计原则等。⑤ 产品结构的可预估性准则。包括避免将易老化或易腐蚀的材料与需要拆卸、回收的材料零件组合并防止要拆卸的零件被污染和腐蚀等。

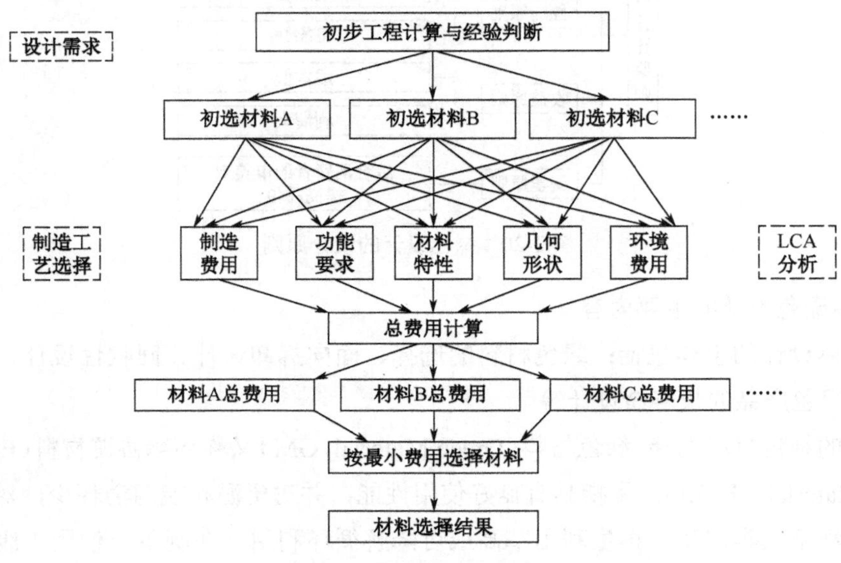

图 2-21　材料选择的流程图

图 2-22 所示是德国某公司开发的具有良好拆卸性能的现代波轮式洗衣机。其中所有高技术部件，如泵、电动机及电子装置均安装在底座壳体内，并无特殊连接结构，只要将洗衣机箱体倾斜到适当位置，所有部件均清楚可见，拆卸维修非常方便；当将箱体转动到正常位置时，所有部件又都相应被确定。

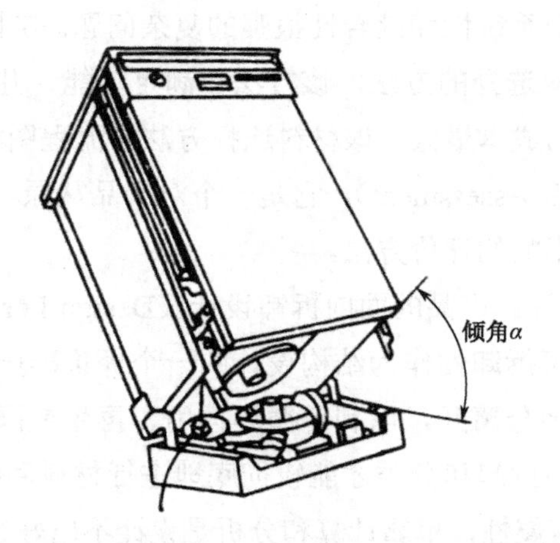

图 2-22　具有良好拆卸性能的洗衣机

3）产品的回收性设计。产品的回收性设计也称面向回收的设计（Design For Recovering & Recycling，DFR），是指在产品绿色设计的初期就充分考虑产品的各种材料组分的回收再利用可能性、回收处理方法及工艺（再生、降解等）、回收费用等与产品回收有关的一系列问题，从而达到精简回收处理过程、减少资源浪费、对环境无污染或少污染的设计目的的绿色设计方法。

这里所说的“回收”是区别于通常意义上的废旧产品回收的一种广义回收。它有如下几种方式：重用（Reuse）。即将回收的零部件直接用于另一种用途，如电动机等。再加工（Remanufacturing）。指回收的零部件在经过简单的修理或检修后，应用在相同或不同的场合。高级回收（Primary Recycling）。指经过重新处理的零件材料被应用在另一更高价值的产品中。次级回收（Secondary Recycling）。指将回收的零部件用于低价值产品中，如计算机的电路板用于玩具上。三级回收（Tertiary Recycling）。也称化学分解回收，指将回收的零部件的聚合物通过化学方式分解为基本元素或单元体，用于生产新材料，也可用于生产其他产品，如石油、沥青等。四级回收（Quaternary Recycling）。也称燃烧回收，即燃烧回收的材料用以生产或发电。处理（Disposal）。主要指填埋。

回收性设计的一些主要原则可归纳如下：避免使用有害或对环境有不良影响的材料；减少材料的种类；避免使用与循环利用过程不相兼容的材料或零件；按兼容性组织材料；允许使用可重用的零部件；使用无须特殊工具的连接件；鼓励用户进行循环利用。

4）产品的面向制造和装配设计。产品的面向制造（Design For Manufacturing，DFM）和面向装配设计（Design For Assembly，DFA）使产品更容易制造和装配，并且是在制造和装配过程中对环境无污染或少污染、所需能源和资源更少的一种设计方法。

5）产品的长寿命设计。产品的长寿命设计是指对产品功能和经济性进行分析的基础上，采用各种先进的设计理论和工具，使设计出的产品能满足当前和将来相当长一段时间内的市场需求。它并非一味地延长产品的生命期，而是利用模块化设计、开放性设计、可维修性设计、可重构性设计和技术预测等设计理论和方法，最大限度地减少产品过时、节约资源、减轻环境的压力。

复习思考题

1. 试阐述先进设计技术的定义、特点及其技术体系。
2. CAD 的定义是什么？CAD 系统由哪些部分组成？
3. 分析可靠性设计的主要内容和指标。
4. 反求工程的含义和其关键技术是什么？
5. 并行工程的含义和其关键技术是什么？
6. 绿色设计的原则及主要内容是什么？

第三章　先进制造工艺技术

先进制造工艺是先进制造技术的核心和基础，一个国家制造工艺技术水平的高低，在很大程度上决定了其制造业在国际市场的竞争实力。本章重点介绍超精密加工技术、高速切削技术、生物制造技术、非传统加工技术和快速原型制造技术。

第一节　概述

一、机械制造工艺技术的定义和内涵

1．机械制造工艺技术的定义

机械制造工艺是将各种原材料通过改变其形状、尺寸、性能或相对位置，使之成为成品或半成品的方法和过程。从成形与成形学的角度来说，机械制造工艺是成形工艺，即在成形学指导下，研究与开发产品制造的技术、方法和程序，依据现代成形学的观点可把成形方式分为以下四类：

（1）去除成形。去除成形是运用分离的办法，将一部分（裕量材料）有序地从基体中分离出去而成形的办法。比如车、铣、刨、磨以及电火花加工、激光切割等均属于此类。去除成形最先实现了数字化控制，是目前主要制造成形的方式。

（2）受迫成形。受迫成形是利用材料的可成形性，在特定外围约束（边界约束或外力约束）下成形的方法。铸造、锻压和粉末冶金属于此类。受迫成形多用于毛坯成形和特种材料成形。

（3）堆积成形。堆积成形与去除成形相对应，其采用的是加法，它是运用合并与连接的办法，将材料（气、液、固均可）有序地合并堆积起来的成形方法。焊接属于传统的堆积成形，快速原型制造（RPM）也属此类。

（4）生成成形。生成成形是利用材料的活性进行成形的方法。自然系统中生物个体发育均属于此类。

2．机械制造工艺技术的内涵

机械制造工艺技术的内涵如图 3-1 所示的流程图。

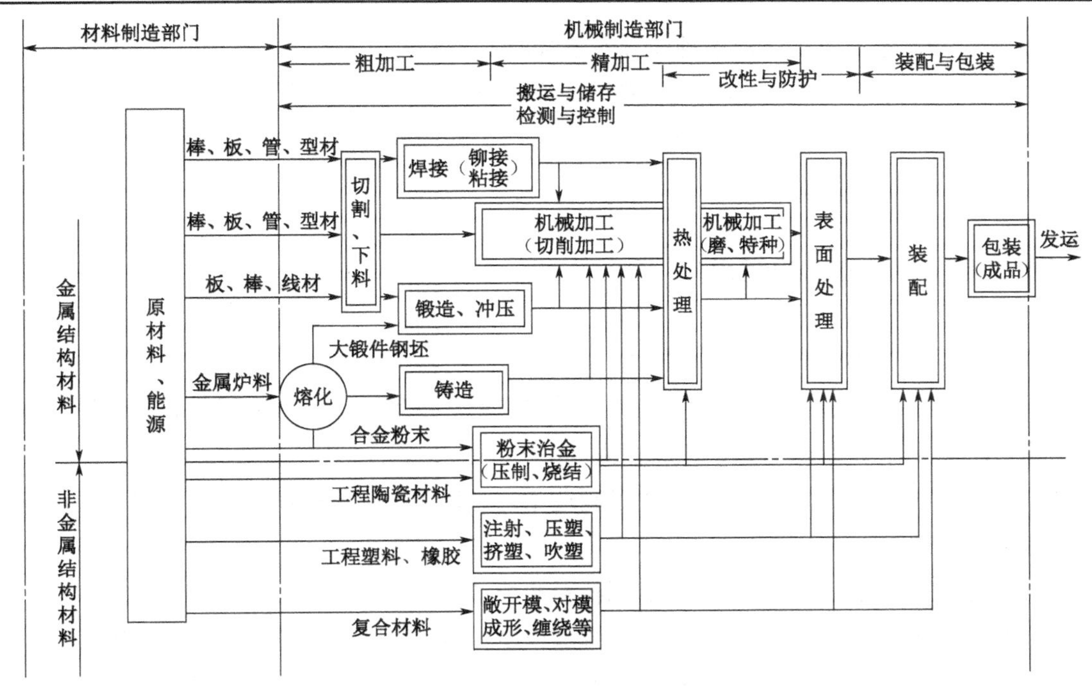

图 3-1 机械制造工艺流程图

由图 3-1 可见，机械制造工艺过程由原材料和能源的提供、毛坯和零件成形、机械加工、材料改性与处理、装配与包装、质量检测与控制等多个工艺环节组成。在现代制造工艺中，工艺阶段的划分逐渐变得模糊、交叉，甚至合而为一，比如粉末冶金则将毛坯准备和加工成形过程合并，直接由原材料转变为成品的制造工艺。

二、先进制造工艺技术的定义及内容

1. 先进制造工艺技术的定义

先进制造工艺是在不断变化和发展的传统机械制造工艺基础上逐步形成的一种制造工艺技术，是高新技术产业化和传统工艺高新技术化的结果。

2. 先进制造工艺技术的内容

按处理物料的特征分为以下四个方面。

（1）精密、超精密加工技术。它是指对工件表面材料进行去除，使工件的尺寸、表面性能达到产品要求所采取的技术措施。超精加工材料由金属扩大到非金属。

（2）精密成形制造技术。它是指工件成形后只需少量加工或无须加工就可用作零件的成形技术。它是多种高新技术与传统技术的毛坯成形技术融合的综合技术。

（3）非传统加工技术。它是指不属于常规加工的加工。比如，高能束加工、电火花加工、超声波加工、高压水射流加工及多种能源的组合加工。

（4）表面工程技术。它是指采用物理、化学、金属学、高分子化学、电学、光学和机械学等技术或组合，提高产品表面耐磨、耐蚀、耐热、耐辐射等性能的各项技术。它主要包含热处理、表面改性、制膜和涂层等。

三、先进制造工艺技术的特点

先进制造工艺技术具有下列五个特点：

1．优质。用先进制造工艺加工制造的产品质量高、性能好、尺寸精确、表面光洁、组织致密、使用性能好、使用寿命长、可靠性高。

2．高效。与传统制造工艺相比，先进制造工艺可极大地提高劳动生产率，降低操作者的劳动强度和生产成本。

3．低耗。先进制造工艺可大大节省原材料和能源消耗，提高对自然资源的利用率。

4．洁净。应用先进制造工艺可做到零排放或少排放，符合日益增长的环境保护要求。

5．灵活。能快速对市场、生产过程及产品设计内容的变化做出反应，进行多品种的柔性生产，适应个性化的产品消费市场。

第二节　超精密加工技术

一、概述

现代制造业持续不断地致力于提高加工精度和加工表面质量，主要目标是提高产品性能、质量和可靠性，改善零件的互换性，提高装配效率。超精密加工技术是精加工的重要手段，对于提高机电产品的性能、质量和发展高新技术方面都有着至关重要的作用，因此，该技术是衡量一个国家先进制造技术水平的重要指标之一，是先进制造技术的基础和关键。

目前工业发达国家的企业已能稳定掌握1μm的加工精度。通常称低于此值的加工为普通精度加工，而高于此值的加工则称为高精度加工。

在高精度加工的范畴内，根据精度水平的不同，分为三个档次，如表3-1所示。

表3-1　精密加工的尺寸精度和表面粗糙度

档次	尺寸精度/μm	表面粗糙度/μm
精美加工	3～0.3	0.3～0.03
超精密加工（亚微米加工）	0.3～0.03	0.03～0.005
纳米加工	<0.03	<0.005

目前应用最为广泛的超精密加工工艺有车、磨、研、抛等。

二、超精密车削技术

1. 概述

超精密车削加工主要是指金刚石刀具超精密车削，一般称为金刚石刀具切削或 SPDT 技术（Single Point Diamond Turning）。

金刚石车床机械结构复杂，技术要求严格。除了必须满足很高的运动平稳性外，还必须具有很高的定位精度和重复精度。金刚石车床必须具备很高的轴向和径向运动精度，才能减少对工件的形状精度和表面粗糙度的影响。

目前金刚石车床的主轴大多采用气体静压轴承，轴向和径向的运动误差在 50nm 以下，个别主轴的运动误差已低于 25nm。金刚石车床的滑台在 20 世纪 90 年代以前绝大部分采用气体静压支承，荷兰的 Hembrug 公司则采用液体静压支承。进入 20 世纪 90 年代以来，美国的 Pneumo 公司（现已与 Precitech 公司合并）的主要产品 Nanoform600 和 250 也采用了具有高刚性、高阻尼和高稳定性的液体静压支承滑台。

2. 超精密金刚石切削的机理

超精密切削加工与普通切削加工的重要区别就是切削深度小，一般都在微米级。终极加工的切削深度多在 1nm 至数微米。

切削表面基本上是由工具的挤压作用而形成的。切削表面的轮廓是在垂直于切削方向的平面内工具轮廓的复映。工具的轮廓在向工件表面上的复映过程中，要受到许多因素的影响：

（1）切削刃的粗糙度　被切削表面的粗糙度不仅取决于刀尖的几何形状和进给量，在粗糙度很小的情况下，刃口的粗糙度也是决定被切削表面微观粗糙度的重要因素。

（2）切削刃口的复映性　当刀具通过以后，在被加工的表面上要留下刀具切削刃的轮廓。重要的是确定在被切削表面上所留下的轮廓与刀具切削刃相一致的程度。刃口的复映性决定了超精密切削加工精度的界限。

（3）毛刺与加工变质层　被切削表面的毛刺也是影响微观粗糙度的因素之一。

3. 超精密切削加工用金刚石刀具

作为超精密切削工具必须具备下列条件：

（1）刀具刃口的锋利性　衡量切削刀具锋利性极为重要的尺度是刃口的圆弧半径。刃口半径越小被切削表面的弹性恢复量就越小，加工变质层也越小。金刚石刃口圆弧半径可小到 10nm 左右。

（2）切削刃的粗糙度　在理想状态下，切削刃的粗糙度就将决定切削表面的粗糙度。金刚石刀具的刃口粗糙度为0.1～0.27μm。

（3）刀具与被切削材料亲和性　亲和性是指在切削过程中，刀具与被加工材料接触的界面上发生凝着、熔着或其他界面反应的难易程度。如发生了界面反应（包括凝着或熔着），将有物质的移动生成游离粒子，同时材料中的硬质粒子也和它们相互作用。这样会加快刀具的微观磨损。

（4）刀具的切削刃强度高、耐磨损　超精密切削加工刀具的耐磨损性能极为重要，同时刃口也必须有足够的强度。通常超精密切削加工的刀具的硬度都很高，但它都具有相当的脆性。

三、超精密磨削和磨料加工技术

1．概述

超精密磨削和磨料加工是利用细粒度的磨粒和微粉主要对黑色金属、硬脆材料等进行加工，得到较高的加工精度和较低的表面粗糙度。

超精密磨削和磨料加工可分为固结磨料和游离磨料两大类加工方式。

（1）固结磨料加工　将磨料或微粉与结合剂黏合在一起，形成一定的形状并具有一定强度，再采用烧结、黏结、涂敷等方法形成砂轮、砂条、油石、砂带等磨具。

固结磨料加工主要有：超精密砂轮磨削和超硬材料微粉砂轮磨削、超精密砂带磨削、ELID磨削（电解在线修整磨削法，Electrolytic In-Process Dressing，ELID）以及电泳磨削等。

（2）游离磨料加工　游离磨料加工指在加工时，磨粒或微粉不是固结在一起，而是成游离状态，如研磨时的研磨剂、抛光时的抛光液。

游离磨料加工的典型方法是超精密研磨与抛光加工。如：超精密研磨、磁流体精研、磁力研磨、电解研磨复合加工、软质磨粒机械抛光（弹性发射加工、机械化学抛光、化学机械抛光）、磁流体抛光、挤压研抛、砂带研抛、超精研抛等。超精密研磨抛光有以下发展动向：采用软质磨粒，甚至比工件硬度还要软的磨粒，如 SiO_2 等，在抛光时不易造成被加工表面的机械损伤，如微裂纹、磨料嵌入、洼坑、麻点等；非接触抛光或称浮动抛光，抛光工具与工件被加工表面之间有一薄层磨料流，不直接接触；在恒温液中进行抛光既可以减小热变形，又可防止尘埃或杂物混入抛光区而影响加工质量；采用复合加工等。

2．超精密砂轮磨削技术

超精密磨削即是加工精度在0.1μm以下、表面粗糙度在0.025μm以下的砂轮磨削方法，此时因磨粒去除切屑极薄，将承受很高的压力，其切削刃表面受到高温和高压作用，因此，需要用人造金刚石、立方氮化硼（CBN）等超硬磨料砂轮。

超精密磨削工件表面的微观轮廓是砂轮表面微观轮廓的某种复印，其与砂轮特性、修整砂轮的工具、修整方法和修整用量等密切相关。超精密磨削表面形成机理的分析中，可通过采用切入法磨削、然后观察工件表面状况并测量其表面粗糙度，以此来评定砂轮表面轮廓和切刃的分布。超精密磨削与普通磨削不同之处主要是切削深度极小，是超微量切除，除微切削作用外，可能还有塑性流动和弹性破坏等作用。

经研究表明，超精密磨削实现极低的表面粗糙度，主要靠砂轮精细修正得到大量的、等高性很好的微刃，实现了微量切削作用，经过磨削一定时间之后，形成了大量的半钝化刃，起到了摩擦抛光作用，最后又经过光磨作用进一步进行了精细的摩擦抛光，从而获得了高质量表面。

超硬材料微粉砂轮超精密磨削技术已成为一种更先进的超精密砂轮磨削技术，国内外对其已有一些研究，主要用于加工难加工材料，其精度可达 0.025mm 的水平，该技术关键有：微粉砂轮制备技术及修整技术、多磨粒磨削模型的建立和磨削过程分析的计算机仿真技术等。

3. 超精密砂带磨削技术

随着砂带制作质量的迅速提高，砂带上砂粒的等高性和微刃性较好，并采用带有一定弹性的接触轮材料，使砂带磨削具有磨削、研磨和抛光的多重作用，从而可以达到高精度和低表面粗糙度值。用超声波砂带精密磨削加工硬盘基体时，使用聚脂薄膜砂带，切削速度为 35m/min，利用滚花表面接触辊，其加工表面粗糙度为 0.043μm，加工时间为 125min，用光清表面接触辊，得到 *Ra* 0.073μm，平均加工时间为 20min。

4. ELID（电解在线修整）超精密镜面磨削技术

随着新材料特别是硬脆材料等难加工材料的大量涌现，对这些材料尽管存在多种加工方法，但最实用的加工方法仍是金刚石砂轮进行粗磨、精磨以及研磨和抛光等。为了实现优质高效低耗的超精密加工，20 世纪 80 年代末期，日本东京大学中川威雄教授创造性提出采用铸铁纤维剂作为金刚石砂轮的结合剂，可使砂轮寿命成倍提高，紧接着，日本理化研究所大森整等人完成了电解在线修整砂轮（ELID）的超精密镜面磨削技术的研究，成功地解决了金属结合剂超硬磨料砂轮的在线修整问题。

ELID 技术的基本原理是利用在线的电解作用对金属基砂轮进行修整，即在磨削过程中在砂轮和工具电极之间浇注电解液并加以直流脉冲电流，使作为阳极的砂轮金属结合剂产生阳极溶解效应而被逐渐去除，使不受电解影响的磨料颗粒凸出砂轮表面，从而实现对砂轮的修整，并在加工过程中始终保持砂轮的锋锐性。其工作原理如图 3-2 所示，ELID 的修整循环示意如图 3-3 所示。

由于电解修整过程在磨削时连续进行，所以能保证砂轮在整个磨削过程中保持同一锋利状态，这样既可保证工件表面质量的一致性，又可节约以往修整砂轮时所需的辅助时间，满足了生产率的要求。

ELID 磨削技术由于采用 ELID（Electrolytic In-Process Dressing）技术，使得用超微细（甚至超微粉）的超硬磨料制造砂轮并用于磨削成为可能，其可代替普通磨削、研磨及抛光并实现硬脆材料的高精度、高效率的超精加工。

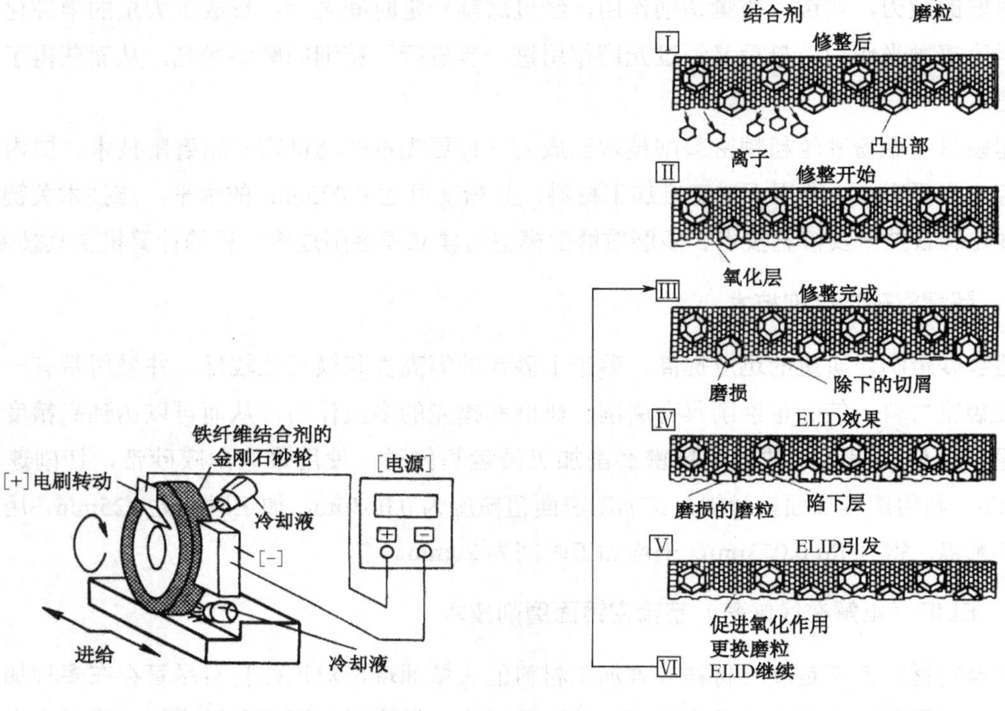

图 3-2 ELID 磨削原理示意图　　图 3-3 ELID 的修整循环示意图

5. 电泳磨削技术

基于超微磨粒电泳效应的磨削技术即电泳磨削技术也是一种新的超精密及纳米级磨削技术，其磨削机理是利用超细磨粒的电泳特性，在加工过程中使磨粒在电场力作用下向磨具表面运动，并在磨具表面沉积形成一超细磨粒吸附层，利用磨粒吸附层对工件进行切削加工，同时新的磨粒又不断补充，如图 3-4 所示。由于磨粒层表面凹陷处局部电流大，新磨粒更容易在凹陷处沉积，从而使磨粒层表面趋于均匀，保持良好的等高性，同时，磨具每旋转一周，磨粒层表面都有大量新磨粒补充，使微刃始终保持锋利尖锐。通过对电场强度、液体及磨粒特性等影响因素加以控制，就可使磨粒层在加工过程中呈现两种不同的状态：一种是在加工过程中使磨料的脱落量与吸附量保持动态平衡，这样就可以稳定吸附层的厚度，得到一个表面不断自我修整而尺寸不变的超细

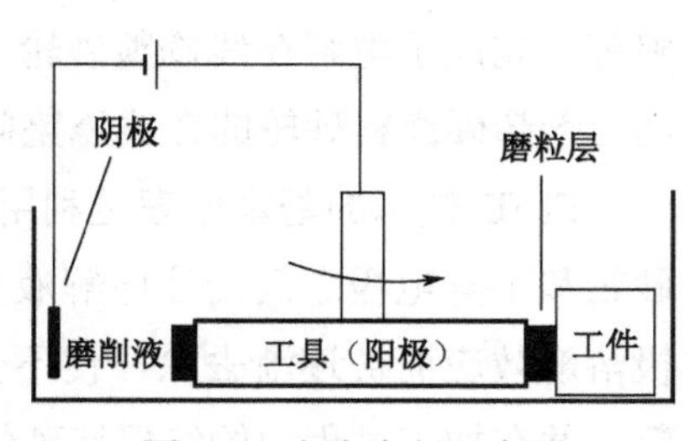

图 3-4 电泳磨削示意图

砂轮；另一种状态是在加工过程中，使磨料的吸附量超过脱落量，那么磨粒层厚度就会不断增加，这样就可以在机床无切深进给条件下实现磨削深度的不断增加，即所谓的自进给电泳磨削。在电泳磨削技术中，磨粒吸附层可以作为磨具用于脆性材料的精密磨削工艺；自进给电泳磨削实现微米级甚至亚微米级深度进给，而不依赖于机床本身的进给精度是可能的。

6．超精密研磨与抛光技术

（1）超精密研磨技术　研磨是在被加工表面和研具之间置以游离磨料和润滑液，使被加工表面和研具产生相对运动并加压，磨料产生切削、挤压作用，从而去除表面凸处，使被加工表面的精度得以提高（可达 0.025μm），表面粗糙度参数值得以降低（达 0.01μm）。

研磨机理可以归纳为以下几种作用：磨粒的切削作用；磨粒的挤压使工件表面产生塑性变形；磨粒的压力使工件表面加工硬化和断裂；磨粒去除工件表面的氧化膜的化学促进作用。

超精密研磨是一种加工误差达 0.1μm 以下，表面粗糙度达 0.02μm 以下的研磨方法，是一种原子、分子加工单位的加工方法，从机理上来看，其主要是磨粒的挤压使被加工表面产生塑性变形，以及当有化学作用时使工件表面生成氧化膜的反复去除。

与研磨加工比较而言，超精密研磨具有以下特点，即：在恒温条件下进行，磨料与研磨液混合均匀，超精研磨时所使用磨粒的颗粒非常小，所用研具材料较软、研具刚度精度高、研磨液经过了严格过滤。超精密研磨常作为精密块规、球面空气轴承、半导体硅片、石英晶体、高级平晶和光学镜头等零件的最后加工工序。

（2）磁流体精研技术　磁性流体为强磁粉末在液相中分散为胶态尺寸（<0.015μm）的胶态溶液，由磁感应可产生流动性，其特性是：每一个粒子的磁力矩极大，不会因重力而沉降；磁性曲线无磁滞，磁化强度随磁场增加而增加。当将非磁性材料的磨料混入磁流体，置于磁场中，则磨粒在磁流体浮力作用下压向旋转的工件而进行研磨。磁流体精研为研磨加工的可控性开拓了一个方向，将成为一种新的无接触研磨方法。磁流体精研的方法又有磨粒悬浮式加工、磨料控制式加工及磁流体封闭式加工。

磨粒悬浮式加工是利用悬浮在液体中的磨拉进行可控制的精密研磨加工。研磨装置由研磨加工部分、驱动部分和电磁部分等三部分组成。磨料控制式加工是在研磨具的孔洞内预先放磨粒，通过磁流体的作用，将磨料逐渐输送到研磨盘上面。磁流体封闭式加工是通过橡胶板将磨粒与磁流体分隔放置进行加工。

（3）磁力研磨技术　磁力研磨是利用磁场作用，使磁极间的磁性磨料形成如刷子一样的研磨刷，被吸附在磁极的工作表面上，在磨料与工件的相对运动下，实现对工件表面的研磨作用。这种加工方法不仅能对圆周表面、平面和棱边等进行研磨，而且还可对凸凹不平的复杂曲面进行研磨。

（4）电解研磨、机械化学研磨、超声研磨等复合研磨方法　电解研磨是电解和研磨的复合加工，研具是一个与工件表面接触的研磨头，它既起研磨作用，又是电解加工用的阴极，工件接阳极。电解液通过研磨头的出口流经金属工件表面，工件表面在电解作用下发生阳极溶解，在溶解过程中，阳极表面形成一层极薄的氧化物（阳极薄膜），但刚刚在工件表面凸起部分形成的阳极膜被研磨头研磨掉，于是阳极工件表面上又露出新的表面并继续电解，这样，电解作用与研磨头刮除阳极膜作用交替进行，在极短时间内，可获得十分光洁的镜面。

机械化学研磨是在研磨的机械作用下，加上研磨剂中的活性物质的化学反应，从而提高了研磨质量和效率。

超声研磨是在研磨中使研具附加超声振动，从而提高了效率，对难加工材料的研磨有较好效果。

（5）软质磨粒机械抛光　典型的软质磨粒机械抛光是弹性发射加工（Elastic Emission Machining，EEM），其最小切除量可以过原子级，即可小于0.001μm，直至切去一层原子，而且被加工表面的晶格不致变形，能够获得极小表面粗糙度和材质极纯的表面。EEM的加工原理其实质是磨粒原子的扩散作用和加了速的微小粒子弹性射击的机械作用的综合结果。微小粒子可利用振动法、真空中带静电的粉末粒子加速法、空气流或水流来加速，其中用水流使微粒加速的方法最稳定。

机械化学抛光是一种无接触抛光方法，即抛光器与被加工表面之间有小间隙，这种抛光是以机械作用为主，其活化作用是靠工作压力和高速摩擦由抛光液而产生。

化学机械抛光强调化学作用，靠活性抛光液（在抛光液中加入添加剂）的化学活性作用，在被加工表面上生成一种化学反应生成物，由磨粒的机械摩擦作用去除，它可以得到无机械损伤的加工表面，而且提高了效率。

（6）超精研抛　超精研抛是一种具有均匀复杂轨迹的精密加工，它同时具有研磨、抛光和超精加工的特点。超精研抛时，研抛头为一圆环状，装于机床的主轴上，由分离传动和采取隔振措施的电动机作高速旋转；工件装于工作台上。工作台由两个作同向同步旋转运动的立式偏心轴带动作纵向直线往复运动，工作台的这两种运动合成为旋摆运动。研抛时，工件浸泡在超精研抛液池中，主轴受主轴箱内的压力弹簧作用对工件施加研抛压力。

超精研抛头采用脱脂木材制成，其组织疏松，研抛性能好。磨料采用细粒度的Cr_2O_3，在研抛液（水）中呈游离状态，加入适量的聚乙烯醇和重铬酸钾以增加Cr_2O_3的分散程度。由于研抛头和工作台的运动造成复杂均密的运动轨迹，又有液中研抛的特性，因此可获得极高的加工精度和表面质量。

第三节　高速切削技术

一、概述

高速切削（High Speed Cutting，HSC）是近年来迅速崛起的一项先进制造技术。其起源于

1931 年德国物理学家萨洛蒙（Salomon）博士发表的著名的“高速切削理论”，他认为对应一定的工件材料有一个临界切削速度，此处切削温度最高，超过这个临界值，随着切削速度的增加，切削温度反而降低，同时，切削力也会大幅度下降。图 3-5 所示为 Salomon 高速切削加工理论的示意图。这一理论的发现为人们展示出在低温、低能耗条件下高效率切削金属的美好前景。

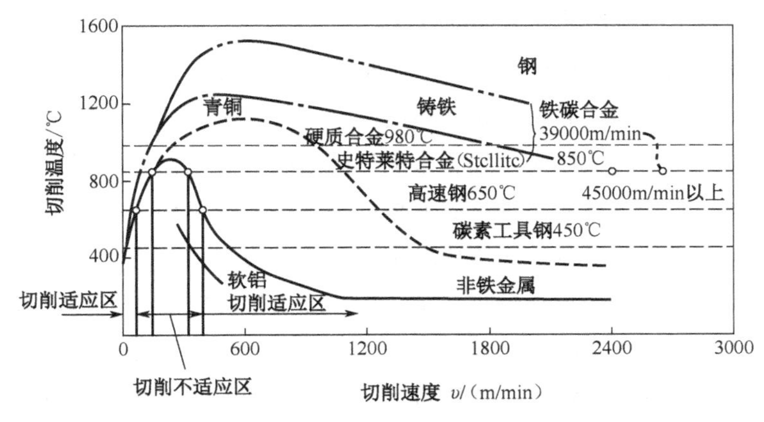

图 3-5　Salomon 高速切削加工理论的示意图

由于高速切削加工具有生产效率高，能够减少切削力，提高加工精度和表面质量，降低生产成本并且可加工高硬材料等许多优点，已在航空航天、汽车和摩托车、模具制造和其他制造业得到了越来越广泛的应用，取得了重大的技术与经济效益。

二、高速切削的关键技术

1．高速主轴

高速主轴是高速切削的首要条件，对于不同的工件材料，目前的切削速度可达 5～100m/s。主轴的转速与刀具的直径有关，采用小直径的球头铣刀时，主轴转速可达 100000r/min。

（1）滚珠轴承高速主轴　当前高速切削铣床上装备的主轴多数为滚珠轴承电动主轴。轴承是影响主轴极限转速的一个重要因素，为了提高轴承的极限转速，有的轴承厂在普通系列基础上增添了高速轴承系列，所不同的主要是采用直径较小的钢球和保持架以外圈滚道导向，从而减少了钢球由离心力的作用而引起的对轴承外圈的压力和改善保持架运转时的润滑条件。高速主轴轴承的一个新发展是采用混合式轴承，即它的内、外圈由轴承钢制成，但滚珠由氮化硅陶瓷制成。与钢球相比，陶瓷球密度减少 60%，因而可大幅度地降低离心力。另外，陶瓷的弹性模量比钢高 50%，在相同的滚珠直径时，混合轴承具有更高的刚度。氮化硅陶瓷的另一个特点是摩擦系数低，由此可减少轴承运转时的摩擦发热、磨损及功率损失。除轴承外，润滑方式也是影响主轴极限转速的另一个重要因素。要进一步提高转速必须使用油气润滑，这种润滑方式是将微量润滑油滴在按固定的时间间隔喷入润滑管路，油滴在管路中与压缩空气相混合形成了含油量很低的油气。滚珠与轴承内外圈之间的油膜很薄，轴承的摩擦损失由此相应减少，从而降低了主轴发热，提高了主轴的最高转速。

（2）液体静压轴承高速主轴　对于轴向切削力较大的加工场合，如采用球头铣刀加工工具或模具时，宜采用液体静压轴承主轴。另外，液体静压轴承的油膜具有很大的阻尼，动态刚度很高，特别适合于像铣削的断续切削过程。

液体静压轴承主轴的最大特点是运动精度很高，回转误差一般在 0.2μm 以下。因而不但可以提高刀具的使用寿命，而且可以达到很高的加工精度和低的表面粗糙度。制造模具时，采用液体静压轴承主轴进行铣削时可以省去最后的磨削和手工修整的工序，从而提高生产效率，降低产品成本。由于液体静压轴承的液体摩擦损失，故驱动功率损失比滚珠轴承为大。因此选用何种轴承，必须根据具体应用要求来定。假如材料切除量大，对加工表面粗糙度要求不很高时，要优先考虑采用滚珠轴承主轴。如果加工精度的允差小且表面粗糙度要求很小时，应该采用液体静压轴承主轴。

（3）空气静压轴承高速主轴　它可以进一步提高主轴的转速和回转精度。气体静压轴承主轴的优点在于高回转精度、高转速和低温升，因而主要适合于工件形状精度和表面粗糙度有高要求的场合。它的缺点是承载能力较低，不适合于材料切除量较大的场合。此外它要求高清洁度的压缩空气，故使用费用和维护费用较高。

（4）磁浮轴承高速主轴　磁浮主轴的优点是高精度、高转速和高刚度。缺点是不仅机械结构复杂，而且需要一整套的传感器系统和控制电路，所以磁浮主轴的造价一般是滚珠轴承主轴的两倍以上。另外，磁浮主轴必须有很好的冷却系统，因为主轴部件除了驱动电机外，还有轴向和径向轴承的线圈，每个线圈都是一个附加的热源。否则主轴的温升会很大，影响工件的加工精度。

2. 高速切削机床结构

高速主轴必须装在结构能适应高速切削的机床上，才能充分发挥高速切削的众多优点。这就要求高速切削机床具有很高的进给速度，并在高速下仍有高的定位精度。此外，高速进给要靠很大的加速度来实现，所以高速切削机床不仅要有很高的静刚度，还必须有很高的动刚度。根据上述几点要求，高速切削机床在 20 世纪 90 年代开始基本上从两个方向上发展：一是在普通机床的基础上对关键零部件进行改进。二是研制完全不同于普通机床的新型结构机床。

（1）进给驱动系统高速化　高速切削机床的滑台驱动系统在 20 世纪 90 年代初多采用大导程滚珠丝杠传动和增加伺服进给电机的转速来实现的，一般进给速度可达 60m/min 左右。为了能达到更高的进给速度，出现了直线电机驱动系统，由于它无间隙、惯性小、刚度较大而无磨损，通过控制电路可实现高速度和高精度驱动。

（2）运动部件轻量化和伺服进给控制精密化。

（3）新运动原理机床的出现　进入 20 世纪 90 年代，在高速切削领域出现了一种完全新型的机床——六杆机床（又称并联结构机床）。它的基本原理如图 3-6 所示，机床的主轴由六条伸缩杆支承，通过调整各伸缩杆的长度，使机床主轴在其工作范围内既可作直线运动，也可作转动。与传统机床相比，六杆机床能够有六个自由度的运动，而传统机床则多数只能在其直角坐标系内运动。六杆机床的结构简单，每条伸缩杆可采用滚珠丝杆驱动或直线电机驱动。因为六条伸缩杆完全相同，所以易于组织大批量生产，从而降低生产成本。由于每条伸缩杆只是轴向受力，结构刚度高，可以降低其重量以达到高速进给的目的。

图 3-6　六杆机床的结构和运动原理示意图

3. 高速切削的刀具系统

高速切削时的一个主要问题是刀具磨损，另外，由于高速切削时离心力和振动的影响，刀具必须具有良好的平衡状态和安全性能。设计刀具时，必须根据高速切削的要求，综合考虑磨损、强度、刚度和精度等方面因素。

超硬刀具和磨具是高速加工技术最主要的刀具材料，主要有聚晶金刚石（PCD）和聚晶立方氮化硼（PCBN）。

对于超高速切削用刀具，其几何结构设计和刀具的装夹结构也是非常重要的。为了使刀具具有足够的使用寿命和低的切削力，刀具的几何角度必须选择最佳数值，如超高速切削铝合金时，刀具最佳前角数值为 12°～15°，后角数值 13°～15°；超高速切削钢材时，最佳前角数值为 0°～5°，后角数值为 12°～16°。高速切削刀具的切削部分应短一些，以提高刀具的刚性和减小刀刃破损的概率。高速切削条件下刀具与机床的联结界面结构装夹要牢靠、工具系统应有足够整体刚性，同时，装夹结构设计必须有利于迅速换刀并有最广泛的互换性和较高的重复精度。

三、高速切削的应用

1．高速切削在航空航天工业中的应用

高速切削加工技术最早在飞机制造业受到重视。飞机工业通常需切削加工长铝合金零件、薄层腹板件等，直接采用毛坯高速切削加工，可不再采用铆接等工艺，从而降低飞机重量。同时现代飞机上大部分重要零件多是整块铝合金铣削而成，既可以减少接缝，又可以提高零件的强度和抗震性，但普通铣削加工效率低、成本高、交货期长，高速切削是解决这方面问题的最有效加工技术。航空航天部门还大量采用镍基合金和钛合金（如 TiAl6V4）制造飞机和发动机零件，这些材料属于难加工材料，它们强度大、硬度高，切削温度高，刀具磨损严重。采用高速切削后，不但生产率大幅度提高，而且可有效地减少刀具磨损，提高加工零件的表面质量。

美国、德国、法国、英国的许多飞机及发动机制造厂已采用高速切削加工来制造航空零部件产品。如英国 EHV 公司采用日本松浦公司制造的 MC-800VDC-EX4 高速加工机床用于加工航空专用铝合金整体叶轮。该机床有两个主轴，转速均为 40000r/min，单叶片的加工精度可达 5μm，总精度为 20μm。

波音飞机公司是世界上最大的飞机制造公司，也是最早应用高速切削技术加工飞机零件的大公司之一。波音公司在生产 F15 战斗机中，使用高速铣床进行零件加工，采用主要技术“整体制造法”即采用整体加工零件代替多个零件装配在一起，使飞机零件数目减少了 42%，同时使得零件更容易制造、装配和维修。据波音公司的一个技术负责人称，很少有零件能够像 F15 战斗机上的零件显示高速加工的效益。该飞机上一个在飞机两个方向舵之间摆动的长结构件，通常是由 500 个零部件组装而成，现在用一块整体原料高速加工完成。由于该零件包括大量薄壁和平面，很多地方厚度只有 1mm，因而必须采用小切深加工，以使切削力较小，使零件在加工中不会变形。而高速切削加工的一个明显优点就是在高速下切削力较小，可以这么说，只有高速切削加工才能实现这样的零件加工。

另据美国《制造工程》2000 年报道：波音 Wichita 民机制造分部采用 3 个高速加工单元来实现快速有效地制造飞机窗户连接隔框。3 个高速加工单元包括 9 台 MakinoMc1816-5X 五坐标高速卧式加工中心，省去了原来的专用设备，并且将精加工和钻孔工序合并（孔数量多于 100），生产速度提高了 30%。

2．高速切削在汽车工业中的应用

汽车、摩托车生产企业，长期以来采用由多轴、多面组合机床组成的刚性自动线 TL（Transfer Line）进行高效自动化生产，其生产效率已公认为各类机床之首。但它的致命弱点是缺乏柔性，不能适应产品不断更新换代的要求。近 10 年来新建的汽车、摩托车生产线，多半采用由多台加工中心和数控机床组成的柔性生产线 FTL（Flexible Transfer Line）。它能适应产

品不断更新的要求，但由于是单轴顺序加工，生产效率没有多轴、多面、并行加工的组合机床自动线高。这个“高柔性”和“高效率”之间的矛盾，一直困扰着汽车、摩托车等成批大量生产企业的从业人员。

高速加工技术的出现，为这个矛盾的解决指出了一条根本的出路，办法就是采用高速加工中心和其他高速数控机床来组成高速柔性生产线。这种生产线集“高柔性”与“高效率”于一身，既能满足产品不断更新换代的要求，做到一次投资、长期受益，又有接近于组合机床刚性自动线的生产效率。这就打破了汽车生产中有关“经济规模”的传统观念，实现了多品种、多种批量的高效柔性生产。

对于汽车工业中的大量材料需要移除的工件，具有复杂结构或超薄结构的工件（如发动机机体、缸盖、汽车覆盖件模具等），传统上需要花相当长的机动工时加工的工件以及设计变更快速、产品周期短的工件，均能显示出高速切削所带来的优点。如汽车覆盖件模具大多由各种自由曲面构成，高速铣削用高转速、小切深、大进给的加工方法，能提高模具的制造精度，延长模具的使用寿命，从而提高注塑件的质量。而且在大进给速度条件下，高速铣削机床具有高精度定位功能和高精度插补功能，特别是圆弧高精度插补。

20 世纪 80 年代以来，我国相继从德国、美国、法国、日本等国引进了多条具有先进水平的轿车数控自动生产线，使我国轿车制造业实现了跨越式发展。其中较典型的有从德国引进的一汽一大众捷达轿车和上海大众桑塔纳轿车自动生产线。这些生产线具有 20 世纪 90 年代中期国际先进水平，其中大量应用了现代高速加工技术。此外北京现代、一汽丰田、广州本田、上海通用、长安福特等汽车公司的自动轿车生产线上高速机床占主导的地位，高速切削加工技术发挥了重大作用。

3. 高速切削在模具制造中的应用

模具技术是衡量一个国家的科技水平的重要指标之一，没有高水平的模具就没有高质量的产品。目前，工业产品零件精加工的 75%、精加工的 50%及塑料零件的 90%是由模具完成的。

由于模具大多由高硬度、耐磨损的合金材料并经过热处理来制造，加工难度大。以往广泛采用电火花（EDM）加工成形，但电极的设计与制造本身是一个费时费力的工艺过程。同时电火花是一种靠放电烧蚀的微切屑加工方式，生产效率极低。用高速切削加工代替电火花加工是加快模具开发速度，提高模具制造质量的一条崭新的途径。

（1）加工电极　应用高速切削技术加工电极，对电火花的加工效率的提高起到了很大的作用。用户可以用同样的 CNC 程序进行电极的粗、精加工，并获得很高的表面质量和精度，大大减少了对电极和模具的后续加工，从而提高多次成形的重复精度，并能大幅度地降低成本。

（2）直接加工淬硬模具　由于新型刀具材料（如 PCD、CBN、金属陶瓷等）的出现，HSC

可以加工硬度达到 HRC60，甚至硬度更高的工件材料。加工淬硬后的模具，高速切削的材料去除率可与电火花加工相媲美，甚至更优，不仅省略了电极的制造，而且在加工时间相同的情况下可以获得更好的表面质量。如瑞士 Mikron 公司用 HSM700 高速铣加工生产插头座用的硬度为 HRC54 的压铸模。与采用电火花传统工艺相比，提高工效近 4 倍，表面质量极佳，成本大幅度降低，完全消除了因电火花加工所产生的微小裂纹，延长了铸模的使用寿命。

（3）样件的快速成形　用高速切削技术加工如塑料和铝合金等易加工材料时，可以采用与常规切削几乎相同的切削宽度和深度，加工效率可提高 10 倍以上。例如，用常规切削 7h 才能完成的三维合成材料模型，高速切削只需 30min。高速切削技术可以使设计者和造型者尽快看到产品的真实模型。当用高速切削技术加工光学部件时，加工时间由原来的 25h 缩短为 5h，表面光洁度可达到镜面要求，不需要进一步抛光。

4. 高速切削技术在其他方面的应用

（1）高速加工精密机械零件和光学零件　由于高速切削具有切削平稳、不易产生颤振、热变形小等优点，因此能高效率地加工出精度高、表面质量佳的零件。如天文望远镜的光学镜头等。

日本 FANUC 公司和电气通信大学合作，研制了一种超精密铣床，其主轴转速达到 55000r/min，可用切削方法实现自由曲面的微细加工。

（2）高速切削代替铸造　用高速切削的方法来制造原来用铸造来成形的零件，不仅省去了制作铸模的时间，而且还可以得到铸造方法达不到的精度和表面质量。

如瑞士 Mikron 公司在生产铝制磁通补偿器时，就采用高速铣削代替铸造加工。

（3）在电子工业中的应用　如制造电路板。在电路板上有许多 0.5mm 左右的小孔，为了提高小直径钻头的钻刃切速、提高效率也普遍采用高速切削方式。

（4）高速铣削在快速原型制造中的应用　快速原型制造（Rapid Prototype Manufacturing，RPM）是将概念转换成实际物理模型的一种非常有用的方法。其成形原理突破了传统加工中的金属成形和切削成形的工艺方法，可在没有工装夹具或模具的条件下，迅速制造出任意复杂形状又具有一定功能的三维实体模型或零件。

有时为了实验和分析形状比较复杂的模具，要先做一个模型或样件。模型制造最先采取手工制作，后发展到立体印刷（快速成形的一种）。但立体印刷得到的模型，总达不到所要求的表面粗糙度，而模型所使用的材料往往抗腐蚀能力差，不能用化学方法抛光，通常利用手工研磨的方法对表面进行光整加工，生产率低。目前模型制造采用高速切削成形，高速切削不但生产率高，而且可直接得到高质量的表面，省去了后续的手工研磨工序，但对于复杂中空的模型，切削方法是无能为力的。随着 CNC 和 CAD/CAM 技术的发展，高速铣削成形将在快速原型制造中发挥更大的作用。

第四节 生物制造技术

21 世纪将是生物科学时代。由于生物科技在研发方面的重大突破，使得生物科技继工业革命及电脑革命后，成为人类的第三次革命，使生物科技产业被全球视为未来的明星产业。我国于 1982 年将生物技术列为八大重点技术之一。生物科学和技术的发展也将为制造技术带来重大影响，制造技术的一个重要方向——生物制造技术正在形成。

一、生物制造的概念

制造过程、制造系统和生命过程、生命系统在许多方面有相似之处，生命系统和现代制造系统都有自组织性、自适应性、协调性、应变性、智性和柔性。在生命科学的基础研究成果中选取富含对工程技术有启发作用的内容，将这些研究成果同制造科学结合起来，建立新的制造模式和研究新的仿生加工方法，将为制造科学提供新的研究课题并丰富制造科学的内涵。机械科学和生命科学的深度融合将产生全新概念的产品，开发出新工艺和开辟新产业，并为产品设计、制作过程和系统中一系列难题提供新的解决方法。人们已经应用人工神经网络、遗传算法来计算、分析、推论和控制制造系统或制造过程。如在仿生机械和仿生制造等方面上形成了新的学科研究方向和研究群体，它是影响现代制造科学发展的重要领域之一，对它的深入研究必将推动学科的进展，同时也将为我国先进制造技术和制造业提供新的理论和方法。

生物制造包含以下两方面的内容：

1．仿生制造

模仿生物的组织结构和运行模式的制造系统与制造过程称为“仿生制造”（Bionic Manufacturing)。“仿生制造”的内容有两方面。一方面将生物科学和技术的新发现、新成就用于制造业。生物的自组织、自生长、自生成、遗传等性能，还有它们的许多智能特性都是许多人造产品所不具备的，需要借鉴和发展。生物在与自然界斗争中增长了许多本领。其机理多数还没有被认识。弄清这些机理，并以适当方式将它们用于制造业，无疑将会大大促进制造业的发展，甚至给制造业带来革命。这就是仿生机械和仿生制造的内容。另一方面，生命科学、生物技术的发展，也给制造业不断地提出新的使命。生命科学和生物技术要求制造业能制造出种种仿照人体和生物的功能，帮助人们和生物延长其寿命，恢复某些器官的功能，制造能取代某些被损坏器官和组织（如骨骼、皮肤、肌肉、神经、四肢、鼻子、心脏等）的器件和机构等等。这也需要将生物技术和制造技术结合起来，这是生物制造技术的另一重要内容。

2．生物成形制造

利用细菌加工零件、细胞移植和重组。例如，生物刻蚀加工采用生物菌对材料进行加工，是近年来发展的一种生物电化学和机械微细加工的交叉领域。日本三重大学和冈山大学率先开展了生物技术用于工程材料加工的研究，并初步证实了微生物加工金属材料的可能性。中国学者特别在利用微生物的腐蚀作用进行人为去除加工方面，提出了物质循环理论和热力一动力学理论。目前，在这方面的进展还只限于实验室的原理探索，表现为只采用了少数种类的微生物和对少数金属的实验，而对其加工的有效性还缺乏深入的了解，也未能制造出实用的零件和器件。

二、生物制造研究的主要内容及方向

1．生物活性组织的工程化制造

目前医学上采用金属等人工材料制成的器官替代物为医疗康复服务，但其缺点是异种组织器官存在人体的排异反应，无法参与人体的代谢活动，使康复工程有很大的局限性，因而需要开辟新的组织器官的制造方法。目前医学上，生长因子、活体细胞的培养技术已较成熟。科学家已可在鼠背上培育出人耳；利用人工方法成功培育出角膜等。但是这种单纯用组织工程的方法培养的速度相当慢，如骨骼的生长速度是1μm/d，单纯依靠基因生长法，无法满足医疗康复对活体组织的要求。于是，出现了生物活性组织的工程化制造方法。生物活性组织的工程化制造采用与生物体相容的材料，利用各种先进成形技术（如快速成形技术），采用生物相容性和生物可降解性材料，制造出人工器官框架，注入细胞和生长因子，使细胞获得并行生长，可以大大加快人工器官的生长速度。

生物活性组织的工程化制造的研究主要包括人工骨、人造肺、肾、心脏、皮肤等的工程化制造方法。

2．类生物智能体的制造

利用可以通过控制含水量来控制伸缩的高分子材料，能够制成人工肌肉。借鉴生命科学和生长技术，有望制造出分布式传感器、控制器与执行器为一体的，并可实现与外部通信功能的，可以受控的类生物智能体，它可以作为智能机器人构件。

类生物智能体的制造已初步得以实现，如由美国科学家研制成功的可使盲人重见光明的“眼睛芯片”。这种芯片是由一个无线录像装置和一个激光驱动的、固定在视网膜上的微型电脑芯片组成。其工作原理为：装在眼镜上的微型录像装置拍摄到图像，并把图像进行数字化处理之后发送到电脑芯片，电脑芯片上的电极构成的图像信号则刺激视网膜神经细胞，使图像信号通过视神经传送到大脑，这样盲人就可以见到这些图像。

3. 生物遗传制造

生物遗传制造主要依靠生物DNA的自我复制来实现，如何利用转基因实现一定几何形状、各几何形状位置不同的物理力学性能、生物材料和非生物材料的有机结合，将是这个方向的创新及前沿问题。

随着DNA的内部结构和遗传机制逐渐被认知，人们开始设想在分子的水平上去干预生物的遗传特性：将一种生物的DNA中的某个遗传密码片段连接到另外一种生物的DNA链上去，将DNA重新组织一下，按照人类的愿望，设计出新的遗传物质并创造出新的生物类型。这与过去培育生物、繁殖后代的传统做法完全不同，它很像技术科学的工程设计，即按照人类的需要把这种生物的这个“基因”与那种生物的那个“基因”重新“施工”，“组装”成新的基因组合，创造出新的生物。

生物遗传制造的目标是：根据制造产品的各种特征，采用人工控制生物单元体内的遗传信息为手段，直接生长出人类所需要的任何产品，如人或动物的骨骼、器官、肢体，以及生物材料结构的机器零部件等。例如，要设计一张桌子，就把桌子的全部特征信息，如形状、尺寸、表面粗糙度、颜色、材料等信息输给某个系统，通过这个系统，把这些特征信息转化为与之相对应的遗传信息，通过生长单元体自身的不断分裂生长，最终生成一个桌子（通过分子工程的方法，使系统将原材料分子重新组合，最终得到具有我们所需要的功能的零件）。

工程界、生命科学界的科学家们正在对该种制造技术进行积极的研究，它涉及材料、制造、生物、医疗等众多学科的知识，是包罗多种科学的先进制造方法，其制造过程是自组织成形的。但这一由组织的过程是比较缓慢的，甚至经历了上亿年的时光。生物遗传制造将大大加速这一过程，为人类文明服务。

4. 用生物机能的去除或生长成形加工

主要是发现培养能对工程材料进行加工的微生物，或能快速繁殖、定向生长成形的微生物。如何进行控制，是这一研究的关键问题，它决定了制造零件的结构精度和物理力学性能。利用分形几何来描述或控制生长将是一条途径。

科学家们利用经过遗传变性的细菌吸食玉米中的糖分，分泌出制造聚酯纤维所需的化学物质。与工业化学加工方法相比，这种方法不仅能大大降低成本、减少环境污染，生产的聚酯纤维还具有一系列卓越的品质，而且可以反复回收利用、这种名“3GT”的聚合物具有弹性，并且能够随意成形或压制。这种纤维可以拉长15%，它还具有生物降解作用，并且能还原到最初的成分。科学家们认为，这种材料也许能够无限地重复利用。

利用微生物进行工程材料加工具有以下优点：

（1）以生物为对象，不依赖地球上的有限资源，不受原材料的限制；

（2）生物反应比化学反应所需的温度要低得多，可以简化生产步骤，节约能源，降低成本，减少对环境的污染；

（3）可开辟一条安全有效、制造成本低、绿色的生物制品的新途径；

（4）能解决传统技术或常规方法所不能解决的许多重大难题，如遗传疾病的诊治，并为肿瘤、能源、环境保护提供新的解决办法；

（5）可定向创造新品种、新物种，适应多方面的需要，造福于人类。

第五节　非传统加工技术

一、概述

传统的机械加工已有很久的历史，它对人类的生产和物质文明起了极大的作用。例如18世纪70年代就发明了蒸汽机，但苦于制造不出高精度的蒸汽机汽缸，无法推广应用。直到有人创造出和改进了汽缸镗床，解决了蒸汽机主要部件的加工工艺，才使蒸汽机获得广泛应用，引起了世界性的第一次产业革命。这一事实充分说明了加工方法对新产品的研制、推广和社会经济等起着多么重大的作用。在科学技术飞速发展的今天，出现了高硬度、高韧性、高强度的新型材料和复合材料，以及微小、巨大、异形等特殊形状的工件。加工这些工件，采用传统加工方法不仅效率很低，有的甚至已经不能适应。因此，开发新的非传统加工（Non-Traditional Machining，NTM）技术势在必行。

非传统加工技术，顾名思义就是一种采用不同于传统切削磨削加工工艺及装备的加工技术来进行制造成形的加工工艺及装备的技术。目前包括的范围主要是特种加工、“堆积”制造技术和新机构原理加工装备技术。

特种加工是将电、磁、声、光、热等物理能量及化学能量或其组合乃至与机械能组合直接施加在被加工的部位上，从而使材料被去除、变形及改变性能等。按加工机理的不同，特种加工可分成：

（1）利用热的分解、溶解、汽化的热特种加工　如电火花加工、电子束加工、激光加工、等离子加工和微波加工。

（2）利用电化学溶解和析出的电化学特种加工　如电解研磨、电解加工及电解磨削。

（3）主要利用化学溶解作用的化学特种加工　如化学研磨、化学切削。

（4）在特殊条件下进行机械破坏的特殊机械加工　如超声波加工、高速液体射流加工及作为加工极限的离子加工等。

（5）复合特种加工　即把上述的（1）～（4）加工方法中某几种方法组合而成的复合特种加工方法。

“堆积”制造技术指运用合并与连接的方法，把材料有序地堆积起来形成三维实体的成形方法。在制造的全过程中可把零件视为一个空间实体，由非几何意义的“点”或“面”叠加而成，它从CAD模型中，获取零件点、面的离散信息，把它与成形工艺参数信息结合转换为控制成形机工作的NC（数控）代码，控制材料有规律地精确地堆积成零件。快速原型制造技术（RPM）属于典型的“堆积”制造技术，RPM技术将在第六节介绍。

新机构原理加工装备技术主要指近年出现的采用并联行架结构的虚拟轴机床（Virtual Axis Machine Tool）及其相关技术，国外称为Hexapod或Stewart机床，这种机床突破了传统机床结构上的串联机构方案，一般以控制六个轴的长短来实现刀具相对于工件的加工位置，不但提高了工艺灵活性，而且整机重量轻，刚性好，已受到国内外重视。

随着科学技术的进步和工业生产发展，非传统加工技术的内涵日益丰富，所涉及的范围日益扩大，应用前景十分广阔。非传统加工技术作为跨世纪的先进制造技术将在21世纪人类社会进步及我国现代化建设中发挥重大作用。

二、电火花加工

电火花加工（Electrical Discharge Machining，EDM）也称放电加工，在20世纪40年代开始研究并逐步应用于生产。它是在一定的液体介质中，利用脉冲放电对导电材料的电蚀现象来蚀除材料，从而使零件的尺寸、形状和表面质量达到预定技术要求的一种加工方法。因放电过程中可见到火花，故称电火花加工。在特种加工中，电火花加工的应用最为广泛，尤其在模具制造业、航空航天等领域有着极为重要的地位。

1．电火花加工的原理与特点

（1）工作原理　工作原理如图3-7所示。加工时，脉冲电源的一极接工件1，另一极接工具4。1、4两极均浸入具有一定绝缘度的液体介质（常用煤油或矿物油或去离子水）中。工具电极由自动进给调节装置3（此处为电动机及丝杆螺母机构）控制，以保证工具与工件在正常加工时维持一很小的放电间隙（0.01～0.05mm）。当脉冲电压加到两极之间，便将当时条件下相对某一间隙最小处或绝缘强度最低处击穿介质，形成放电通道。由于通道的截面积很小，放电时间极短，致使能量高度集中（10^6～10^7W/mm^2），放电区域产生的瞬时高温足以使材料熔化甚至蒸发，以致形成一个小凹坑，如图3-8所示。其中图3-8a表示单个脉冲放电后的电蚀坑，图3-8b表示多次脉冲放电后的电极表面。第一次脉冲放电结束之后，经过很短的间隔时间（即脉冲间隔t_0），第二个脉冲电压又加到两极上，又会在当时极间距离相对最近或绝缘强度最弱处击穿放电，电蚀出一个小凹坑。如此周而复始高频率地循环下去，工具电极不断地向工件进给，它的形状最终就复制在工件上，形成所需要的加工表面。与此同时，总能量的一小部分也释放到工具电极上，从而造成工具损耗。

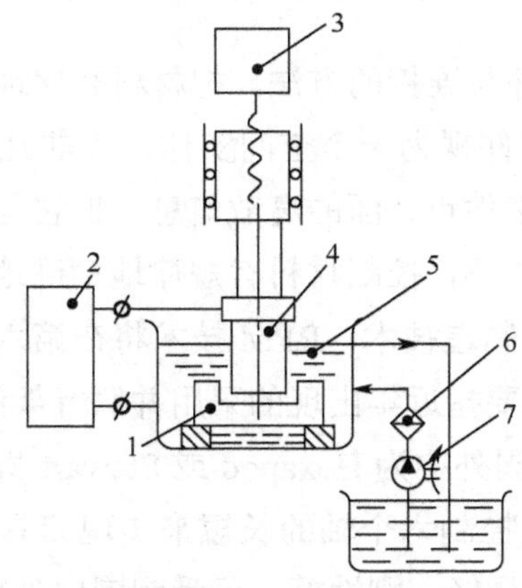

1—工件；2—脉冲电源；3—自动进给调节装置；4—工具；5—工作液；6—过滤器；7—液压泵

图 3-7　电火花加工的原理示意图

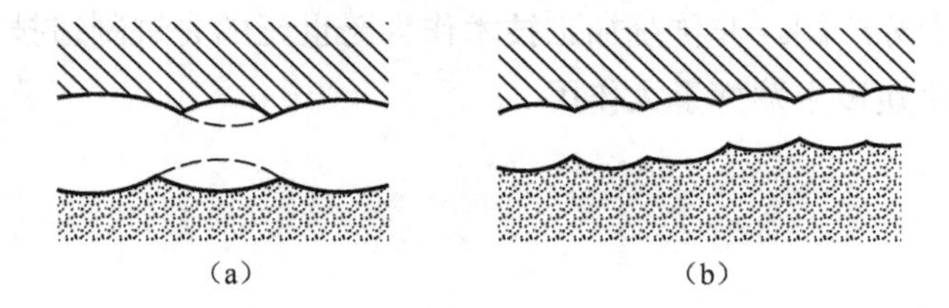

图 3-8　电火花加工表面局部放大图

（2）特点　电火花加工具有如下特点：可以加工任何高强度、高硬度、高韧性、高脆性以及高纯度的导电材料；加工时无明显机械力，适用于低刚度工件和微细结构的加工；脉冲参数可依据需要调节，可在同一台机床上进行粗加工、半精加工和精加工；电火花加工后的表面呈现的凹坑，有利于贮油和降低噪声；生产效率低于切削加工；放电过程有部分能量消耗在工具电极上，导致电极损耗，影响成形精度。

2．电火花加工的应用

电火花加工主要应用于模具中型孔、型腔的加工。表 3-2 列出了电火花加工的应用情况。

表 3-2　电火花加工工艺方法的类型及其应用

类别	工艺方法	特点	用途	备注
Ⅰ	电火花穿孔成形加工	1．工具和工件间主要只有一个相对的伺服进给运动 2 工具为成形电极，与被加工表面有相同的截面或形状	1．型腔加工：加工各类型腔模及各种复杂的型腔零件 2．穿孔加工：加工各类冲模，挤压模、粉末冶金模、各种异形孔及微孔等	约占电火花机床总数的30%，典型机床有 D7125、D7140 等电火花穿孔成形机床
Ⅱ	电火花线切割加工	1．工具电极为顺电极丝轴线方向移动着的线状电极 2．工具与工件在两个水平方向同时有相对伺服进给运动	1．切割各种冲模和具有直纹面的零件 2．下料、截割和窄缝加工	约占电火花机床总数的60%，典型机床有 DK7725、DK7740 数控电火花线切割机床

续表

类别	工艺方法	特点	用途	备注
Ⅲ	电火花内孔、外圆和成形磨削	1．工具与工件有相对的旋转运动 2．工具与工件间有径向和轴向的进给运动	1．加工高精度、表面粗糙度值小的小孔、如拉丝模、挤压模、微型轴承内环、钻套等 2．加工外圆、小模数滚刀等	约占电火花机床总数的3%，典型机床有D6310电火花小孔内圆磨床等
Ⅳ	电火花同步共轭回转加工	1．成形工具与工件均作旋转运动，但二者角速度相等或成整数倍数，相对应接近的放电点可有切向相对运动速度 2．工具相对工件可作纵、横向进给运动	以同样回转，展成回转、倍角速度回转等不同方式，加工各种复杂型面的零件，如高精度的异形齿轮，精密螺纹环规、高精度、高对称度、表面粗糙度值小的内、外回转体表面等	约占电火花机床总数不足1%，典型机床有JN-2、JN-8内外螺纹加工机床
Ⅴ	电火花高速小孔加工	1．采用细管（$>\phi$ 0.3mm）电极，管内冲入高压水基工作液 2．细管电极旋转 3．穿孔速度轮高（60mm/min）	1．线切割穿丝预孔 2．深径比很大的小孔，如喷嘴等	约占电火花机床2%，典型机床有 D703A 电火花高速小孔加工机床
Ⅵ	电火花表面强化、刻字	1．工具在工件表面上振动 2．工具相对工件移动	1．模具刃口，刀、量具刃口表面强化和镀覆 2．电火花刻字、打印记	约占电火花机床总数的2%～3%，典型设备有D9105电火花强化器等

三、高能束加工

高能束加工是利用被聚焦到加工部位上的高能量密度射束，对工件材料进行去除加工的特种加工方法的总称，高能束加工通常指激光加工、电子束加工和离子束加工。

1．激光加工

激光加工（Laser Beam Machining，LBM）是20世纪60年代发展起来的一种新兴技术，它是利用光能经过透镜聚焦后达到很高的能量密度，依靠光热效应来加工各种材料。由于激光加工不需要加工工具、而且加工速度快、表面变形小，可以加工各种材料，受到了人们的极大重视，已广泛用于打孔、切割、焊接、电子器件微调、热处理以及信息存储等许多领域。

（1）激光加工的原理与特点　激光是一种经受激辐射产生的加强光。其光强度高，方向性、相干性和单色性好，通过光学系统可将激光束聚焦成直径为几十微米到几微米的极小光斑，从而获得极高的能量密度（10^8～10^{10}W/cm^2）。当激光照射到工件表面，光能被工件吸收并迅速转化为热能，光斑区域的温度可达10000℃以上，使材料熔化甚至汽化。随着激光能量的不断吸收，材料凹坑内的金属蒸汽迅速膨胀，压力突然增大，熔融物爆炸式的高速喷射出来，在工件内部形成方向性很强的冲击波。激光加工就是工件在光热效应下产生的高温熔融和冲击波的综合作用过程。

下面以固体激光器为例来说明激光加工的工作原理，如图3-9所示。

当激光的工作物质（钇铝石榴石等）受到光泵（激励脉冲氙灯）的激发后，吸收具有特定波长的光，在一定条件下可导致工作物质中的亚稳态粒子数大于低能级粒子数，这种现象称为粒子数反转。此时一旦有少量激发粒子自发辐射发出光子，即可感应所有其他激发粒子产生受激辐射跃迁，实现光放大，并通过全反射镜和部分反射镜组成的谐振腔的反馈作用产生振荡，由部分反射镜的一端输出激光，通过透镜将激光束聚焦形成高能光束，照射到待加工工件的表面上，即可进行加工。

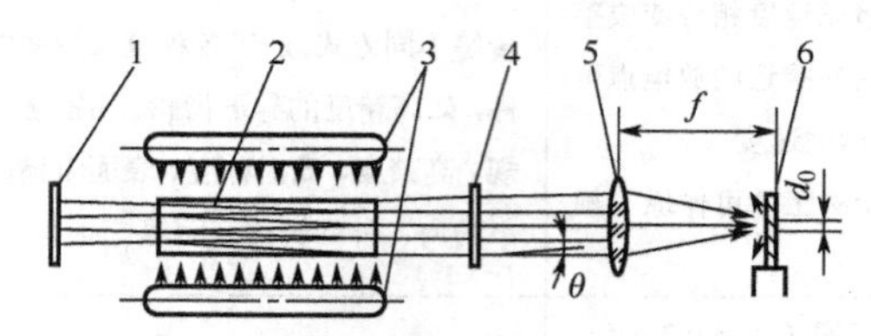

1—全反射镜；2—激光工作物质；3—光泵（激励脉冲氙灯）；4—部分反射镜；5—透镜；6—工件
d_0—光斑直径；f—透镜焦距；θ—发散角（一般为 10^{-2}～10^{-3}rad）

图 3-9 固体激光器加工原理示意图

激光加工具有如下特点：

1）加工范围广，几乎可以加工任何金属与非金属材料，如钢材、耐热合金、高熔点材料、陶瓷、宝石、玻璃、硬质合金和复合材料等。

2）它属于高能束流加工，不存在工具磨损和更换问题。

3）加工时不产生振动和机械噪声，加工效率高，可实现高速打孔和高速切割。也易于实现加工过程自动化。

4）属非接触加工，工件不受机械切削力，能加工易变形的薄板和橡胶等弹性工件。

5）加工速度快，热影响区小。

6）激光可通过玻璃、空气及惰性气体等透明介质进行加工，如可对隔离室或真空室内工件进行加工。

7）激光可以通过聚焦，形成微米级的光斑，输出功率的大小又可以调节，因此可用于精密微细加工。

（2）激光加工的基本设备　激光加工的基本设备包括激光器、电源、光学系统及机械系统等四大部分。

1）激光器。激光器是激光加工的重要设备，它把电能转变成光能，产生激光束。目前常用的激光器按激活介质的种类可以分为固体激光器和气体激光器。

2）激光器电源。激光器电源为激光器提供所需要的能量及控制功能。

3）光学系统。包括激光聚焦系统和观察瞄准系统，后者能观察和调整激光束的焦点位置，并将加工位置显示在投影仪上。

4）机械系统。主要包括床身、能在三坐标范围内移动的工作台及机电控制系统等。随着电子技术的发展，目前已采用计算机来控制工作台的移动，实现激光加工的数控操作。

（3）激光加工的应用

1）激光表面处理。这是近十年来激光加工领域中最为活跃的研究与开发方向，发展了相变硬化、快速熔凝、合金化等一系列处理工艺。其中相变硬化和熔凝处理的工艺技术趋向成熟并产业化。

2）激光焊接。它是基于大功率激光所产生的小孔效应基础上的深熔焊接，它既是一种熔深大、速度快、单位时间熔合面积大的高效焊接方法，又是一种焊缝深宽比大、比能小、热影响区小、变形小的精确焊接方法。激光焊接一般无须焊料和焊剂，只需将工件的加工区域“热熔”在一起就可以。

3）激光打孔。利用激光几乎可在任何材料上打微型小孔，目前已应用于火箭发动机和柴油机的燃料喷嘴加工、化学纤维喷丝板打孔、钟表及仪表中的宝石轴承打孔、金刚石拉丝模加工等方面。

4）激光切割。激光可以切割各种各样的材料，它既可以切割金属材料，也可以切割非金属材料。既可以切割无机物，也可以切割皮革之类的有机物。它可以代替锯切割木材，代替剪子切割布料、纸张，还能切割无法进行机械接触的工件（如从电子管外部切断内部的灯丝）。由于激光对被切割材料几乎不产生机械冲击和压力，故适宜于切割玻璃、陶瓷和半导体等既硬又脆的材料。再加上激光光斑小、切缝窄，且便于自动控制，所以更适宜于对细小部件作各种精密切割。

2．电子束加工

（1）电子束加工的原理与特点

1）电子束加工的原理。电子束加工（Electron Beam Machining，EBM）的原理如图 3-10 所示。它是在真空条件下，利用聚焦后能量密度极高（10^6～10^9W/cm^2）的电子束，以极高的速度冲击到工件表面极小面积上，在极短的时间（几分之一微秒）内，其能量的大部分转变为热能，使被冲击部分的工件材料达到几千摄氏度以上的高温，从而引起材料的局部熔化和汽化，被真空系统抽走。

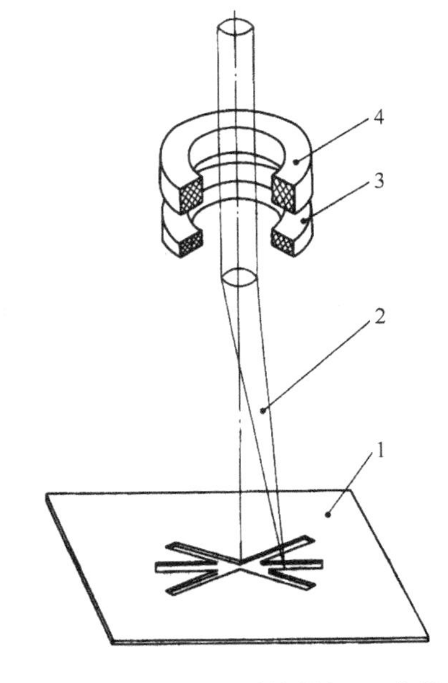

1—工件；2—电子束；3—偏转线圈；4—电磁透镜

图 3-10　电子束加工的原理示意图

控制电子束能量密度的大小和能量注入时间，就可以达到不同的加工目的。如只使材料局部加热就可进行电子束热处理；使材料局部熔化就可进行电子束焊接；提高电子束能量密度，使材料熔化和汽化，就可进行打孔、切割等加工；利用较低能量密度的电子束轰击高分子材料时产生化学变化的原理，即可进行电子束光刻加工。

2）电子束加工的特点。由于电子束能够极其微细地聚焦（可达 0.1μm），可实现亚微米和毫微米级的精密微细加工；电子束能量密度很高，使照射部分的温度超过材料的熔化和汽化温度，去除材料主要靠瞬时蒸发，是一种非接触加工，工件不受机械力作用，因而不产生宏观应力和变形；加工材料的范围广，对高强度、高硬度、高韧性的材料以及导体、半导体和非导体材料均可加工；电子束的能量密度高，如果配合自动控制加工过程，加工效率非常高。例如每秒钟可在 0.1mm 厚的钢板上加工出 3000 个直径为 0.2mm 的孔；电子束加工是在真空中进行，因而污染少，加工表面不会氧化，特别适合加工易氧化的金属及其合金材料，以及纯度要求极高的半导体材料；电子束加工需要一整套专用设备和真空系统，价格较贵，生产应用有一定局限性。

（2）电子束加工装置组成　电子束加工装置基本结构如图 3-11 所示，它主要由电子枪、真空系统、控制系统和电源等部分组成。

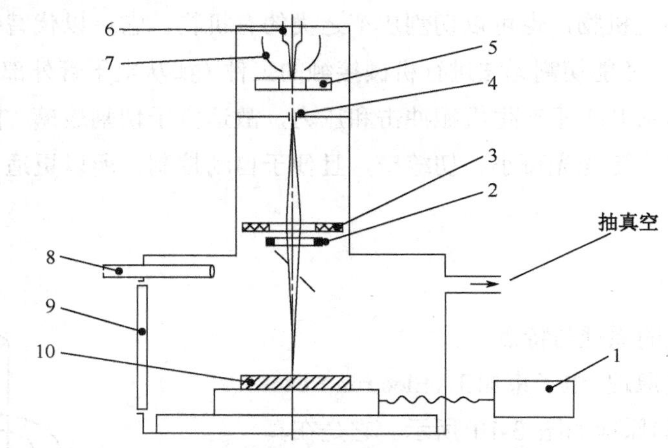

1—工作台系统；2—偏转线圈；3—电磁透镜；4—光阑；5—加速阳极；
6—发射电子的阴极；7—控制栅极；8—光学观察系统；9—带窗真空门；10—工件

图 3-11　电子束加工装置结构示意图

1）电子枪。电子枪是获得电子束的装置，它包括电子发射阴极、控制栅和加速阳极等。阴极经电流加热发射电子，带负电荷的电子高速飞向带高电位的阳极，在飞向阳极的过程中，经过加速极加速，又通过电磁透镜把电子束聚焦成很小的束斑。

2）真空系统。真空系统是为了保证在电子束加工时维持 1.33×10^{-2}～1.33×10^{-4}Pa 的真空度。因为只有在高真空中，电子才能高速运动。此外，加工时的金属蒸气会影响电子发射，产生不稳定现象，因此，也需要不断地把加工中生产的金属蒸气抽出去。真空系统一般由机械旋转泵和油扩散泵或涡轮分子泵两级组成，先用机械旋转泵把真空室抽至 1.4～0.14Pa，然后由油扩散泵或涡轮分子泵抽至 0.014～0.00014Pa 的高真空度。

3）控制系统和电源。电子束加工装置的控制系统包括束流聚焦控制、束流位置控制、束流强度控制以及工作台位移控制等。束流聚焦控制是为了提高电子束的能量密度，使电子束聚焦成很小的束斑，它基本上决定着加工点的孔径或缝宽。束流位置控制是为了改变电子束的方向，常用电磁偏转来控制电子束焦点的位置。如果使偏转电压或电流按一定程序变化，电子束焦点便按预定的轨迹运动。工作台位移控制是为了在加工过程中控制工作台的位置。

（3）电子束加工的应用　电子束加工可用于打孔、切割、焊接、蚀刻和光刻、热处理等。

1）高速打孔。电子束打孔的孔径范围为 0.02～0.003mm。喷气发动机上的冷却孔和机翼吸附屏的孔，孔径微小，孔数巨大，达数百万个，最适宜用电子束打孔。此外，还可以利用电子束在人造革、塑料上高速打孔，以增强其透气性。

2）加工型孔。为了使人造纤维的透气性好，更具松软和富有弹性，人造纤维的喷丝头型孔往往设计成各种异型截面，如图 3-12 所示异形截面最适合采用电子束加工。

3）加工弯孔和曲面。借助于偏转器磁场的变化，可以使电子束在工件内部偏转方向，可加工曲面和弯孔。

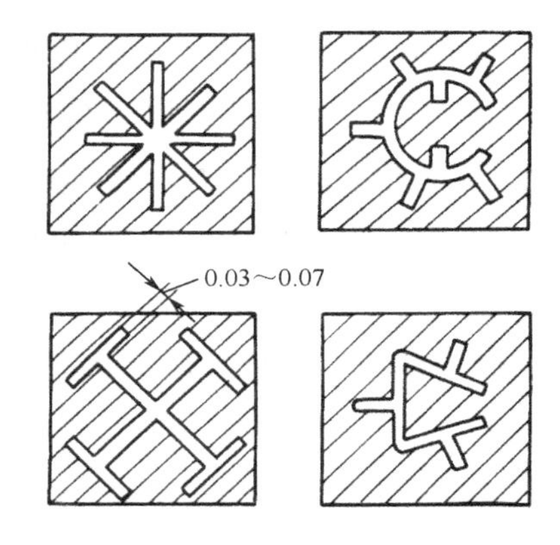

图 3-12　电子束加工的喷丝头异形孔

4）焊接。电子束焊接是利用电子束作为热源的一种焊接工艺。由于电子束的能量密度高，焊接速度快，所以电子束焊接的焊缝深而窄，焊件热影响区小，变形小。电子束焊接一般不用焊条，焊接过程在真空中进行，因此焊缝化学成分纯净，焊接接头的强度往往高于母材。

电子束焊接可以焊接难熔金属如钽、铌、钼等，也可焊接钛、锆、铀等化学性能活泼的金属。对于普通碳钢、不锈钢、合金钢、铜、铝等各种金属也能用电子束焊接。它可焊接很薄的工件，也可焊接几百毫米厚的工件。电子束焊接还能完成一般焊接方法难以实现的异种金属焊接。如铜和不锈钢的焊接，钢和硬质合金的焊接，铬、镍和钢的焊接等。

由于电子束焊接对焊件的热影响小、变形小，可以在工件精加工后进行焊接。又由于它能够实现异种金属焊接，所以就有可能将复杂的工件分成几个零件，这些零件可以单独地使用最合适的材料，采用合适的方法来加工制造，最后利用电子束焊接成一个完整的零部件，从而可以获得理想的技术性能和显著的经济效益。

5）蚀刻。在微电子器件生产中，为了制造多层固体组件，可利用电子束对陶瓷或半导体材料刻出许多微细沟槽和孔来，如在硅片上刻出宽 2.5μm，深 0.25μm 的细槽，在混合电路电阻的金属镀层上刻出 40μm 宽的线条。

电子束蚀刻还可用于制板，在铜制印刷滚筒上按色调深浅刻出许多大小与深浅不一的沟槽或凹坑，其直径为 70～120μm，深度为 5～40μm，小坑代表浅色，大坑代表深色。

6）热处理。电子束热处理与激光热处理类同，但电子束的电热转换效率高，可达 90%，而激光的转换效率只有 7%～10%。电子束热处理在真空中进行，可以防止材料氧化，电子束设备的功率可以做得比激光功率大，所以电子束热处理工艺很有发展前途。

如果用电子束加热金属达到表面熔化，可在熔化区加入添加元素，使金属表面形成一层很薄的新的合金层，从而获得更好的物理力学性能。铸铁的熔化处理可以产生非常细的莱氏体结构，其优点是抗滑动磨损。铝、钛、镍的各种合金几乎全可进行添加元素处理，从而得到很好的耐磨性能。

3．离子束加工

（1）离子束加工的原理与特点　离子束加工（Ion Beam Machining，IBM）的原理与电子束加工的原理基本类似，也是在真空条件下，将离子源产生的离子束经过加速后，撞击在工件表面上，引起材料变形、破坏和分离。由于离子带正电荷，其质量是电子的千万倍，因此离子束加工主要靠高速离子束的微观机械撞击动能，而不是像电子束加工主要靠热效应。

图3-13所示为离子束加工原理示意图。惰性气体（氩气）由注入口3注入电离室10。灼热的灯丝2发射电子，电子在阳极9的吸引和电磁线圈4的偏转作用下，向下高速作螺旋运动。氩气在高速电子的撞击下被电离成离子。阳极9和引出电极（吸极）8上各有300个上下位置对齐、直径为0.3mm的小孔，在引出电极8的作用下，将离子吸出，形成300条准直的离子束，均匀分布在直径为50mm的圆面积上。通过调整加速电压，可以得到不同速度的离子束，以实现不同的加工。

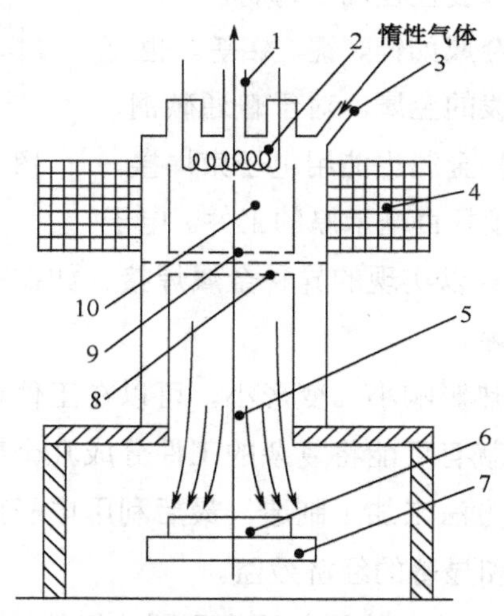

1—真空抽屉气口；2—灯丝；3—惰性气体注入口；4—电磁线圈；5—离子束流；6—工件；7—阴极；8—引出电极；9—阳极；10—电离室

图3-13　离子束加工原理示意图

离子束加工的特点如下：

1）由于离子束可以通过电子光学系统进行聚焦扫描，离子束轰击材料是逐层去除原子，离子束流密度及离子能量可以精确控制，所以可以达到毫微米即纳米级（0.001μm）的加工精度。

2）由于离子束加工是在高真空中进行，所以污染少，特别适宜于加工易氧化的金属、合金材料和高纯度半导体材料。

3）离子束加工是靠离子轰击材料表面的原子来实现的。它是一种微观作用，宏观压力很小，因此加工应力、热变形等极小，加工表面质量非常高，适合于对各种材料和低刚度零件的加工。

4）离子束加工设备费用高、成本高，加工厂效率低，因此应用范围受到一定限制。

（2）离子束加工装置组成　离子束加工装置与电子束加工装置类似，它包括离子源、真空系统、控制系统和电源等部分。主要不同的部位是离子源系统。

离子源用以产生离子束流。产生离子束流的基本原理和方法是使原子电离。具体办法是把要电离的气态原子（如氩等惰性气体或金属蒸气）注入电离室，经高频放电、电弧放电、等离子体放电或电子轰击，使气态原子电离为等离子体（即正离子数和负电子数相等的混合体）。用一个相对于等离子体为负电位的电极（吸极），就可从等离子体中引出正离子束流。根据离子束产生的方式和用途的不同，离子源有很多形式，常用的有考夫曼型离子源（如图 3-13 所示）和双等离子管型离子源。

（3）离子束加工的应用　离子束加工的应用范围正在日益扩大、不断创新。

1）离子刻蚀。它是由能量为 0.5～5keV（1eV 即一个电子伏，是一个电子在真空中通过 1V 电位差加速所获得的能量，也可用能量的单位焦耳（J）来表示，$1eV\approx1.6\times10^{-19}J$）、直径为十分之几纳米的氩离子轰击工件，将工件表层的原子逐个剥离的（图 3-14a）。这种加工本质上属于一种原子尺度上的切削加工，所以也称为离子铣削。离子刻蚀用于加工陀螺仪空气轴承和动压马达上的沟槽，分辨率高，精度、重复一致性好。加工非球面透镜能达到其他方法不能达到的精度。离子束刻蚀应用的另一方面是刻蚀高精度的图形，如集成电路、光电器件等微电子学器件亚微米图形。

2）离子溅射沉积。离子溅射沉积本质上是一种镀膜加工。它也是采用 0.5～5keV 氩离子轰击靶材，并将靶材上的原子击出，淀积在靶材附近的工件上，使工件表面镀上一层薄膜（图 3-14b）。

3）离子镀膜。离子镀膜也称离子溅射辅助沉积，同样属于一种镀膜加工。它将 0.5～5keV 的氩离子分成两束，同时轰击靶材和工件表面，以增强膜材与工件基材之间的结合力（图 3-14c）。也可将靶材高温蒸发，同时进行离子镀。

离子镀技术已用于镀制润滑膜、耐热膜、耐蚀膜、耐磨膜、装饰膜和电气膜等。如在表壳或表带上镀氮化钛膜，这种氮化钛膜呈金黄色，它的反射率与 18K 金镀膜相近，其耐磨性和耐腐蚀性大大优于镀金膜和不锈钢，其价格仅为黄金的 1/60。离子镀装饰膜还用于工艺美术品的首饰、景泰蓝等，以及金笔套、餐具等的修饰上，其膜厚仅 1.5～2μm。

离子镀膜代替镀硬铬，可减少镀铬公害。2～3μm 厚的氮化钛膜可代替 20～25μm 的硬铬镀层。航空工业中可采用离子镀铝代替飞机部件镀镉。

用离子镀方法在切削工具表面镀氮化钛、碳化钛等超硬层，可以提高刀具的耐用度。一些试验表明，在高速钢刀具上用离子镀镀氮化钛，刀具耐用度可提高1～2倍，也可用于处理齿轮滚刀、铣刀等复杂刀具。

4）离子注入。离子注入时是采用5～500keV能量的离子束，直接轰击工件材料。在如此大的能量驱动下，离子能够钻入材料表层，从而达到改变材料化学成分的目的（图3-14d）。可以根据不同的目的选用不同的注入离子，如磷、硼、碳、氮等，以实现材料的表面改性处理，从而改变工件表面层的机械物理性能。

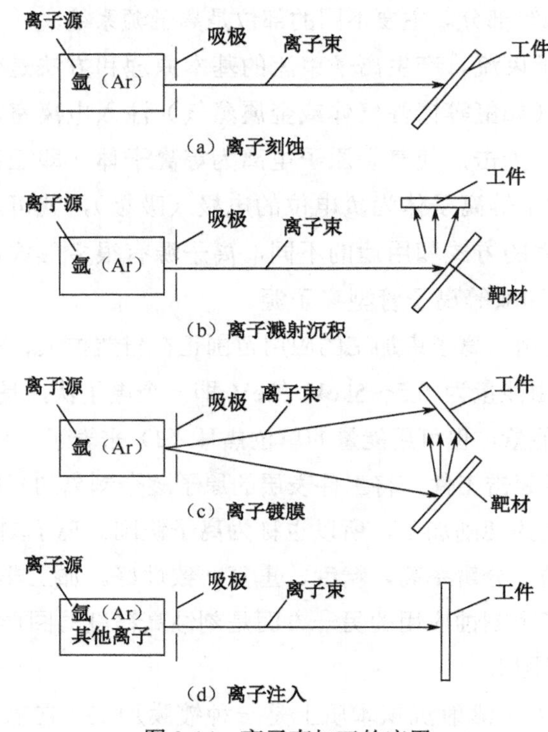

图3-14 离子束加工的应用

四、复合加工

复合加工是指用多种能源合理组合在一起，进行材料去除的工艺方法，以便能提高加工效率或获得很高的尺寸精度、形状精度和表面完整性。下面介绍几种复合加工。

1. 化学机械复合加工

化学机械复合加工是指化学加工和机械加工的复合。它主要用于进行脆性材料的精密加工和表层及亚表层无损伤的加工。所谓化学加工是指利用酸、碱和盐等化学溶液对金属或某些非金属工件表面产生化学反应，腐蚀溶解而改变工件尺寸和形状的加工方法。化学机械复合加工是一种超精密的精整加工方法，可有效地加工陶瓷、单晶蓝宝石和半导体晶片，它可防止通常机械加工用硬磨粉引起的表面脆性裂纹和凹痕，避免磨粒的耕犁引起的隆起以及擦划引起的划痕，可获得光滑无缺陷的表面。

化学机械复合加工中常用的有下列两种：机械化学抛光（Chemical-Mechanical Polishing，CMP）和化学机械抛光。

机械化学抛光（CMP）的加工原理是利用比工件材料软的磨料，由于运动的磨粒本身的活性以及因磨粒与工件间在微观接触度的摩擦产生的高压、高温，使能在很短的接触时间内出现固相反应，随后这种反应生成物被运动的机械摩擦作用去除，其去除量约可微小至 0.1nm 级。

化学机械抛光的工作原理是由溶液的腐蚀作用形成化学反应薄层，然后由磨粒的机械摩擦作用去除。

如采用机械化学抛光可加工直径达 300mm 的硅晶片，其加工系统如图 3-15 所示。采用的抛光剂为超微粒（5～7nm）的烘制石英（SiO_2）悬胶弥散于含水氢氧化钾（pH≈10.3）中，分布于抛光衬垫上；晶片尺寸为 200mm；压力为 27～76kPa；衬垫转速为 20r/min，保持架转速为 50r/min；衬垫材料为浸渍聚氨酯的聚酯；加工表面粗糙度为 1.3～1.9nm。

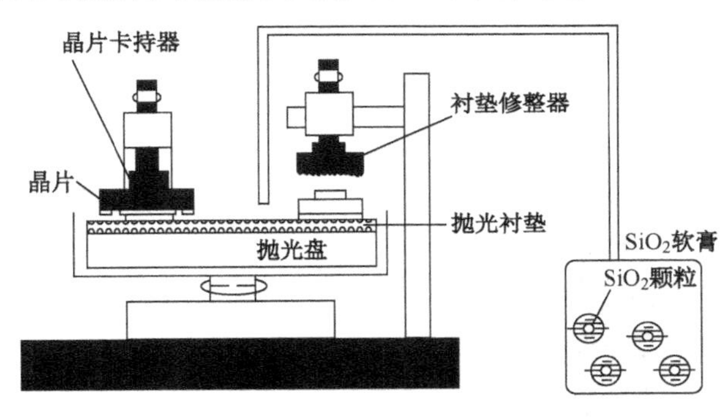

图 3-15　用 CMP 法加工硅晶片的简图

2．磁场辅助加工

磁场辅助加工主要用于解决精密加工的高效性问题。它通过在磁场作用下形成的磁流体使悬浮其中的非磁性磨粒能在磁流体的流动力和浮力作用下压向旋转的工件进行研磨和抛光，从而能提高精整加工的质量和效率。它可以获得 $Ra<0.01\mu m$ 的无变质层的加工表面，并能研抛复杂表面形状的工件。由于磁场的磁力线及由其形成的磁流体本身不直接参与材料的去除，故称为磁场辅助加工。

常用的磁场辅助的精整加工有：磁性浮动抛光（Magnetic Float Polishing，MFP）和磁性磨料精整加工（Magnetic Abrasive Finishing，MAF）。

（1）磁性浮动抛光（MFP）　它是利用磁流体向强磁场方向移动，而非磁性磨粒被排斥向磁感应强度较弱的方向的特性，使悬浮于磁流体中的磨料分离出来富集在一起。磨料在磁浮力作用下，上浮压向运动的工件。有的设备在磁极与工件间放置聚丙烯弹性材料的浮体，使磁流体的压力经浮体挤压磨料和工件，它可使磁极附近的很大浮力经弹性浮体而均匀化，并可增大抛光的压力。

图3-16为应用MFP法精加工高精度陶瓷球的设备示意图。该设备用以抛光直径为9.5mm的Si_3N_4球。

高速高精度的抛光轴支承于空气轴承上，最高转速达10000r/min。钕铁硼（Nd-Fe-B）永磁体以N和S极交替地排列在铝容器内，磁流体是由10～15nm的Fe_3O_4以胶体散布在水基载体液中，加入体积分数为5%～10%的磨料。抛光过程中水不仅起冷却液的作用，也能与工件表面起化学反应。垂向压力用压电传感器测量，并使每球压力控制在1N。由于高的抛光速度，它的材料去除率比传统的采用的低速转动的V形槽研磨要高数十倍，其表面粗糙度可达4nm（R_{max}40nm），陶瓷球的球度可达0.15～0.2μm，且表面基本上无裂纹和刻痕等损伤。

（2）磁性磨料精整加工（MAF） 图3-17为MAF法的加工简图。

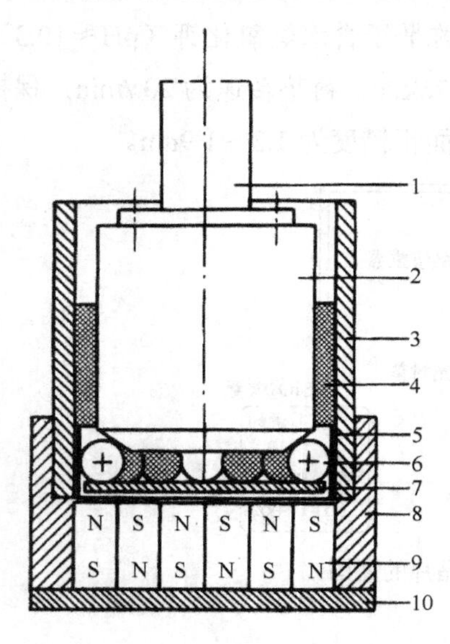

1—主轴；2—驱动轴；3—导向环；4—磁流体和磨料；
5—橡胶环；6—陶瓷球；7—浮体；8—铝座；9—磁铁；10—钢磁轭

图3-16 MFP法精加工高精度陶瓷球的设备示意图

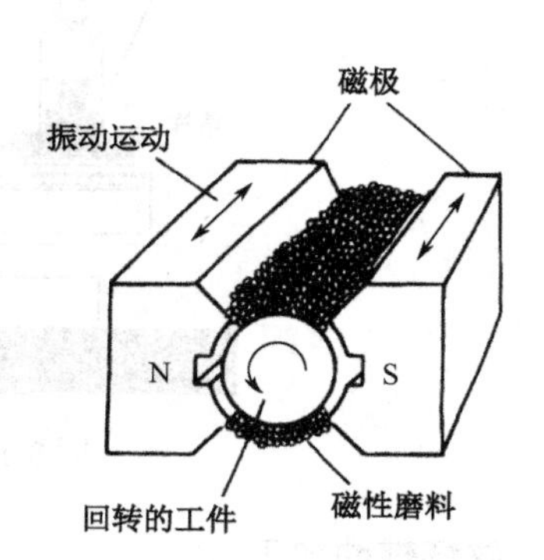

图3-17 MAF法加工非磁性的陶瓷滚柱的简图

磁性磨料在磁极N-S之间沿着磁力线有序地相互链接在一起，聚集成一层弹性的磁性磨粉刷，当工件与它做相对运动时，就进行研抛加工。MAF法可不用抛光液，磁性磨料是在铁磁材料中加入粒度为1～10μm的磨料，聚集的磁性磨料刷的厚度为50～100μm。图示的装置可以加工磁性或非磁性材料的圆柱形工件如陶瓷轴承滚柱或钢滚柱。

3. 激光辅助车削

激光辅助车削（LAT）是应用激光将金属工件局部加热，以改善其车削加工性，它是加热车削的一种新的形式。主要用于改善难切材料的切削加工性。

典型的LAT装置如图3-18所示。激光束经可转动的反射镜M1的反射，沿着与车床主轴回转轴线平行方向射向床鞍上的反射镜 M2，再经 X 向横滑鞍上的反射镜 M3 及邻近工件的反射镜 M4，最后聚射于工件上。其聚焦点始终位于车刀切削刃上方如图中距 δ 处，经激光局部加热位于切屑形成区的剪切面上的材料。

激光加热的优点是可加热大部分剪切面处材料，而不会对刀刃或刀具前面上的切屑显著地加热，因而不会使刀具加热而降低耐用度。通过激光的局部加热可使切削力降低，并可获得流线的连续切屑，并可减少形成积屑瘤的可能性，改善被加工表面的表面粗糙度、残余应力和微观缺陷等。

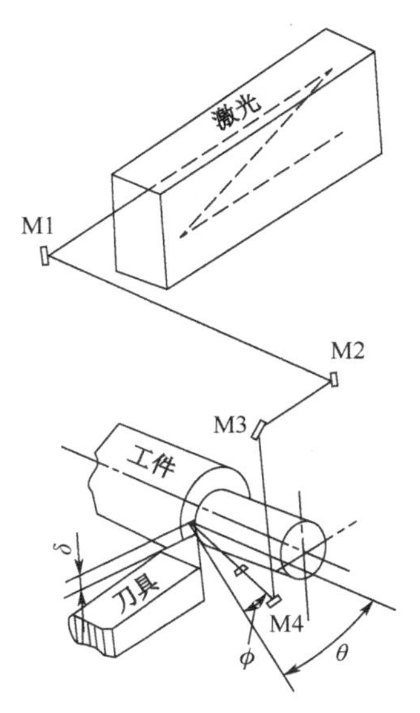

图 3-18 激光辅助车削装置示意图

五、水喷射加工

水喷射加工（Water Jet Machining）又称水射流加工、水力加工或水刀加工，它是利用超高压（数十至数百兆帕）水射流对各种材料进行切割、穿孔和工件表层材料去除等加工。

人们利用高压水服务于生产始于 19 世纪 70 年代，当时主要用来开采金矿、剥落树皮等。20 世纪 50 年代苏联科学家对高压水射流加工技术进行了研究，并利用纯水液的高压射流进行煤层开采和隧道开挖，但在机械加工领域还是在解决了高压喷射装置的性能和可靠性后，才作为一项独立而完整的加工技术，首先在美国的飞机和汽车行业中成功应用于复合材料的切割和缸体毛刺的去除。后来在此基础上又发展起一项新技术——混合磨料射流加工技术（Abrasive Water Jet，AWJ），它是将具有一定粒度的磨料粒子加入高压水管路系统中，使其与高压水进行充分混合后再经喷嘴喷出，从而形成具有极高速度的磨料射流，相对于纯水射流来说，它成倍地提高了切割力，拓宽了切割材料的范围，几乎可以切割一切硬质材料。

1. 水喷射加工的原理与特点

（1）水喷射加工的原理　水喷射加工的基本原理是利用液体增压原理，通过特定的装置（增压器或高压泵），将动力源（电动机）的机械能转换成压力能，具有巨大压力能的水再通过小孔喷嘴将压力能转变成动能，从而形成高速射流，喷射到工件表面，从而达到去除材料的加工目的。

如图 3-19 所示，贮存在水箱中的水经过滤器 2 处理后，由水泵抽出送至由液压机构驱动的增压器增压，水压增高，然后将高压水通过蓄能器，使脉动水流平滑化，高压水与磨料在混合腔内混合后，由具有精细小孔的喷嘴（一般由蓝宝石制成）喷射到由工作台固定的工件表面上，射流速度可达 300～900m/s（为音速的 1～3 倍），可产生如头发丝细的射流，从而对工件进行切割、打孔等。

（2）水喷射加工的特点

1）适用范围广。既可用来加工金属材料，也可以加工非金属材料。

2）加工质量高。切缝窄（为0.075～0.38mm），可提高材料利用率；切口质量好，几乎无飞边、毛刺，切割面垂直、平整，光洁度好。

3）加工时对材料无热影响，工件不会产生热变形和热影响区，对加工热敏感材料如钛合金尤为有利；切削无火花，同时由于水的冷却作用，工件温度较低，非常适合对易燃易爆物件如木材、纸张等的加工。

4）加工清洁，不产生有害人体健康的有毒气体和粉尘等，对环境无污染，提高了操作人员的安全性。

5）加工“刀具”为高速高压水流，加工过程中不会变钝，减少了刀具准备、刃磨等时间，生产效率高。

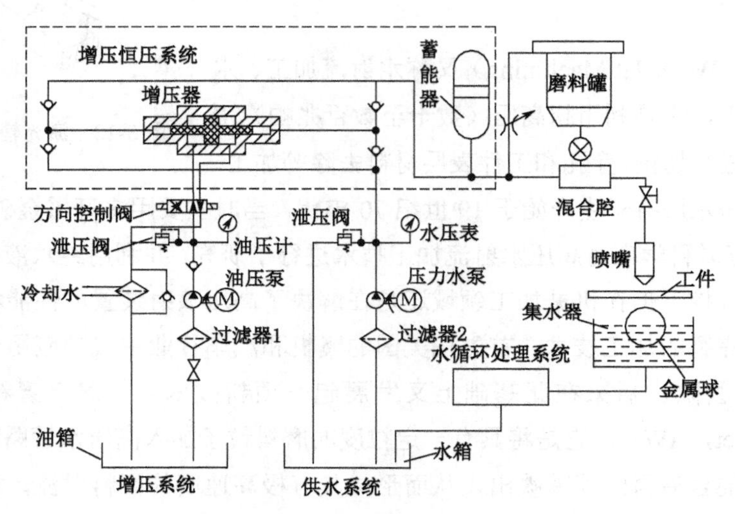

图3-19 水喷射加工原理示意图

2. 水喷射加工系统的组成

水喷射加工系统主要由增压系统、供水系统、增压恒压系统、喷嘴管路系统、数控工作台系统、集水系统和水循环处理系统等构成。如果是磨料射流加工装置，则还有磨料与水的混合系统。

3. 水喷射加工的应用

下面简单介绍水喷射加工在机械领域的应用。

（1）切割加工　水喷射加工技术应用于切割，从某种意义上来说是切割领域的一次革命，随着技术的成熟及某些局限的克服，水射流切割对其他切割工艺是一种完善的补充。

水射流切割所加工的材料品种很多，主要是一般切割方法不易加工或不能加工的非金属或金属材料，特别是一些新型和合成材料，如陶瓷、硬质合金、模具钢、钛合金、钨钼钴合金、复合材料[如以金属为基体的纤维增强金属（FRM）、纤维增强橡胶（FRR）等]、不锈钢、高硅铸铁及可锻铸铁等的加工。

以汽车制造业为例，其中汽车内部装饰材料的加工占水射流加工的 40%，此外还用于汽车后架、车轮罩和隔热材料等的切割。

（2）去毛刺　各种小型精密零件上交叉孔、内螺纹、窄槽、盲孔等毛刺的去除，用其他一般加工方法就十分困难甚至无法完成，而利用水喷射加工技术（稍降低压力或增大喷距等），就十分方便且质量好，具有独特的效果。

（3）打孔　水射流可用于在各种材料上打孔以代替钻头钻孔，不仅质量好，而且加工速度快。例如在厚 25mm 铝板上打一个孔仅需 30s。不过水射流所能加工的孔径大小，尤其是孔径的最小值受喷嘴孔径和磨料粒度的限制。

（4）开槽　加磨料水射流可用来在各种金属零件上开凹槽，如用于堆焊的凹槽及用以固定另一个零件的槽道等。

（5）清焊根和清除焊接缺陷　利用水射流加工不产生热量、不损伤工件材质的特点，对热敏感金属的焊接接头进行背面清根、清除焊缝中的裂纹等缺陷。

第六节　快速原型制造技术

一、概述

1. 快速原型制造技术的产生

快速原型制造（Rapid Prototype Manufacturing，RPM）技术，也称快速成形技术。于 20 世纪 80 年代后期产生于美国，并很快扩展到日本及欧洲，并于 20 世纪 90 年代初期引进我国，是近 20 年来制造技术领域的一项重大突破。

它借助计算机、激光、精密传动、数控技术等现代手段，将 CAD 和 CAM 集成于一体，根据在计算机上构造的三维模型，能在很短的时间内直接制造出产品样品，无须传统的刀具、夹具、模具。RPM 技术创立了产品开发的新模式，使设计师以前所未有的直观方式体会设计的感觉，感性地、迅速地验证和检查所设计产品的结构和外形，从而使设计工作进入一种全新的境界，改善了设计过程中的人机交流，缩短了产品开发周期，加快了产品更新换代的速度，降低了企业投资新产品的风险。

2. 快速原型制造技术的定义、基本原理及基本过程

（1）定义

快速原型制造技术是综合利用 CAD 技术、数控技术、材料科学、机械工程、电子技术及

激光技术的技术集成以实现从零件设计到三维实体原型制造一体化的系统技术。它是一种基于离散堆积成形思想的新型成形技术，是由CAD模型直接驱动的快速完成任意复杂形状三维实体零件制造的技术的总称。

（2）基本原理

传统的零件加工过程是先制造毛坯，然后经切削加工，从毛坯上去除多余的材料，从而达到设计所要求的形状、尺寸和公差，这种方法统称为材料去除制造。这类制造工艺包括车、铣、刨、磨、镗、钻等工艺，这些工艺的大部分能量消耗在去除材料上，因此无功资源消耗多、成形周期长、材料浪费严重。

快速原型制造技术彻底摆脱了传统的“去除”加工法，而基于“材料逐层堆积”的制造理念，将复杂的三维加工分解为简单的材料二维添加的组合，它能在CAD模型的直接驱动下，快速制造任意复杂形状的三维实体，是一种全新的制造技术。

从成形角度看，零件可视为逐点、线、面的叠加而成。从CAD模型中离散得到点、线、面的几何信息，再与快速成形的工艺参数信息结合，控制材料有规律地、精确地由点、线到面，由面到体地逐步堆积成零件。从制造角度看，它根据CAD造型生成零件三维几何信息，控制三维的自动化成形设备，通过激光束或其他方法将材料逐层堆积而形成成形模型或零件。

（3）基本过程

快速原型制造技术的基本过程如图3-20所示。

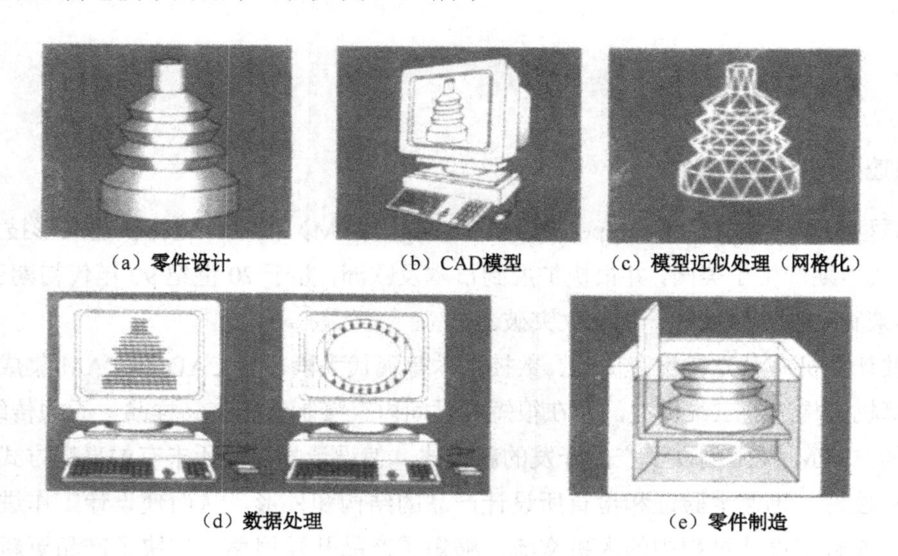
（a）零件设计　（b）CAD模型　（c）模型近似处理（网格化）
（d）数据处理　（e）零件制造

图3-20　快速原型制造技术的基本过程

其具体过程如下：

1）产品的CAD建模　应用三维CAD软件（如Pro/E、UG、SolidWorks等）根据产品要求设计三维模型，或采用逆向工程技术获取产品的三维模型。

2）三维模型的近似处理　用一系列小三角形平面来逼近模型上的不规则曲面，从而得到产品的近似模型。

3）三维模型的 Z 向离散化（即分层处理） 将近似模型沿高度方向分成一系列具有一定厚度的薄片，提取层片的轮廓信息。

4）处理层片信息，生成数控代码 根据层片几何信息，生成层片加工数控代码，用以控制成形机的加工运动。

5）逐层堆积制造 在计算机的控制下，根据生成的数控指令，RP 系统中的成形头（如激光扫描头或喷头）在 $X-Y$ 平面内按截面轮廓进行扫描，固化液态树脂（或切割纸、烧结粉末材料、喷射热熔材料），从而堆积出当前的一个层片，并将当前层与已加工好的零件部分黏合。然后，成形机工作台面下降一个层厚的距离，再堆积新的一层。如此反复进行直到整个零件加工完毕。

6）后处理 对完成的原型进行处理，如深度固化、去除支撑、修磨、着色等，使之达到要求。

快速原型工艺流程如图 3-21 所示。

3. 快速原型制造技术的特点

（1）高度柔性化

RPM 的一个显著特点就是高度柔性化。对整个制造过程，仅需改变 CAD 模型或反求数据结构模型，对成形设备进行适当的参数调整，即可在计算机的管理和控制下制造出不同形状的零件或模型。制造原理的相似性，使得快速原型制造系统其软硬件具有较高的相似性。

（2）技术高度集成化

快速原型制造技术是计算机技术、数控技术、控制技术、激光技术、材料技术和机械工程等多项交叉学科的综合集成。它以离散/堆积为方法，在计算机和数控技术的基础上，追求最大的柔性为目标。

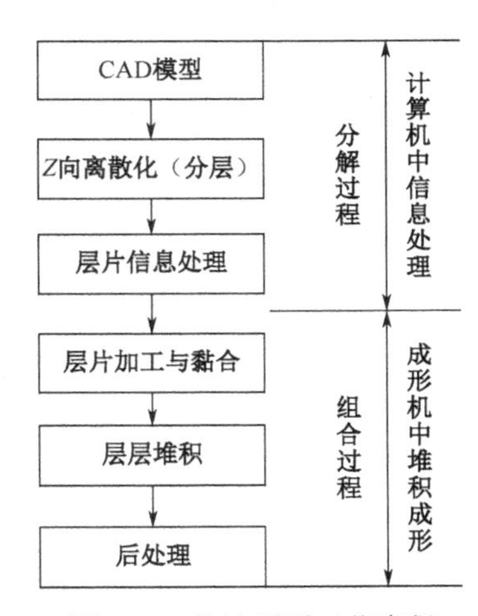

图 3-21 快速原型工艺流程

（3）设计制造一体化

其另一个显著特点就是 CAD/CAM 一体化。由于采用了离散/堆积的分层制造工艺，能够很好地将 CAD、CAM 结合起来。

（4）大幅度缩短新产品的开发成本和周期

一般地，采用 RPM 技术可减少产品开发成本 30%～70%，减少开发时间 50%，甚至更少。如开发光学照相机机体采用 RPM 技术仅 3～5 天（从 CAD 建模到原型制作），花费 6000 美元，而用传统的方法则至少需一个月的时间，花费约 3.6 万美元。

（5）制造自由成形化

它可根据零件的形状，不受任何专用工具或模具的限制而自由成形，也不受零件任何复杂程度的限制，能够制造任意复杂形状与结构、不同材料复合的零件。RPM 技术大大简化了工艺规程、工装设备、装配等过程，很容易实现由产品模型驱动的直接制造或称自由制造。

（6）材料使用广泛性

金属、纸张、塑料、树脂、石蜡、陶瓷，甚至纤维等材料在快速原型制造领域已有很好的应用。

二、快速原型制造技术的工艺方法

自从1988年世界上第一台快速原型机问世以来，各种不同的快速原型制造工艺相继出现并逐渐成熟，下面介绍几种典型的快速原型制造工艺。

1. 光固化成形工艺

（1）概述

光固化成形工艺，也称立体光刻（Stereo Lithography Apparatus，SLA）或立体造型等，它于1984年由 Charles Hull 提出并获美国专利，1988年美国 3D System 公司推出世界上第一台商品化 RP 设备 SLA-250（如图3-22所示），它以光敏树脂为原料，通过计算机控制紫外激光使其固化成形，自动制作出各种加工方法难以制作的复杂立体形状的零件，在制造领域具有划时代的意义。目前 SLA 工艺已成为世界上研究最深入、技术最成熟、应用最广泛的一种快速原型制造方法。

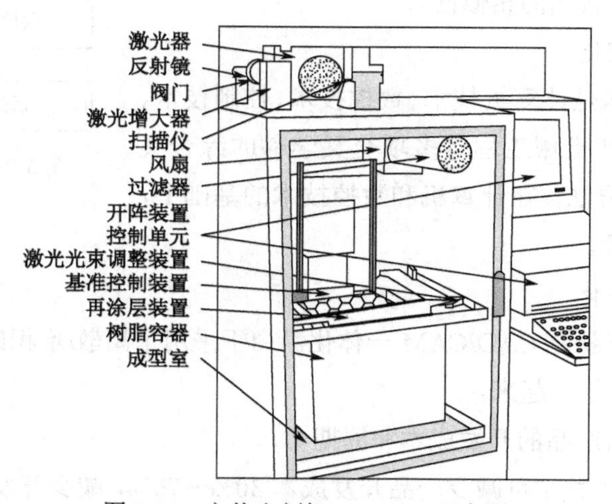

图3-22 立体光刻机 SLA-250 示意图

3D systems 公司的 SLA 设备在国际市场上所占比例最大，该公司自推出 SLA-250 机型之后，又先后推出了 SLA-250HR、SLA-3500、SLA-5000、SLA-7000、Vipersi2SLA 等一系列机

型，在 SLA 设备技术、成形速度、成形精度方面有了长足的进步，目前 3D systems 的设备成形厚度最小可达 0.025mm。

SLA 工艺除了美国 3D System 公司的 SLA 系列成形机外，还有日本 CMET 公司的 SOUP 系列、D-MEC(JSR/Sony)公司的 SCS 系列和采用杜邦公司技术的 Teijin Seiki 公司的 Soliform。在欧洲有德国 EOS 公司的 STEREOS、Fockele & Schwarze 公司的 LMS 以及法国 Laser 3D 公司的 Stereo Photo Lithography（SPL）。

国内从事 SLA 工艺研究的单位主要有西安交通大学、上海联泰科技有限公司等。西安交通大学在 SLA 工艺的成形技术、设备、材料等方面进行了大量的研究工作，推出了自行研制与开发的 SPS、LPS、CPS 三种机型。上海联泰科技有限公司开发的 SLA 设备主要有 RS-350H、RS-350S、RS-600H、RS-600S5 等机型。

（2）工艺原理

SLA 工艺是基于液态光敏树脂的光聚合原理工作的。这种液态材料在一定波长(λ=325nm)和功率（P=30mW）的紫外光照射下能迅速发生光聚合反应，分子量急剧增大，材料就从液态转变成固态。其工艺原理如图 3-23 所示。

液槽中盛满液态光敏树脂，紫外激光束在偏转镜作用下，能在液体表面上进行扫描，扫描的轨迹及激光的有无均按零件的各分层截面信息由计算机控制，光点扫描到的地方液体就固化。成形开始时，工作平台在液面下一个确定的深度，聚焦后的光斑在液面上按计算机的指令逐点扫描，即逐点固化。当一层扫描完成后，未被照射的地方仍是液态树脂。然后升降台带动工作台沿 Z 轴下降一层的高度（约 0.1mm），已成形的层面上又布满一层液态树脂，然后刮平器将黏度较大的树脂液面刮平，然后再进行下一层的扫描，新固化的一层牢固地粘在前一层上，如此重复直到整个零件制造完毕，得到一个三维实体原型。

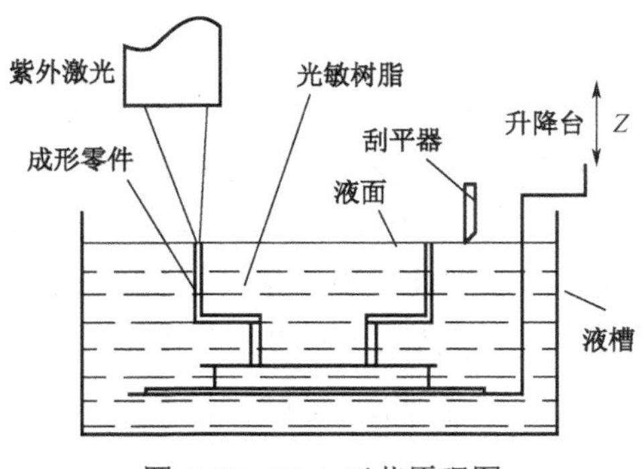

图 3-23　SLA 工艺原理图

（3）系统组成

光固化成形系统由激光器、激光束扫描装置、光敏树脂、液槽、升降台和控制系统等组成。

1）激光器　激光器大多采用紫外光式。成形系统用的激光器主要有两种类型：一种是氦-镉（He-Cd）激光器，它是一种低功率激光，以氦气和镉蒸气的复合气体作为工作物质，镉通过电离化过程，使中性氦原子和镉原子激活，能够生成可见和紫外激光射线，输出功率通常为15～50mW，输出波长为325nm，激光器寿命为2000h左右；另一种是氩离子（Ar^+）激光器，这是另一种低功率激光光源，它用氩气作为工作物质，输出功率为100～500mW，输出波长为351～365nm，该激光是双重电离化氩气状态下获得的。激光束光斑直径一般为0.05～3.00nm，激光位置精度可达0.008nm，重复精度可达0.13mm。

2）激光束扫描装置　数字控制的激光束扫描装置也有两种形式：一种是电流计驱动式的扫描镜方式，最高扫描速度达15m/s，适合于制造尺寸较小的原型件；另一种是$X-Y$绘图仪方式，激光束在整个扫描过程中与树脂表面垂直，适合于制造大尺寸的原型件。

3）光敏树脂　SLA工艺的成形材料是液态光敏树脂，如环氧树脂、乙烯酸树脂、丙烯酸树脂等。要求SLA树脂在一定频率的单色光照射下迅速固化，并具有较小的临界曝光和较大的固化穿透深度。为保证原型精度，固化时树脂的收缩率要小，并应保证固化后的原型有足够的强度和良好的表面粗糙度，且成形时毒性要小。

光敏树脂材料中主要包括齐聚物、反应性稀释剂及光引发剂。根据光引发剂的引发机理，光敏树脂可分为三类：自由基型光敏树脂、阳离子型光敏树脂、混杂型光敏树脂。

自由基型光敏树脂是最早应用于SLA的树脂，这种树脂的优点是具有很高的光响应性，黏度低，成本不高，基本满足快速成形的要求，其缺点是由于表层氧的阻聚作用，使得成形精度较低，同时，该类树脂收缩较大（约8%），成形零件翘曲变形较大，尤其对于具有大平面结构的工件，制作精度不是很高。自由基型光敏树脂主要有三类，第一类为环氧树脂丙烯酸酯，该类材料聚合快，原型强度高，但脆性大且易泛黄；第二类为聚酯丙烯酸酯，该类材料流平性和固化好，性能可调节；第三类材料为聚氨酯丙烯酸酯，该类材料生成的原型柔顺性和耐磨性好，但聚合速度慢。

阳离子型光敏树脂属于第二代树脂，其优点是收缩小、黏度极低、不受氧阻聚，但其缺点是容易受碱和湿气的影响，且固化速度较丙烯酸酯慢得多。阳离子型光敏树脂的主要成分为环氧化合物。用于SLA工艺的阳离子型齐聚物和活性稀释剂通常为环氧树脂和乙烯基醚。

由于以上两类树脂各有优缺点，因此出现了集自由基和阳离子树脂各自优点的混杂型光敏树脂，它比前两种更为优越，目前正被越来越多地使用。

4）液槽　盛装液态光敏树脂的液槽采用不锈钢制作，其尺寸大小取决于成形系统设计的最大尺寸原型件或零件。升降工作台由步进电功机控制，最小步距应在0.02mm以下，在225nm位移的工作范围内位置精度为±0.05mm。刮平器保证新一层的光敏树脂能够迅速、均匀地涂敷在已固化层上，保持每一层厚度的一致性，从而提高原型件的精度。

5）控制系统　控制系统主要由工控机、分层处理软件和控制软件等组成。激光能光束反射镜扫描驱动器、$X-Y$扫描系统、工作台Z方向上下移动和刮刀的往复移动都由控制软件来控制。

（4）成形工艺过程

光固化成形工艺过程包括模型及支撑设计、分层处理、原型制作、后处理等步骤。

1）模型及支撑设计　模型设计是应用三维 CAD 软件进行几何建模，并输出为 STL 格式文件。由于产品上往往有一些不规则的自由曲面，加工前必须对其进行近似处理。目前，常用的近似处理方法是：用一系列的小三角平面来逼近自由曲面。每一个小三角形由三个顶点和一个法矢量来表示，三角形的大小可以选择，从而得到不同的曲面近似精度，经过上述近似处理的三维模型文件称为 STL 文件。STL 文件记载了组成 STL 实体模型的所有三角形面。目前，典型的商品化 CAD 系统都有 STL 文件输出的数据接口，可以很方便地将 CAD 系统构造的三维模型转换成 STL 格式文件，并在屏幕上显示转换后的 STL 模型，它是由一系列小三角形组成的三维模型。

在成形过程中，由于未被激光束照射的部分材料仍为液态，它不能使制件截面上的孤立轮廓和悬臂轮廓定位。因此，必须设计和制作一些细柱状或肋状支撑结构（如图 3-24 所示），以便确保制件的每一结构部分都能可靠固定，同时也有助于减少制件的翘曲变形。为了成形完成后能方便地从工作台上取下工件，而不会使工件损坏，在工件的底部也设计和制作了支撑结构。成形完成后应小心地除去上述支撑结构，从而得到最终所需的工件。

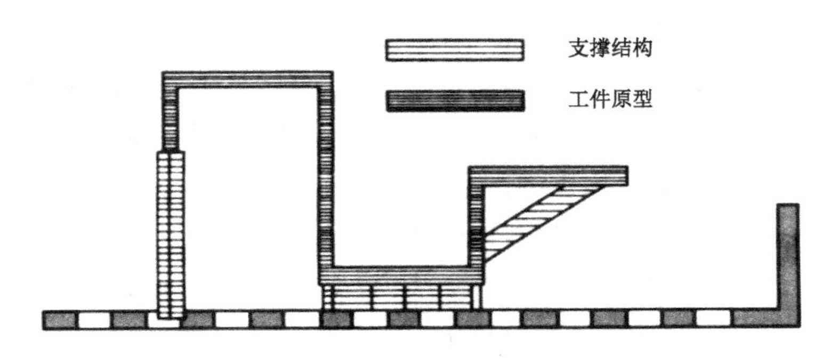

图 3-24　支撑结构示意图

2）分层处理　采用专用的分层软件对 CAD 模型的 STL 格式文件进行分层处理，得到每一层截面图形及其有关的网格矢量数据，用于控制激光中的扫描轨迹。分层处理还包括层厚、建立模式、固化深度、扫描速度、网格间距、线宽补偿值、收缩补偿因子的选择与确定。这些参数和建立方式的不同选择，对建立时间和模型精度都有影响，因此要选择合适的参数和建立方式，才能得到理想的工件。

3）原型制作　在计算机控制下，对液态光敏树脂逐层扫描、固化，完成原型的制作。

4）后处理　原型制作完毕，需进行剥离，以便去除废料和支撑结构，有时还需进行后固化、修补、打磨、抛光、表面涂覆、表面强化处理等，这些工序统称为后处理。

SLA 原型制作完毕后，需从工作台上取下原型，然后小心地剥离支撑结构。由于刚制作的原型强度较低，需要通过进一步固化处理，才能达到需要的性能。后固化工序是采用很强的紫外光源使刚刚成形的原型件充分固化，这一工序可以在紫外烘干箱中进行。固化时间根据制件的尺寸大小、形状和树脂特性而定，一般不少于30min。

（5）工艺特点

1）尺寸精度高　SLA原型的尺寸精度可达±0.1mm。

2）表面质量好。

3）成形过程自动化程度高　SLA系统非常稳定，加工开始后，成形过程可以完全自动化，直至原型制作完成。

4）原材料利用率高　原材料的利用率将近100%。

5）能制造形状特别复杂（如空心零件）、特别精细（如首饰、工艺品等）的零件。

6）制作出来的原型件可快速翻制各种模具。

但SLA工艺也存在一些不足，如成形过程中需要支撑，否则也会引起制件变形；设备运转及维护成本高等。

2．叠层实体制造工艺

（1）概述

叠层实体制造（Laminated Object Manufacturing，LOM）工艺也称为层合实体制造或分层实体制造等。1984年Michael Feygin提出了叠层实体制造工艺方法，并于1985年在美国加州托兰斯组建Helisys公司，1990年Helisys公司开发了世界上第一台商业机型LOM-1015。由于该工艺大多以纸为原料（故有些书籍上称之为纸片叠层法），材料成本低，而且激光只要切割每一层片的轮廓，成形效率高，在制作较大原型件时有较大优势，因此近年来发展迅速。

类似于LOM工艺的RP工艺有日本Kira公司的SC（Solid Center）、瑞典Sparx公司Sparx、新加坡Kinergy精技私人有限公司的ZIPPY、清华大学的SSM（Sliced Solid Manufacturing）、华中科技大学的RPS（Rapid Prototyping System）。

（2）工艺原理

LOM工艺采用薄片材料，如纸、塑料薄膜等作为成形材料，片材表面事先涂覆上一层热熔胶。加工时，用CO_2激光器（或刀）在计算机控制下按照CAD分层模型轨迹切割片材，然后通过热压辊热压，使当前层与下面已成形的工件层粘接，从而堆积成形。

图3-25是LOM工艺的原理图。用CO_2激光器在刚粘接的新层上切割出零件截面轮廓和工件外框，并在截面轮廓与外框之间多余的区域内切割出后处理时便于剥离的网格；激光切割完成后，工作台带动已成形的工件下降，与带状片材（料带）分离；供料机构转动收料轴和供料轴带动料带移动，使新层移到加工区域；工作台上升到加工平面；热压辊热压，工件的层数增加一层，高度增加一个料厚；再在新层上切割截面轮廓。如此反复直至零件的所有截面切割、粘接完，这样层层叠加后得到一个块状物，最后将不属于原型的材料小块剥除，就获得所需的三维实体零件。

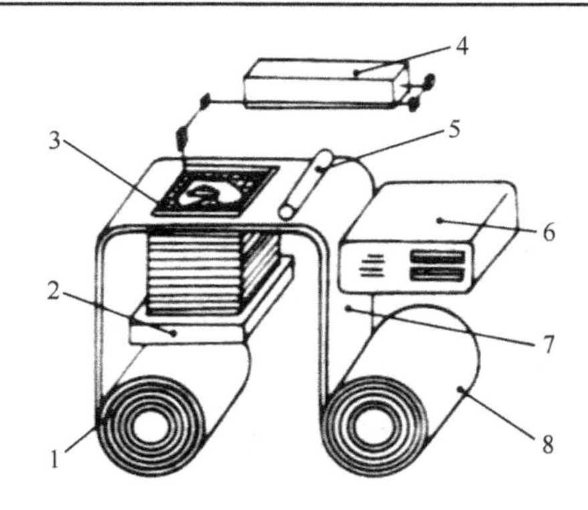

1—收料轴；2—升降台；3—加工平面；4—CO_2激光器；5—热压辊；6—控制计算机；7—料带；8—供料轴

图 3-25　LOM 工艺原理示意图

（3）系统组成

以国产 SSM-800 叠层实体制造设备为例来说明其系统组成。图 3-26 所示为清华大学企业集团下属的高科技企业生产的 SSM-800 叠层实体制造设备。它由工控机（Pentium586）及控制系统、卷筒材料送放装置、热压系统、激光切割系统、可升降工作台、机床本体等组成。

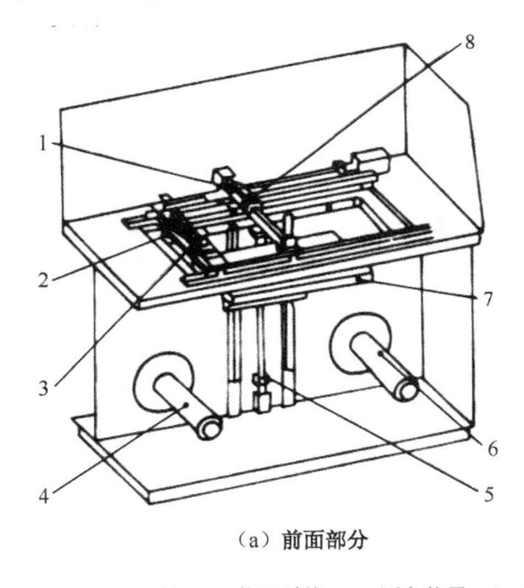

（a）前面部分

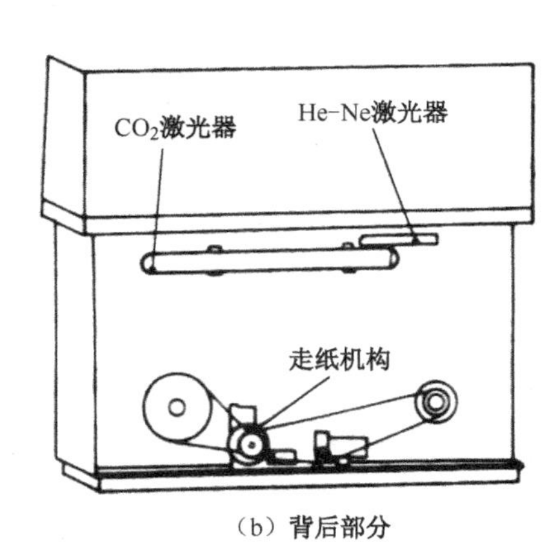

（b）背后部分

1—X、Y轴；2—热压系统；3—测高装置；4—收纸辊；5—Z轴；6—送纸辊；7—工作平台；8—激光头

图 3-26　SSM-800 型 LOM 设备

1）工控机　工控机用于接收和存储工件的三维模型，对模型进行分层处理，发出控制指令。

2)卷筒材料送放装置　卷筒材料送放装置将存储于其中的材料逐步送到工作台 7 的上方，并通过热压系统 2 将一层层材料黏合在一起。

3）激光切割系统　激光切割系统按照计算机提取的截面轮廓，逐层在材料上切割出轮廓线，并将无轮廓区切割成小方网格。网格的大小根据被成形件的形状复杂程度选定，网格愈小，愈容易剔除废料，但成形花费的时间较长。

4）可升降工作台　工作台可沿 Z 轴 5 升降，当每层成形之后，工作台降低一个材料厚度，以便送进、黏合和切割新一层材料。

（4）成形工艺过程

和其他快速原型工艺方法一样，LOM 工艺过程也大致分为模型设计及分层处理、材料分层叠加、后处理三个主要阶段。其制作工艺过程大致如下：

1）基底制作　由于叠层在制作过程中要由工作台带动频繁升降，为实现原型与工作台之间的连接，需要制作基底。为避免起件时破坏原型，基底应有一定的厚度，通常制作 3～5 层。为保证基底的牢固，在制作基底之前要将工作台预热，可使用外部热源，也可以让加热辊多走几遍来完成预热。

2）原型制作　制作完基底后，即可由设备根据给定的工艺参数自动完成原型所有叠层的制作过程。LOM 原型制作的精度、速度以及质量都与选定的制作工艺参数有关，其中关键参数为激光切割速度、加热辊温度和压力、激光能量、碎网格尺寸等。

3）余料去除　余料去除主要是将成形过程中产生的网状废料与工件剥离，通常采用手工剥离的方法。余料去除是一项较为复杂而细致的工作，为保证原型的完整和美观，要求工作人员熟悉原型，并有一定的技巧。图 3-27 展示了该项工作的主要流程。

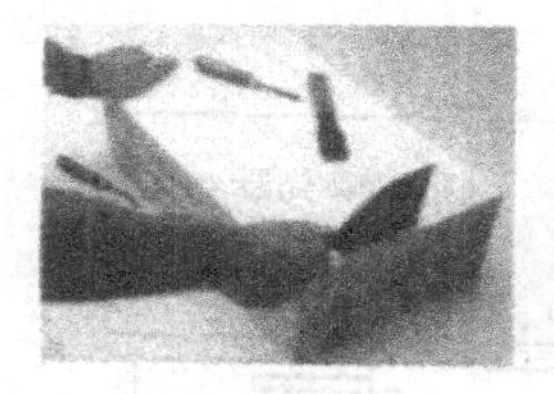

图 3-27　LOM 工艺原型的取出过程

4）后置处理　余料去除以后，为提高原型表面状况和机械强度，保证其尺寸稳定性、精度等方面的要求，需对原型进行后置处理，比如防水、防潮、加固和使其表面光滑等，通常采用的后置处理工艺包括修补、打磨、抛光、表面涂覆等，经处理的 LOM 原型表现出类似硬木的效果和性能。

（5）工艺特点

1）生产效率高　LOM 工艺只需在片材上切割出零件截面的轮廓，而不用对整个截面进行扫描。因此成形效率比其他 RP 工艺要高，非常适合于制作大型实体原型件。

2）零件精度较高　LOM 工艺过程中不存在材料相变，因此不易引起翘曲变形，零件精度较高，小于 0.15mm。

3）无须设计和制作支撑结构　工件外框与截面轮廓之间的多余材料在加工中起到了支撑作用，所以 LOM 工艺无须加支撑。

4）后处理工艺简单，成形后废料易于剥离，且无须后固化处理。

5）原型制作成本低　LOM 工艺常用的原材料为纸、塑料薄膜等，这些材料价格便宜。

6）制件能承受高达 200℃的高温，有较高的硬度和较好的力学性能，可以进行各种切削加工。

但 LOM 工艺也存在一些不足，如工件（尤其是薄壁件）的抗拉强度和弹性不够好；工件易吸湿膨胀，因此成形后应尽快做表面防潮处理等。

3. 选择性激光烧结工艺

（1）概述

选择性激光烧结工艺（Selected Laser Sintering，SLS）由美国得克萨斯大学奥汀分校的 C. R. Dechard 于 1989 年研制成功，并首先由美国 DTM 公司商品化。它利用粉末状材料（金属粉末或非金属粉末，目前主要有塑料粉、蜡粉、金属粉、表面附有黏结剂的覆膜陶瓷粉、覆膜金属粉及覆膜沙等）在激光照射下烧结的原理，在计算机控制下层层堆积成形。选择性激光烧结工艺造型速度快，一般制品仅需 1～2 天即可完成。SLS 的原理与 SLA 十分相像，主要区别在于所使用的材料及其状态。SLA 使用液态光敏树脂，而 SLS 则使用各种粉末状材料。

研究 SLS 工艺的有美国的 DTM 公司、3D Systems 公司，德国的 EOS 公司以及国内的北京隆源自动成形系统有限公司和华中科技大学等。

（2）工艺原理

如图 3-28 所示，此法采用 CO_2 激光器作能源。加工时，在工作台上均匀铺上一层很薄（0.1～0.2mm）的粉末，再用平整辊将粉末滚平、压实，每层粉末的厚度均对应于 CAD 模型的切片厚度。激光束在刚铺的新层上以一定速度和能量密度在计算机的控制下按照零件分层轮廓有选择性地进行烧结，得到零件的截面，一层完成后，再铺上新的一层粉末，选择地再进行下一层烧结，并与下面已成形的部分连接，如此反复直到整个零件加工完毕。全部烧结完后去掉多余的粉末，再进行打磨、烘干等处理便获得零件。

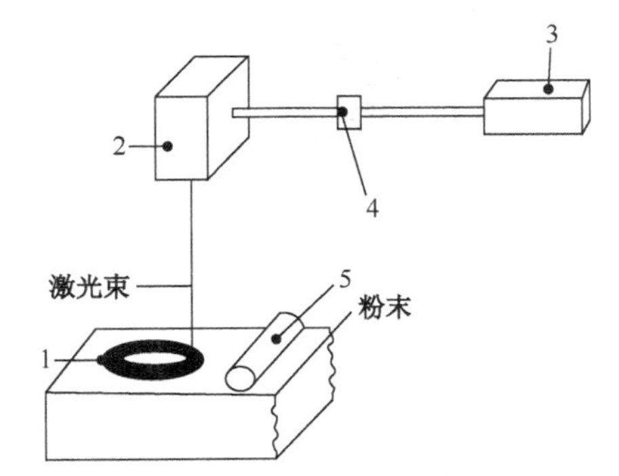

1—零件；2—扫描镜；3—激光器；4—透镜；5—平整辊

图 3-28 选择性激光烧结（SLS）工艺原理示意图

（3）系统组成

以北京隆源自动成形系统有限公司研制的 SLS 快速原型设备 AFS-300 为例，其结构组成示意图如图 3-29 所示。该设备由机械系统、光学系统和计算机控制系统组成。机械系统和光学系统在计算机控制系统的控制下协调工作，自动完成制件的加工成形。

机械结构主要由机架、工作平台、铺粉机构、两个活塞缸、集料箱、加热灯和通风除尘装置组成。

图 3-30 为选择性激光烧结（SLS）机光路系统的主要组成部件，它包括激光器、反射镜、扩束聚焦系统、扫描器、光束合成器、指示光源。其中的激光器为最大输出功率为 50W 的 CO_2 激光器，扫描器由两个相互垂直的反射镜组成。每个反射镜有一个振动电动机驱动，激光束先入射到 *X* 镜，从 *X* 镜反射到 *Y* 镜，再由 *Y* 镜反射到加工表面，电动机驱动反射镜振动，同时激光束在有效视场内扫描。

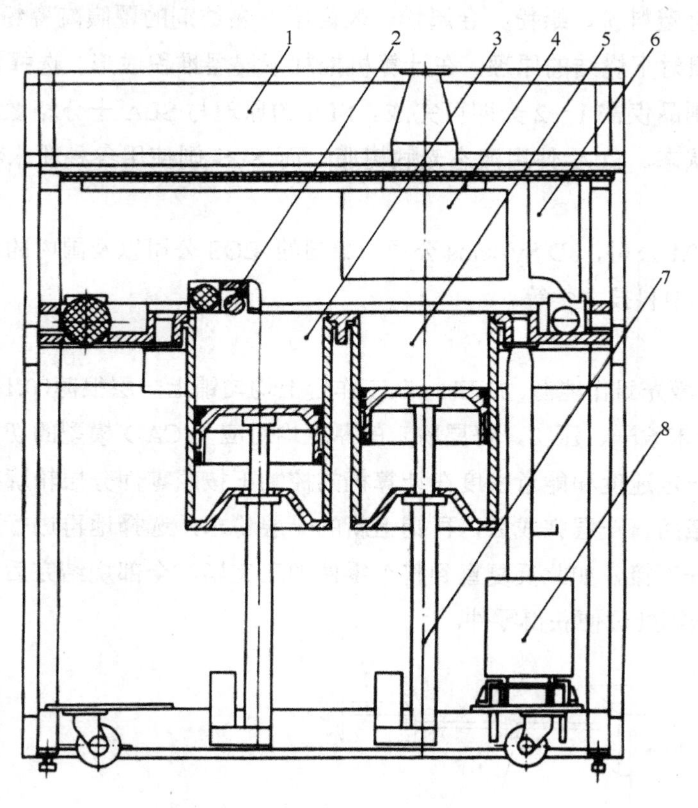

1—激光室；2—铺粉机构；3-供料缸；
4—加热灯；5—成形料缸；6—排尘装置；
7—滚珠丝杆螺母机构；8—料粉回收箱

图 3-29　AFS—300 型选择性激光烧结主机结构示意图

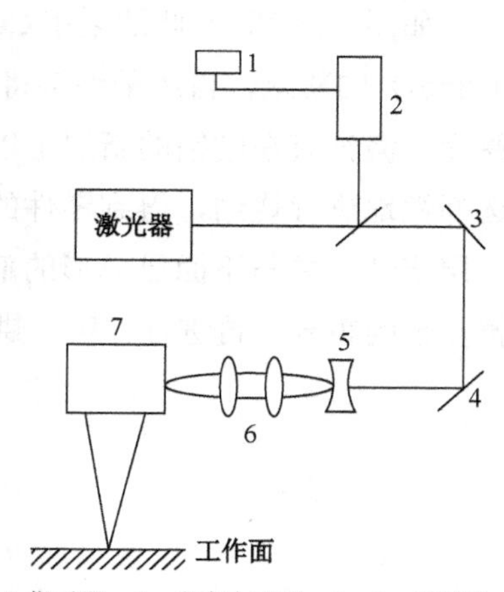

1-指示器；2—光束合成器；3、4—反射镜；
5—扩束镜；6-聚焦镜；7—扫描器

图 3-30　选择性激光烧结机光路系统

X 镜和 *Y* 镜分别驱使光点在 *X* 方向和 *Y* 方向扫描，扫描角度通过微机接口进行数控，这样可使光点精密定位在现场内任一位置。扫描振镜的全扫描角（光学角）为 40°，视场的线性范围要由扫描半径确定，光点的定位精度可达全视场的 1/65535。

由于加工用的激光束是不可见光，这样不便于调试和操作。用一个可见光束（指示光源）

与激光束会并在一起，可在调试时清晰看见激光光路，便于各光学元件的定心和调整。

（4）成形工艺过程

1）成形参数选择　主要是合理确定分层参数和成形烧结参数。分层处理过程中需要控制的参数包括零件加工方向、分层厚度、扫描间距和扫描方式；成形烧结参数包括扫描速度、激光功率、预热温度、铺粉参数等。

2）原型制作　SLS 原型制作中无须加支撑，同为没有烧结的粉末起到了支撑的作用。成形后用铲等工具小心将制件从成形室取出。

3）后处理　SLS 原型从成形室取出后，用毛刷和专用工具将制件上多余的附粉去掉，进一步清理打磨之后，还需针对原型材料作进一步后处理。对于刚刚成形的树脂原型，由于零件内存在大量孔隙，密度和强度较低，须作强化处理，即利用 SLS 烧结体的多孔质产生的虹吸效应，将液体可固化树脂浸渗到烧结零件中，将其保温、固化，得到增强的零件。对增强的零件进行打磨和抛光处理，即可得到最终零件；对于陶瓷原型，需将其放在加热炉中烧除黏结剂，烧结陶瓷粉；当原型材料为金属与黏结剂的混合粉时，由于黏结剂的熔化温度较低，成形中施加热能和激光能后，黏结剂熔化并渗入金属粉粒之间，使之成形。此后，需将成形的制件置于加热炉中，烧去其中的黏结剂，烧结金属粉，此时的原型件虽已成形，但内部结构疏松，还需在加热炉中进行渗铜处理，以得到高密度的金属件。

（5）工艺特点

1）可以采用多种材料　从原理上讲，这种方法可采用加热时黏度降低的任何粉末材料，通过材料或各类含有粘结剂的涂层颗粒制造出任何造型，适应不同的需要。特别是可以直接制造金属零件，这使 SLS 工艺颇具吸引力。

2）SLS 工艺无须支撑　因为没有被烧结的粉末起到了支撑的作用，因此 SLS 工艺不需要支撑，这不仅简化了设计、制作过程，而且不会由于去除支撑操作而影响制件表面的品质。

3）制件具有较好的力学性能，可直接用作功能测试或小批量使用的产品。

4）材料利用率高，未烧结的粉末可以重复利用。并且材料价格较便宜、成本低。

但不足之处在于 SLS 工艺成形速度比较慢、成形式精度和表面质量不太高，而且成形过程中能量消耗较高。

4．熔融沉积造型工艺

（1）概述

熔融沉积造型（Fused Deposition Modeling，FDM）又称为熔化堆积法、熔融挤出成模（Melted Extrusion Manufacturing，MEM）等。FDM 工艺由美国学者 Dr. Scott Crump 于 1988 年研制成功，并由美国 Stratasys 公司推出商品化的设备。

研究 FDM 工艺的主要有 Stratasys 公司和 Med Modeler 公司。Stratasys 公司于 1993 年开发出第一台 FDM1650 机型后。又先后推出了 FDM-200O、FDM-3000 和 FDM-8000 机型。近

年来，美国 3D Systems 公司在 FDM 技术的基础上开发了多喷头（Multi-Jet Manufacture，MJM）技术，可使用多个喷头同时造型，从而提高了造型速度。

清华大学开发了与其工艺原理相近的熔融挤出成模 MEM 工艺及系列产品。

FDM 工艺不用激光器件，因此使用、维护简单，成本较低。用蜡成形的零件成形，可以直接用于失蜡铸造。该技术已被广泛应用于汽车、机械、航空航天、家电、通信、电子、建筑、医学、玩具等产品的设计开发过程，如产品外观评估、方案选择、装配检查、功能测试、用户看样订货、塑料件开模前校验设计以及少量产品制造等，该类工艺发展极为迅速。

（2）工艺原理

FDM 工艺是利用热塑性材料（一般为蜡、ABS 塑料、尼龙等）的热熔性、黏结性，在计算机控制下层层堆积成形。图 3-31 表示了 FDM 工艺原理。材料先抽成丝状，通过送丝机构送进喷头，在喷头内被加热熔化，喷头沿零件截面轮廓和填充轨迹运动，同时将熔化的材料加热挤出，材料迅速固化，并与周围的材料黏结，层层堆积成形。

（3）系统组成

图 3-32 是实现熔融沉积造型工艺的国产设备，FDM 系统主要包括喷头、送丝机构、运动机构、加热成形室、工作台五个部分。

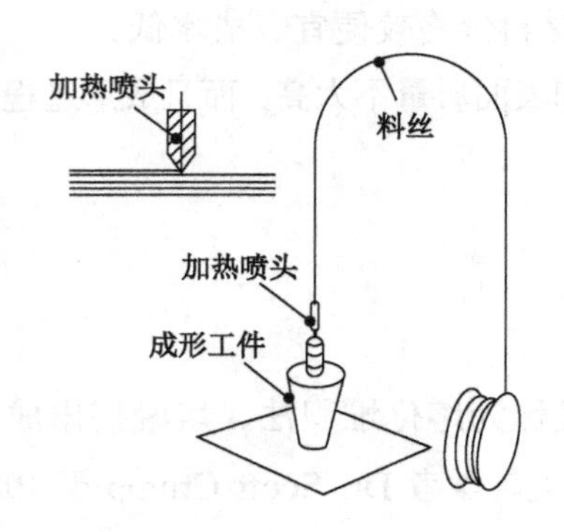

图 3-31　FDM 工艺原理

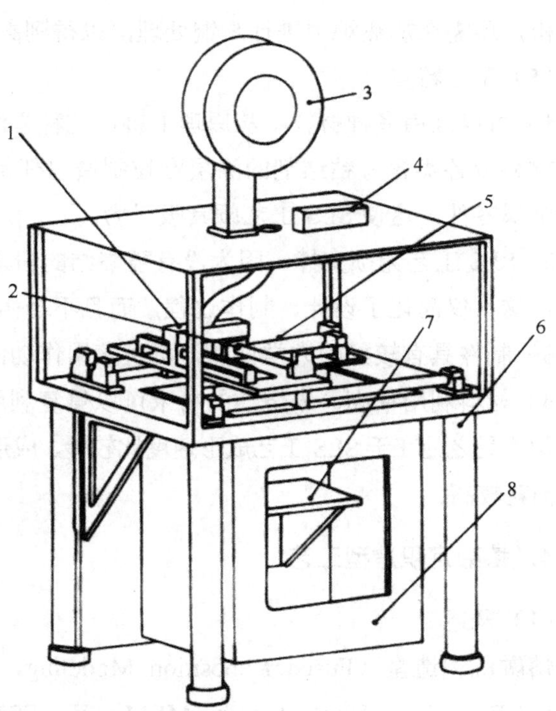

1—加热喷头；2—X 扫描机构；3—丝盘；4—送丝机构；5—Y 扫描机构；6—框架；7—工作台；8—加热成形室

图 3-32　熔融沉积造型设备（MEM-250-Ⅱ）

1）喷头　喷头是最复杂的部分。材料在喷头中被加热熔化，喷头底部有一喷嘴供熔融的材料以一定的压力挤出，喷头沿零件截面轮廓和填充轨迹运动时挤出材料，与前一层黏结并在大气中迅速固化。如此反复进行即可得到实体零件。它的工艺过程决定了它在制造悬臂件时需要添加支撑。支撑可以用同一种材料建造，只需要一个喷头。目前国外一般都采用双喷头独立加热，一个用来喷模型材料制造零件，另一个用来喷支撑材料做支撑。两种材料的特性不同，支撑采用水溶性或低熔点材料，制作完毕后去除支撑相当容易。

2)送丝机构　送丝机构为喷头输送原料，进丝要求平稳可靠。原料丝一般直径为1～2mm，而喷嘴直径只有0.2～0.3mm，这个差别保证了喷头内一定的压力和熔融后的原料能以一定的速度（必须与喷头扫描速度相匹配）被挤出成形。进丝机构和喷头采用推—拉相结合的方式，以保证进丝稳定可靠，避免断丝或积瘤。

3）运动机构　运动机构包括 X、Y、Z 三个轴的运动。$X-Y$ 轴的联动完成喷头对截面轮廓的平面扫描，Z 轴则带动工作台实现高度方向的进给。

4）加热成形室　加热成形室用来给成形过程提供一个恒温环境。熔融状态的丝挤出成形后如果骤然冷却，容易造成翘曲和开裂，适当的环境温度可最大限度地减小这种缺陷，提高成形质量和精度。

5）工作台　工作台主要由台面和泡沫垫板组成，每完成一层成形，工作台便下降一层高度。

（4）成形工艺过程

以国产设备MEM-300为例，简要介绍FDM工艺的成形过程。

1）三维模型设计及STL文件输出；

2）使用软件进行分层处理；

3）原型制作；

4）原型后处理。

（5）工艺特点

1）由于该工艺无须激光系统，因此设备使用、维护简便，成本较低，其设备成本往往只是SLA设备成本的1/5。

2）FDM设备系统可以在办公室环境下使用。

3）用蜡成形的零件原型可以直接用于失蜡铸造。

4）原材料在成形过程中无化学变化，制件翘曲变形小。

5）当使用水溶性支撑材料时，支撑去除方便快捷，且效果较好。

不足之处在于成形精度相对其他RP工艺较低，成形时间较长等。

5. RP各成形工艺比较

SLA工艺使用的是遇到光照射便固化的液体材料（也称光敏树脂），当扫描器在计算机的控制下扫描光敏树脂液面时，扫描到的区域就发生聚合反应和固化，这样层层加工即完成了原型的制造。SLA 工艺所用激光器的激光波长有限制。采用这种工艺成形的零件有较高的精度且表面光洁，但其缺点是可用材料的范围较窄，材料成本较高，激光器价格昂贵，从而导致零件制作成本较高。

LOM工艺的层面信息通过每一层的轮廓来表示，激光扫描器动作由这些轮廓信息控制，它采用的材料是具有厚度信息的片材。这种加工方法只需要加工轮廓信息，所以可以达到很高的加工速度。其缺点是材料范围很窄，每层厚度不可调整，每层轮廓被激光切割后会留下燃烧的灰烬，且燃烧时有较大的烟雾。

SLS 工艺使用固体粉末材料，该材料在激光的照射下吸收能量，发生熔融固化，从而完成每层信息的成形。这种工艺的材料运用范围很广，特别是在金属和陶瓷材料的成形方面有独特的优点。其缺点是所成形的零件精度和表面粗糙度较差。

FDM 工艺不采用激光作能源，而是用电能加热塑料丝，使其在挤出喷头前达到熔融状态，喷头在计算机的控制下将熔融的塑料丝喷涂到工作平台上，从而完成整个零件的加工过程。这种方法的能量传输和材料传输均不同于前面的三种工艺，系统成本较低。其缺点是：由于喷头的运动是机械运动，速度有一定限制，所以加工时间稍长；成形材料适用范围不广；喷头孔径不可能很小，因此，原型的成形精度较低。

表 3-3 为上述几种典型的 RP 工艺优缺点比较。

表 3-3　几种典型的 RP 工艺优缺点比较

有关指标 / RP 快速成形工艺	精度	表面质量	材料质量	材料利用率	运行成本	生产成本	设备费用	市场占有率（%）
SLA	好	优	较贵	接近100%	较高	高	较贵	70
SLS	一般	一般	较贵	接近100%	较高	一般	较贵	10
LOM	一般	较差	较便宜	较差	较低	高	较便宜	7
FDM	较差	较差	较贵	接近100%	一般	较低	较便宜	6

三、快速原型制造技术的应用

自从 RPM 技术出现以来，RPM 技术以其显著的时间效益和经济效益受到制造业的广泛关注，并迅速成为世界著名高校和研究机构研究的热点。RPM 技术已在航空航天、汽车外形设计、玩具、电子仪表与家用电器塑料件制造、人体器官制造、建筑美工设计、工艺装饰设计制造、模具设计制造等领域展现出良好的应用前景。图 3-33 所示为其应用领域。

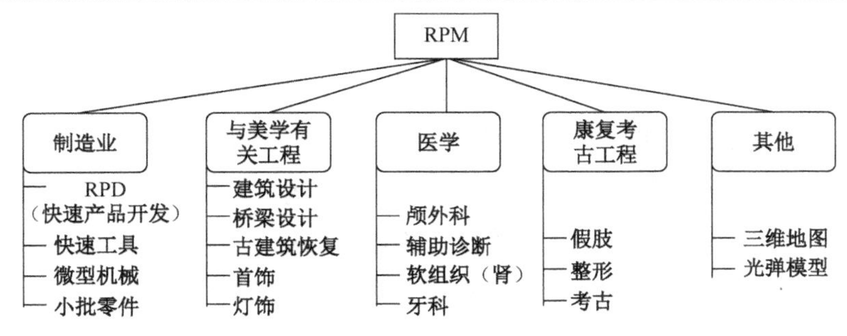

图 3-33 RPM 技术应用领域

1. RPM 技术在新产品开发中的应用

一般来说，产品投放市场的周期由设计、试制、试验、征求用户意见、修改定型、正式生产和市场推销等环节所需的时间组成。采用 RPM 技术之后，从产品设计的最初阶段计时，设计者、制造者、推销者和用户都能在第一时间拿到实实在在的样品，甚至小批量生产的产品，因而可以及早地、充分地进行评价、测试和反复修改，并且对制造工艺过程及其所需的工具、模具的设计进行校核，因此可以大大减小失误和不必要的返工，从而能以最快的速度、最低的成本、最好的品质和最低的风险投入市场。具体而言，RPM 技术在新产品开发中的应用主要表现在以下几个方面。

（1）设计模型可视化及设计评价

在现代产品设计中，设计手段日趋先进，计算机辅助设计（CAD）使得产品设计快捷、直观，但由于软件和硬件的局限，设计人员仍无法直观地评估所设计产品的效果和结构的合理性，以及生产工艺的可行性。设计模型的可视化是设计人员修改和完善设计十分渴求而又十分必要的。有人比较形象地形容，RPM 系统相当于一台三维打印机，能迅速地将设计的 CAD 模型高精度地“打印”出来，为设计者和产品评审决策者提供直接、准确的模型，从而大大提高产品设计和决策的可靠性。

在新产品设计中，利用 RPM 技术制作产品样件，一般只需传统样件制作工时的 30%～50%和成本的 20%～35%，而其精确性却是传统方法无法媲美的。利用 RPM 技术制作出来的产品样件是产品从设计到商品化各个环节中进行交流的有效手段，可作为新产品展示，进行市场调研、市场宣传和供货询价。

（2）装配校核

进行装配校核和干涉检查对新产品开发，尤其是在有限空间内的复杂、昂贵系统（如卫星、导弹）的可制造性和可装配性检验尤为重要。如果一个产品的零件多而且复杂就需要作总体装配校核。在投产之前，先用 RPM 技术制作出全部零件原型，进行试安装，验证设计的合理性和安装工艺与装配要求，若发现有缺陷，便可以迅速、方便地进行纠正，使所有问题在投产之前得到解决。

（3）功能验证

快速原型除了可以进行设计评价和装配校核之外，还可以直接用于性能和功能参数试验与相应的研究，如机构运动分析、流动分析、应力分析、流体和空气动力学分析等。采用RPM技术可以严格地按照设计将模型迅速制造出来进行实验测试，对各种复杂的空间曲面更能体现RPM技术的优势。如通过风扇、风鼓等设计的功能检验和性能参数确定，可获得最佳扇叶曲面、最低噪声的结构。如果用传统的方法制造原型，这种测试与比较几乎是不可能的。

2. RPM技术在模具制造中的应用

传统的模具制造过程集机械加工、数控加工、电加工、铸造等先进的制造工艺与设备和加工者高超的技艺于一身，生产出高精度、高寿命的模具，用于大批量生产各种各样的金属、塑料、橡胶、陶瓷、玻璃等制品，为社会创造出无限的财富。但是这样的模具生产方式周期长、成本高，不能适应新产品试制、小批量生产以及千变万化的消费市场和激烈的市场竞争。为适应这一要求发展起来的经济快速模具技术，采用陶瓷型精铸、熔模铸造、硅胶翻模、中低熔点合金浇注、电弧喷涂、电铸等工艺，在显著缩短周期和大大降低成本的前提下，生产出满足使用要求和适应产品批量的模具。但因其工艺粗糙、精度低、寿命短，很难完全满足用户的要求。应用RPM技术制造快速模具较好地解决了这问题。采用基于RPM的快速模具技术，从模具的概念设计到制造完毕仅为传统加工方法所需时间的1/3左右，使模具制造在提高质量、缩短研制周期、提高制造柔性等方面取得了明显的效果。

RPM技术在模具制造方面的应用可分为RP成形间接快速制模和RP系统直接快速制模，主要用于制造注塑类模具、冲压类模具和铸造类模具等。通过将精密铸造、中间软模过渡法以及金属喷涂、电火花加工、研磨等先进模具制造技术与快速成形制造相结合，就可以快速地制造出各种金属型模具来。

直接快速制模技术其制造环节简单，能充分发挥RP技术的优势，特别是对于那些需要复杂形状的内流道冷却的模具，采用直接快速制模法有着其他方法不能替代的地位。但是，直接快速制模在模具精度和性能控制方面比较困难，特殊的后处理设备与工艺使成本有较大提高，模具的尺寸也受到较大的限制。与之相比，间接快速制模将RP技术与传统的模具翻制技术相结合，由于这些成熟的翻制技术的多样性，可以根据不同的应用要求，使用不同复杂程度和成本的工艺，一方面可以较好地控制模具的精度、表面质量、力学性能与使用寿命，另一方面也可以满足经济性的要求。因此，目前工业上多使用间接快速制模技术。

3. RPM技术在铸造领域中的应用

RPM技术自从出现以来，在典型铸造工艺和熔模铸造中为单件或小批量铸件的生产带来了显著的经济效益。在制造业特别是航空、航天、国防、汽车等重点行业，其基础的核心部件一般均为结构精细、复杂的铸件，其铸造环节复杂、周期长、耗资大，略有失误可能要全部返工，风险很大。如果借助RPM技术，使RP技术与传统工艺相结合，扬长避短，可收到事半功倍的效果。如某燃气发动机的 S 段，若按传统金属铸件方法制造，模具制造周期约需半年，费用几十万元。而采用基于 RP 原型的快速铸造方法，快速成形铸造熔模 7 天（分 6 段组合），拼装、组合、铸造 10 天，每件费用不超过 2 万元（共 6 件）。

4. RPM 技术在医学领域中的应用

人体的骨骼和内部器官具有极其复杂的结构，要真实地复制人体内部的器官构造，反映病变特征，快速成形几乎是唯一的方法。以医学影像数据（CT 和 MRI）为基础，利用 RPM 方法制作人体器官模型有极大的应用价值，如可作为医疗专家组的可视模型进行模拟手术，还可作特殊病变部位的修补，如颅骨损伤、耳损伤等。虽然医学应用仅占 RP 市场的 10%，但医学却对 RPM 技术提出了更高的要求。

首先，RP 原型可以作为硬拷贝数据提供视觉和触觉的信息，以及作为诊断和治疗的文件，它能够促进医生与医生之间、医生与病人之间的沟通；其次，RP 原型可以作为复杂外科手术模拟的模型。由于用快速原型可以把模型做得和真实的人体器官一样（尺寸大小一样，并能用颜色区分各种不同组织），有助于快速制订复杂外科手术的计划。例如，复杂的上颌面、头盖骨修补外科手术等。术前的模拟手术会大大地增强医生进行手术的信心，大幅度减少手术时间，同时也减少了病人的痛苦。第三，RP 原型能够直接制造成植入物植入人体，基于 RPM 的植入体具有相当准确的适配度，能够提高美观度、缩短手术时间、减少术后并发症。

图 3-34 是国内首例根据患者的人体 CT 数据制作的骨盆 RP 原型，从中可以看出因骨瘤导致的缺损部位。制作这一原型的目的在于借此进行手术路径的精确规划，截取需要部位翻制钛合金人工骨。以往这样的手术，通常在手术前无法准确规划手术方案，而是待手术进行中，根据切除的多少，现场制作修复件。由于是纯手工制作，其准确程度非常低，一般要一遍遍地修磨、加工，最终的假体植入物与原有骨组织的配合精度很差，手术时间也很长。采用 RP 技术制作人工骨盆，由于可以在体外参照真实比例的人工骨盆进行手术规划，确定切除范围，大大提高了手术的准确性，减少了手术时间和病人的痛苦；采用人工骨盆翻制钛合金骨盆修复件，植入以后，和原有骨组织的配合精度可以达到 1mm。这在外科手术中是非常了不起的精度，将大大提高愈合速度；另外，由于患者骨盆一侧已经被肿瘤损毁，CT 数据已经不完整，在制作人工骨盆时，可利用健康侧的数据对称制作，完整修复骨盆数据，使得不存在的患病部位得以重现。

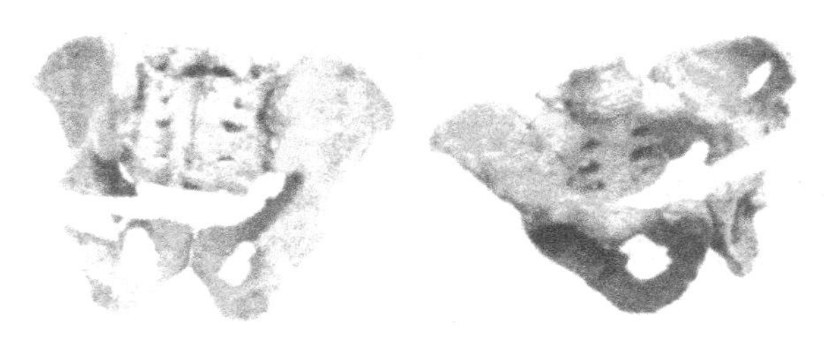

图 3-34 骨盆 RP 原型

四、快速原型制造技术的发展趋势

快速原型制造技术的出现，改变了传统的设计制造模式。RPM 技术从研究、设计、工艺、设备直至应用都有了迅猛的发展，RPM 技术已初步步入成熟期。RPM 技术的发展趋势主要有以下几方面。

1．研制更适合于 RPM 的新型材料

目前开发成功并商业化应用的成形材料，主要有丙烯酸基光固化树脂、环氧基光固化树脂、涂覆纸、纤维混纺料、精铸石蜡、聚脂石蜡、ABS、MABS（医学用 ABS）、纤细尼龙（Fine Nylon）、尼龙复合物（Nylon Composite）、存真塑料（True Form TM）、聚碳酸脂（Polycarbonate）、金属粉末、覆膜陶瓷粉等。

目前许多制造商在积极开发适合快速原型制造的专用材料。例如，应用于汽车模具时，材料的力学性能和物理性能要满足使用要求。DTM 公司开发了涂覆树脂的钢球材料用于生产注产塑模，以及覆膜锆砂（Sand From Zr）用于直接制作铸型（芯）膜。总的来说，用于快速模具制造和功能零件的材料还不成熟，在强度、精度、性能和寿命方面还达不到使用要求。所以，以材料科学、有机化学等为基础，研究开发性能相当甚至超过金属材料的复合材料、陶瓷材料，与医学、生物学结合开发具有活性的生物材料，用快速原型技术制造人体内脏器官或四肢以辅助医疗诊断和外科手术等都已经成为 RPM 的发展方向。

2．面向制造的 RPM

快速原型制造工艺发展至今已出现了数十种不同的工艺方法和成形原理，基于 LOM 制造工艺的就达 30 多种。因此，研究新的成形工艺应与完善现有的技术同时并重。RPM 技术作为一种新型的制造技术，其实用性是未来发展的一个重要方向。要解决的主要问题是提高制造精度、降低制造成本、缩短制造周期、提高零件的复杂程度，甚至可以直接制作最终的零件。

（1）研究新的成形工艺和完善现有的制造工艺

在强度、精度、性能和使用寿命等方面有所改善。如直接制造金属零件的 RPM 新工艺。

（2）与传统的制造工艺结合，形成快速的产品开发/制造系统

克服目前利用 RPM 技术制作的模型在物理性能上难以满足工程上要求的缺陷。如利用 RPM 制作的零件进行间接或直接制模；采用 RPM 与精密铸造技术相结合来快速制造金属零件。

（3）提高制造精度和表面质量

商用成形机的精度在 0.08mm 左右，堆积厚度受到工艺条件的限制，直接影响了产品表面的粗糙度。离工程上的实际需求仍有一定的距离，有待于进一步的提高；在离散方式上，不采用等厚分层，而是从曲面模型上直接进行截面分层、用曲线来描述边界条件等。

（4）提高制造速度

随着计算机的高速化、控制系统的精确化和新型材料的高性能化，预计将会大大缩短制

造周期。

3. RPM 技术的智能化、桌面化和网络化

在目前的 RPM 系统的加工参数的设定中，还主要依据人的知识和经验，对 RPM 技术的掌握还需较多的培训和指导，这就使得经验因素在 RPM 技术中占有重要地位（这也是国内各大研究机构相互间协作不够的原因之一）。因此，研究加工参数的智能设定可降低操作人员对经验的依赖，稳定加工的质量。可适当引入人工智能（AI）和专家系统，自动选择出最佳的工艺参数。此外智能选择系统可根据用户的需求，综合考虑各项指标，选择出最适合用户要求的低成本、短周期、材料适宜的 RPM 系统。总之，智能化是 RPM 技术发展的必然趋势。

随着计算机技术、信息技术、多媒体技术、机电一体化技术的不断发展，将会出现基于 RPM 技术的桌面制造系统 DMS（Desktop Manufacture System）。其将与打印机、绘图机一样作为计算机的外围设备来使用，真正成为三维立体打印机或三维传真机，逐步使 RPM 设备变成经济型、大众化、易使用、绿色环保、通用化的计算机外围设备。

RPM 技术网络化指的是通过信息高速公路的发展和普及，实现资源和设备的充分共享。一方面使得不具备产品开发能力的公司或者没有 RPM 设备的公司可以直接从网络上得到产品的 CAD 模型，利用自己的快速原型制造技术和设备迅速制出原型；另一方面可以通过网络将自己的设计结果传到其他公司或快速原型制造服务中心制造原型，从而实现远程制造（Remote Manufacturing）。

4. 功能强大的 RPM 软件的开发

随着 RPM 技术的不断发展，软件所面临的问题日益突出，特别是 STL 文件自身的缺陷和不足，所以开发一种功能强大且具备 RPM 数据处理（分层处理）方法的应用软件尤显重要。软件可以将目前平面等厚的分层方式拓宽为曲面分层、非均匀分层或直接从曲面模型中分层，此外可采用更精确、快速的数学算法来提高成形精度。

5. 生物制造和生长成形

21 世纪是生命科学的世纪，生物制造就是将生物技术、生物医学和制造科学相互结合从而解决人类的健康保健问题。生物制造研究的问题是如何制造能够改变或复现生命体或者一部分功能的“生命零件”。

快速原型非常适合生物制造的要求：①“生物零件”应该为每个个体的人设计和制造，快速原型能够提供个性服务，成形任意复杂的形状；② 快速原型能够直接操纵材料状态，使之与物理位置匹配；③ 快速原型能够直接操纵数字化的材料单元，为信息直接转换成物理实现提供最快的方式。

随着生物工程、基因工程、信息科学的发展，将会出现一种全新的信息制造过程，与制造物理过程相结合的、精美绝伦的生长型成形方式，制造即生产，生产也就是制造，合为一

体，密不可分。

探索与研究生长成形的机理与方法，借鉴生物工程中的基因工程、细胞工程的成果，创造仿生成形新方法。仿生成形的机理是由具有特定生长基因的生长胚胎，自行形成具有特定外形和功能的实体。其将信息过程和物理过程结合为一体，可提供智能制造的新模式，即以全息生长胚胎为基础的智能材料自主生长。

研究生物生长的原理在仿生成形方法中的应用，研究生物信息流和制造信息流的关系，尤其是信息如何像基因那样被赋予、传递和作用；在仿生成形原理研究的基础上，研究用于仿生成形的材料设计、全息生产元构建，到自发形成具有特定结构和功能的三维实体，即以全息生产元为基础的智能材料自主生长方式是快速原型制造技术的新里程碑。

复习思考题

1．简述机械制造工艺技术的定义和内涵。

2．快速原型制造技术的基本含义是什么？有何特点？

3．请说明快速原型制造技术基本原理及基本过程。

4．常见的快速原型制造技术工艺方法有哪些？请简述其中2个工艺方法的工艺原理。

5．简述SLA法的工艺原理及特点。

6．简述LOM法的工艺原理及特点。

7．简述SLS法的工艺原理及特点。

8．简述FDM法的工艺原理及特点。

9．请对几种典型的RP工艺的优缺点进行比较。

第四章　制造自动化技术

制造自动化技术代表先进制造技术的水平，促使制造业从劳动密集型产业转化为技术密集型和信息知识密集型产业，是制造业发展的尺度。制造自动化技术是先进制造技术的重要组成部分，其发展将以其柔性化、集成化、敏捷化、智能化等特征来满足市场快速变化的要求。制造自动化技术主要指制造系统开放式智能体系结构优化与调度理论、生产过程和设备自动化技术以及产品研究与开发过程自动化技术等。本章主要介绍工业机器人和柔性制造系统。

第一节　概述

一、制造自动化技术内涵

制造自动化是人类在长期的生产活动中不断追求的目标。在“狭义制造”概念下，制造自动化的含义是生产车间内产品的机械加工和装配检验过程的自动化，包括切削加工自动化、工件装卸自动化、工件储运自动化、零件与产品清洁及检验自动化、断屑与排屑自动化、装配自动化、机器故障诊断自动化等。

制造自动化在“广义制造”概念下，则包含了产品设计自动化、企业管理自动化、加工过程自动化和质量控制自动化等产品全过程以及各个环节综合集成自动化，以使产品制造过程实现高效、优质、低耗、及时、洁净的目标。

制造自动化的广义内涵至少包括以下几个方面：

1．在形式方面，制造自动化有三个方面的含义，即：代替人的体力劳动，代替或辅助人的脑力劳动，制造系统中人、机器及整个系统的协调、管理、控制和优化。

2．在功能方面，制造自动化的功能目标是多方面的，该体系可用 TQCSE 功能目标模型描述。其中的 T、Q、C、S、E 相互关联，构成一个制造自动化目标的有机体系。其含义如下：

（1）T 表示时间（Time），指采用自动化技术，缩短产品制造周期，产品上市快，提高生产率。

（2）Q 表示质量（Quality），指采用自动化技术，提高和保证产品质量。

（3）C 表示成本（Cost），指采用自动化技术有效地降低成本，提高经济效益。

（4）S 表示服务（Service），指利用自动化技术，更好地做好市场服务工作，也能通过替代或减轻制造人员的体力和脑力劳动，直接为制造人员服务。

（5）E 表示环境（Environment），其含义是制造自动化应该有利于充分利用资源，减少废弃物和环境污染，有利于实现绿色制造及可持续发展制造战略。

3．在范围方面，制造自动化不仅仅涉及具体生产制造过程，而且涉及产品生命周期的所有过程。其主要有制造系统开放式智能体系结构优化与调度理论、生产过程和设备自动化技术以及产品研究与开发过程自动化技术等。产品研究与开发过程自动化技术包括：CAD/CAPP/CAM 一体化技术、并行工程技术、虚拟现实和制造技术及快速原型制造技术等。而本章重点介绍的是生产过程和设备自动化中的工业机器人和柔性制造技术。

二、制造自动化技术的发展历程

制造自动化技术的发展与制造技术的发展密切相关。制造自动化技术生产模式经历的五个阶段如图 4-1 所示。

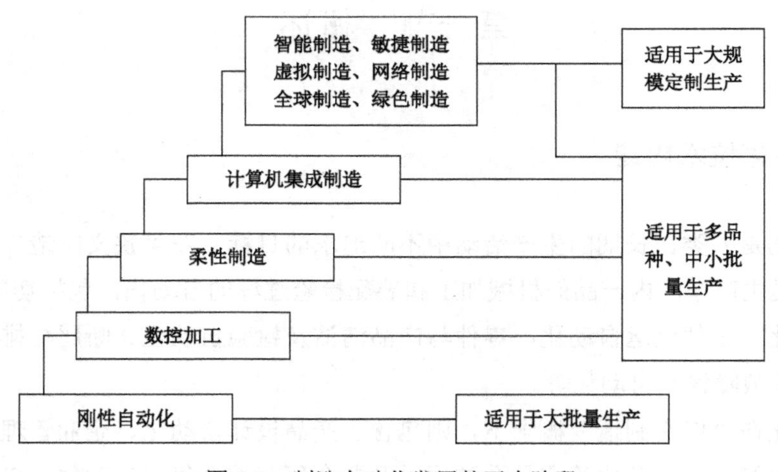

图 4-1　制造自动化发展的五个阶段

1．刚性自动化。

2．数控加工。

3．柔性制造。

4．计算机集成制造和计算机集成制造系统。

5．新的制造自动化模式，如智能制造、敏捷制造、虚拟制造和绿色制造等。

三、制造自动化技术的发展趋势

总体来说，可以用六化来概括制造自动化技术发展趋势。

1．虚拟化。包括设计过程的拟实技术和加工制造过程的虚拟技术。制造虚拟化的核心是计算机仿真，通过仿真来模拟真实系统，发现设计与生产中可避免的缺陷和错误，保证产品的制造过程一次成功。

2．绿色化。制造业是创造人类财富支柱产业，但同时又是环境污染的主要源头。绿色制造是一个综合考虑环境影响和资源效率的现代制造模式，其目标是使产品从设计、制造、包装、运输、使用到报废处理的整个产品生命周期对环境的影响最小、资源利用效率最高。绿色制造已成为全球可持续发展战略对制造业的具体要求和体现。

3．网络化。基于互联网的制造已成为当今制造业的重要发展趋势，包括企业制造环境的网络化和企业与企业之间的网络化。通过制造环境的网络化，实现制造过程的集成，实现企业的经营管理、工程设计和制造控制等子系统的集成；通过企业与企业之间的网络化，可实现异地制造、远程协调作业。

4．智能化。智能制造技术的宗旨在于扩大、延伸以及部分取代人类专家在制造过程中的脑力劳动，以实现优化的制造过程。智能制造包含智能计算机、智能机器人、智能加工设备、智能生产线等。智能制造系统是制造系统发展的最高阶段。

5．敏捷化。敏捷化制造环境和制造过程是新世纪制造活动的必然趋势，其核心是使企业对面临市场竞争作出快速响应，利用企业内外各方面的优势，形成动态联盟，缩短产品开发周期，尽快抢占市场。

6．全球化。制造网络化和敏捷化策略的实施，促进了制造全球化的研究和发展。其中包括市场国际化、产品设计和开发的国际合作以及产品制造的跨国化；制造企业在世界范围内的重组与集成，制造资源的跨地区、跨国家的协调、共享和优化利用；全球制造的体系结构将会形成。

第二节 工业机器人

一、概述

1．工业机器人的基本概念

机器人学是关于设计、制造和应用机器人的一门正在发展中的新兴学科，它涉及机械学、电子学、计算机科学、控制技术、传感器技术、仿生学、人工智能等学科领域，是一门多学科的综合性高新技术。是当代研究十分活跃、应用日益广泛的领域，机器人的应用情况也标志着一个国家制造业及其工业自动化的水平。

机器人（Robot）是一个在三维空间具有较多自由度的，并能实现诸多拟人动作和功能的机器。而工业机器人（Industrial Robot）则是在工业生产中应用的机器人，是一种可重复编程的、多功能的、多自由度的自动控制操作机。其中，操作机是指机器人赖以完成作业的机械实体，是具有和人手臂相似的动作功能，可在空间抓放物体或进行其他操作的机械装置。

综合各国对工业机器人的定义，其在“可编程”“计算机控制”和“机械装置”三方面的共同点是：工业机器人是一种可以搬运物料、零件、工具或完成多种操作功能的专用机械装置；由计算机进行控制，是无人参与的自主自动化控制系统；是可编程、具有柔性的自动化系统，可以允许进行人机联系。因此，工业机器人可以理解为：是一种模拟人手臂、手腕和手功能的机电一体化装置，它可把任一物体或工具按空间位置的时变要求进行移动，从而完成某一工业生产的作业要求。

20 世纪 60 年代初，美国 Unination 公司研制成功第一台数控机械手，标志着工业机器人的诞生。它是一种具有记忆存储能力的示教再现式机器人，被称为第一代机器人。20 世纪 70 年代，出现了配备有感觉传感器的第二代工业机器人。它能够对环境和作业对象进行判断、修正和选择，具有一定自适应能力。而具有智能功能的第三代工业机器人是 20 世纪 80 年代开始研制的，新一代机器人不仅具有感知功能和简单的自适应能力，而且还具有灵活的思维功能。第三代智能机器人除了能完成体力劳动外，还具有与人脑相似的功能，能完成部分脑力劳动。随着计算机科学和传感技术的发展，机器人的智能化水平正在逐步提高。尽管如此，机器人永远不可能完全取代人脑，完成与人脑“等同”的劳动。

研制工业机器人的目的在于为人类服务。在社会生产和科学实验等活动中，人们可以将那些单调、繁重以及对健康有害、对生命有危险的劳动交给机器人去完成，以此改善人们的工作条件。工业机器人能用于各种生产领域，如物料搬运、涂装、点焊、弧焊、检测和装配等工作。在现代制造系统中，工业机器人是以多品种、少批量生产自动化为服务对象的，因此，它在柔性制造系统（FMS）、计算机集成制造系统（CIMS）和其他机电一体化的系统中获得了广泛的应用，成为现代制造系统不可缺少的组成部分。

2. 工业机器人的组成

现代工业机器人一般由机械系统（执行机构）、控制系统、驱动系统、智能系统四大部分组成，如图 4-2 所示。

（1）机械系统

机械系统是工业机器人的执行机构（即操作机），是一种具有和人手相似的动作功能，可在空间抓放物体或执行其他操作的机械装置。通常由手部、腕部、臂部、腰部和基座组成。

1）手部　又称为末端执行器或夹持器，是工业机器人对目标直接进行操作的部分，在手部可安装某些专用工具，如焊枪、喷枪、电钻、电动螺钉（母）拧紧器，这些可视为专用的特殊手部。

2）腕部　是连接手部和臂部的部分，主要功能是调整手部的姿态和方位。

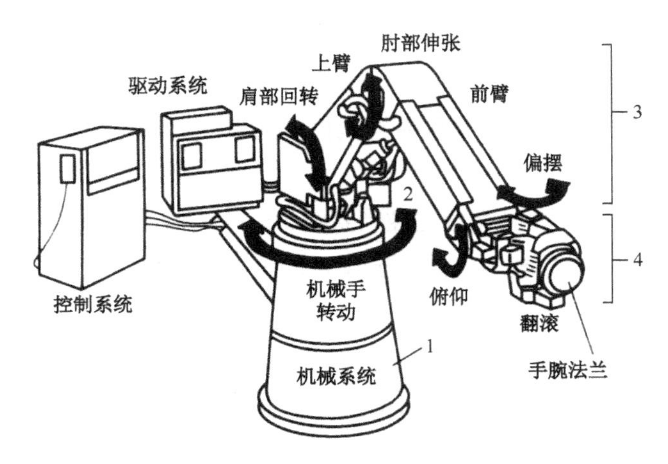

1—基座；2—腰部；3—臂部；4—腕部

图 4-2 工业机器人的组成示意图

3）臂部 用以连接腰部和腕部，是支承腕部和手部的部件，由动力关节和连杆组成。用以承受工件或工具的负荷，改变工件或工具的空间位置，并将它们送至预定的位置。

4）腰部 是连接臂和基座的部件，通常可以回转。臂部和腰部的共同作用使得机器人的腕部可以作空间运动。

5）基座 是整个机器人的支撑部分，有固定式和移动式两种。

（2）控制系统

控制系统是机器人的大脑，支配着机器人按规定的程序运动，并记忆人们给予的指令信息（如动作顺序、运动轨迹、运动速度等），同时按其控制系统的信息对执行机构发出执行指令。控制系统一般由控制计算机和伺服控制器组成，前者协调各关节驱动器之间的运动，后者控制各关节驱动器，使各个杆件按一定的速度、加速度和位置要求进行运动。

（3）驱动系统

驱动系统是按照控制系统发来的控制指令进行信息放大，驱动执行机构运动的传动装置。驱动系统包括驱动器和传动机构，常和执行机构连成一体，驱动臂杆完成指定的运动。常用的驱动器有液压、气压、电气和机械等四种传动形式，目前使用最多的是交流伺服电动机。传动机构常用的有谐波减速器、RV 减速器、丝杆、链、带以及其他各种齿轮轮系。

（4）智能系统

智能系统是机器人的感受系统，由感知和决策两部分组成。前者主要靠硬件（如各类传感器）实现，后者则主要靠软件（如专家系统）实现。

3. 工业机器人的分类

工业机器人分类的方法很多，这里仅按机器人的系统功能、驱动方式、控制方式以及机器人的结构形式进行分类。

（1）按系统功能分类

1）专用机器人　这种机器人在固定地点以固定程序工作，无独立的控制系统，具有动作少、工作对象单一、结构简单、实用可靠和造价低的特点，如附属于加工中心机床上的自动换刀机械手。

2）通用机器人　它是一种具有独立控制系统、动作灵活多样，通过改变控制程序能完成多种作业的机器人。它的结构较为复杂，工作范围大，定位精度高，通用性强，适用于不断变换生产品种的柔性制造系统。

3）示教再现式机器人　这种机器人具有记忆功能，能完成复杂动作，适用于多工位和经常变换工作路线的作业。它比一般通用机器人先进在编程方法上，能采用示教法进行编程，即由操作者通过手动控制“示教”机器人做一遍操作示范，完成全部动作过程以后，其存储装置便能记忆所有这些工作的顺序。此后，机器人便能“再现”操作者教给它的动作。

4）智能机器人　这种机器人具有视觉、听觉、触觉等各种感觉功能，能够通过比较识别做出决策，自动进行反馈补偿，完成预定的工作。它采用计算机控制，是一种具有人工智能的工业机器人。

（2）按驱动方式分类

1）气压传动机器人　它是一种以压缩空气来驱动执行机构运动的机器人，具有动作迅速、结构简单、成本低的特点。但因空气具有可压缩性，往往会造成工作速度稳定性差，加之气源压力较低，一般抓重不超过30kg，适用于高速轻载、高温和粉尘大的环境中作业。

2）液压传动机器人　这种机器人抓重可达几百公斤以上，传动平稳、结构紧凑、动作灵敏，因此使用极为广泛。若采用液压伺服控制机构，还能实现连续轨迹控制。然而，这种机器人要求有严格的密封和油液过滤，以及较高的液压元件制造精度，且不宜于在高温和低温环境下工作。

3）电力传动机器人　它是由交、直流伺服电动机、直线电动机或功率步进电动机驱动的机器人。它不需要中间转换机构，故机械结构简单。电力传动是目前工业机器人中应用最为广泛的一种驱动方式。

（3）按控制方式分类

1）固定程序控制机器人　采用固定程序的继电器控制器或固定逻辑控制器组成控制系统，按预先设定的顺序、条件和位置，逐次执行各阶段动作，但不能用编程的方法改变已设定的信息。

2）可编程控制机器人　可利用编程方法改变机器人的动作顺序和位置。控制系统具有程序选择环节来调用存储系统中相应的程序。它适用于比较复杂的工作场合，并能随着工作对象的不同需要在较大范围内调整机器人的动作。可以实现点位控制和连续轨迹控制，这方面的功能与NC机床类似。

此外还有传感器控制、非自适应控制、自适应控制、智能控制等类型的机器人。

（4）按结构形式分类

1）直角坐标型机器人　直角坐标型机器人的主机架由三个相互正交的平移轴组成[见图 4-3（a）]，其结构简单、定位精度高，但操作灵活性差，运动速度较低，操作范围较小而占据的空间相对较大。

2）圆柱坐标型机器人　圆柱坐标型机器人由立柱和一个安装在立柱上的水平臂组成。立柱安装在回转机座上，水平臂可以伸缩，它的滑鞍可沿立柱上下移动。因而，它具有一个旋转轴和两个平移轴［见图 4-3（b）］。其操作范围较大，运动速度较高，但随着水平臂沿水平方向伸长，基线位移分辨精度越来越低。

3）球坐标型机器人　也称为极坐标型机器人，球坐标型机器人由回转机座、俯仰铰链和伸缩臂组成，具有两个旋转轴和一个平移轴［见图 4-3（c）］。可伸缩摇臂的运动结构与坦克的转塔相类似，可实现旋转和俯仰。其操作比圆柱坐标型机器人更为灵活。

4）关节型机器人　关节型机器人手臂的运动类似于人的手臂，由大小两臂和立柱等机构组成。大小臂之间用铰链联接形成肘关节，大臂和立柱连接形成肩关节，可实现三个方向旋转运动（见图 4-3d）。它能够抓取靠近机座的物件，也能绕过机体和目标间的障碍物去抓取物件，具有较高的运动速度和极好的灵活性，成为最通用的机器人。

此外，还可按基座形式分为固定式和移动式机器人；按用途分为焊接机器人、搬运机器人、喷涂机器人、装配机器人以及其他用途的机器人等。

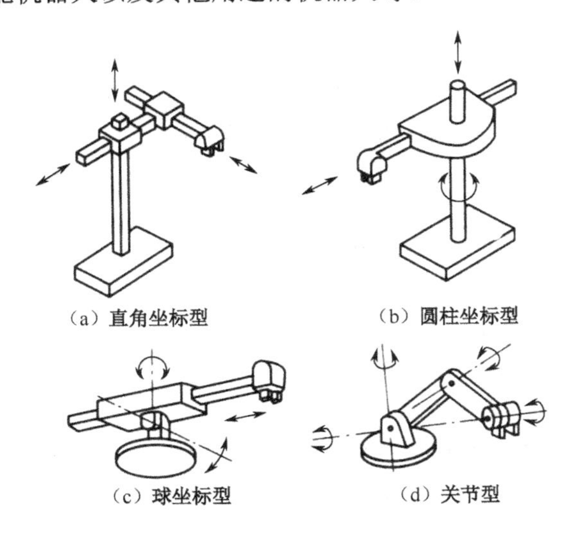

图 4-3　机器人基本结构形式

4．工业机器人的基本参数和性能指标

表示机器人特性的基本参数和性能指标主要有自由度、工作空间、有效负载、运动精度、运动特性、动态特性等。

（1）自由度（Degree of Freedom，DOF）

自由度是衡量机器人技术水平的主要指标。所谓自由度，是指机器人操作机在空间运动所需的变量数，用以表示机器人动作灵活程度的参数，一般是以沿轴线移动和绕轴线转动的独立运动的数目来表示。

自由度数越多，机器人可以完成的动作越复杂，通用性越强，应用范围也越广，但相应地带来的技术难度也越大。一般情况下，通用机器人有 3～6 个自由度。

图 4-4 所示的机器人有 5 个自由度，分别为往复旋转运动、垂直俯仰运动、径向伸缩运动、腕部弯曲以及手部偏摆五个运动。

自由物体在空间有六个自由度（三个转动自由度和三个移动自由度）。工业机器人往往是一个开式连杆系，每个关节运动副只有一个自由度，因此通常机器人的自由度数目就等于其关节数。机器人的自由度数目越多，功能就越强。当机器人的关节数（自由度）增加到对末端执行部的定向和定位不再起作用时，便出现了冗余自由度。冗余度的出现增加了机器人工作的灵活性，但也使控制变得更加复杂。

工业机器人在运动方式上，可以分为直线运动（简记为 P）和旋转运动（简记为 R）两种，应用简记符号 P 和 R 可以表示操作机运动自由度的特点，如 RPRR 表示机器人操作机具有四个自由度，从基座开始到臂端，关节运动的方式依次为旋转—直线—旋转—旋转。

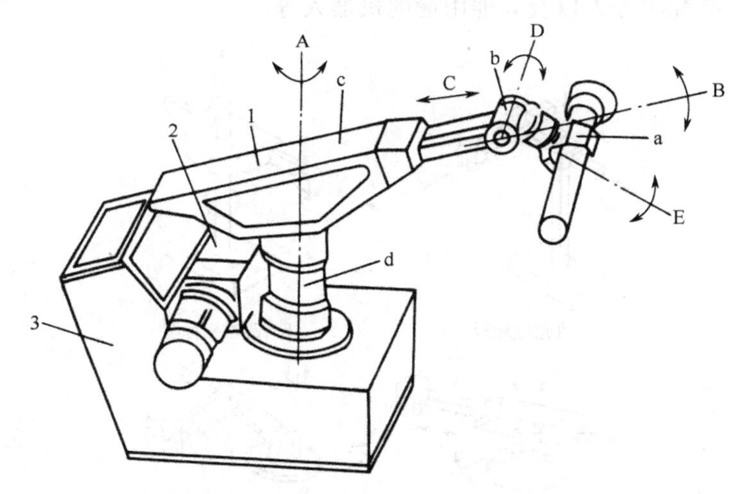

1—执行机构；2—驱动系统；3—控制系统；a—手部；b—腕部；c—臂部；d—基座；
A—往复旋转；B—垂直俯仰；C—径向伸缩；D—腕部弯曲；E—手部偏摆

图 4-4 工业机器人自由度

（2）工作空间（Work Space）

工作空间是指机器人运用手爪进行工作的空间范围。工作空间的形状和大小反映了机器人工作能力的大小。工作空间是操作机的一个重要性能指标，是操作机机构设计要研究的基本问题之一。当给定操作机结构尺寸时，要研究如何确定其工作空间，而当给定工作空间时，则要研究操作机应具有什么样的结构。

图 4-5 表示了几种不同形式的工作空间。其中图 4-5a 是圆柱形坐标机器人的工作空间，为一圆柱体，图 4-5b 为球坐标型机器人的工作空间，为一球体。另外，直角坐标型机器人的工作空间为中空的圆柱体，而关节型机器人的工作空间比较复杂，一般为多个空间曲面拼合的回转体的一部分。工作空间是选用机器人时应考虑的一个重要参数。

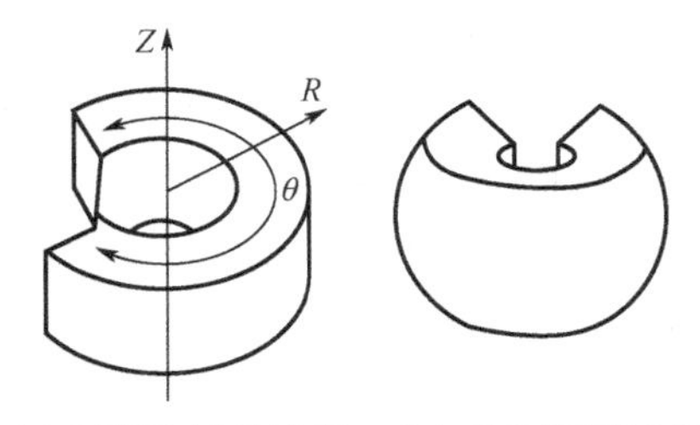

（a）圆柱型坐标操作机　（b）球坐标型操作机

图 4-5　工作空间示意图

（3）有效负载（Payload）

有效负载是指机器人操作机在工作时臂端可能搬运的物体重量或所能承受的力或力矩，用以表示操作机的负荷能力。

机器人在不同位置时，允许的最大可搬运质量是不同的，因此机器人的额定可搬运质量是指其臂杆在工作空间中任意位置时腕关节端部都能搬运的最大质量。

根据机器人所搬运的重力大小，可将机器人大致分为：微型机器人——搬运的重力在 10N 以下；小型机器人——搬运的重力在 10～50N；中型机器人——搬运的重力在 50～300N；大型机器人——搬运的重力在 300～500N；重型机器人——搬运的重力在 500N 以上。在目前的实际应用中，中小型机器人占绝大多数。

（4）运动精度（Accuracy）

机器人机械系统的运动精度主要涉及位置精度、重复位置精度、轨迹精度、重复轨迹精度等。

位置精度是衡量机器人工作质量的又一项重要指标。它是指指令位置和从同一方向接近该指令位置时各实到位置中心之间的偏差。位置精度的高低取决于位置控制方式以及机器人运动部件本身的精度和刚度，此外还与提取的重力和运动速度等因素有密切的关系。

重复位置精度是指对同一指令位置从同一方向重复响应 n 次后实到位置的不一致程度。

轨迹精度是指机器人机械接口从同一方向 n 次跟随指令轨迹的接近程度。

轨迹重复精度是指对一给定轨迹在同一方向跟随 n 次后实到轨迹之间的不一致程度。

（5）运动特性

速度和加速度是表明机器人运动特性的主要指标。

其中的运动速度影响机器人的运动周期和工作效率，它与机器人所提取的重力和位置精度都有密切的关系。运动速度高，机器人所承受的动载荷变大，并同时承受着加减速时较大的惯性力，影响机器人的工作平稳性和位置精度。

在机器人说明书中，通常提供了主要运动自由度的最大稳定速度，但在实际应用中单纯考虑最大稳定速度是不够的，还应注意其最大允许加速度。最大加速度则要受到驱动功率和系统刚度的限制。

（6）动态特性

结构动态参数主要包括质量、惯性矩、刚度、阻尼系数、固有频率和振动模态。

设计时应该尽量减小质量和惯量。对于机器人的刚度，若刚度差，机器人的位置精度和系统固有频率将下降，从而导致系统动态不稳定；但对于某些作业（如装配操作），适当地增加柔顺性是有利的，最理想的情况是希望机器人臂杆的刚度可调。增加系统的阻尼对于缩短振荡的衰减时间、提高系统的动态稳定性是有利的。提高系统的固有频率，避开工作频率范围，也有利于提高系统的稳定性。

二、工业机器人的机械结构

1．工业机器人的手部结构

工业机器人的手部（末端执行器）是装在手腕上直接抓握工件或执行作业的部件，它是安装在机器人手臂的前端，具有模仿人手动作的能力。手部与手腕相连处一般可以拆卸，以适应不同的作业需要。

由于被抓握工件的形状、尺寸、质量、材料性能以及表面形状的不同，工业机器人的手部结构也多种多样，大部分手部结构都是根据特定的工作要求而专门设计的，它们不仅结构形式不完全相同，其工作原理也并不一样。

常见机器人的手部有夹持式、吸附式和拟手指式等几种型式。

夹持式手部是利用手爪的开闭来夹紧和抓取工件的，按其结构又分为两指或多指、回转和平移、外夹和内撑等多种形式。图4-6为一种夹持式手部，由手爪、驱动机构、传动机构及连接与支撑元件组成。

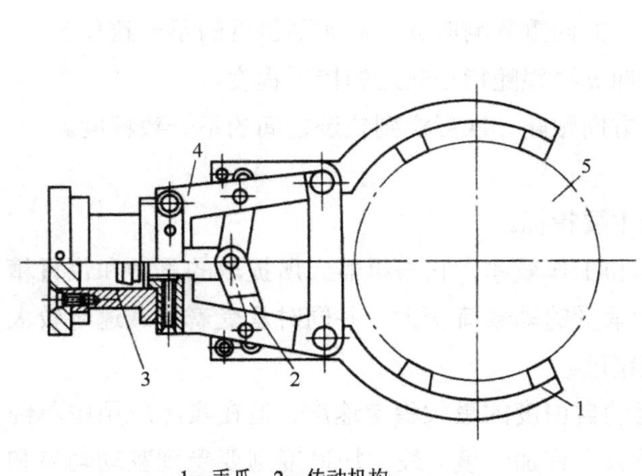

1—手爪；2—传动机构；
3—驱动机构；4—支架；5—工件

图4-6 夹持式手部

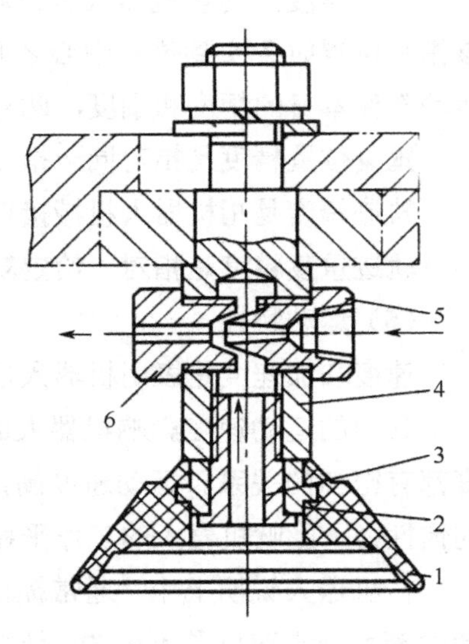

1—橡胶吸盘；2—心套；3—通气螺钉；
4—支承杆；5—喷嘴；6—喷嘴套

图4-7 气流负压吸附式手部

吸附式手部又分为气吸式和磁吸式。气吸式手部是利用真空吸力及负压吸力吸持工件，它适用于抓取薄片工件，通常吸盘由橡胶或塑料制成。磁吸式手部是利用电磁铁和永久磁铁的磁场力吸取磁性物质的小五金工件。

图 4-7 为一种气流负压吸附式手部，利用流体力学原理，当需要取料时，压缩空气高速流经喷嘴 5 时，其出口处的气压低于吸盘腔内的气压，于是腔内的气体被高速气流带走而形成负压，完成取料动作。当需要释放时，切断压缩空气即可。

图 4-8 为一种三指手爪的拟手指式手部。第一指相当于拇指，只有一个屈伸关节，一个摆动关节和一个开合关节，其他两指都有两个屈伸关节，故共有 11 个自由度。人手是最灵巧的夹持器，如果模拟人手结构，就能制造出机构最优的手部。

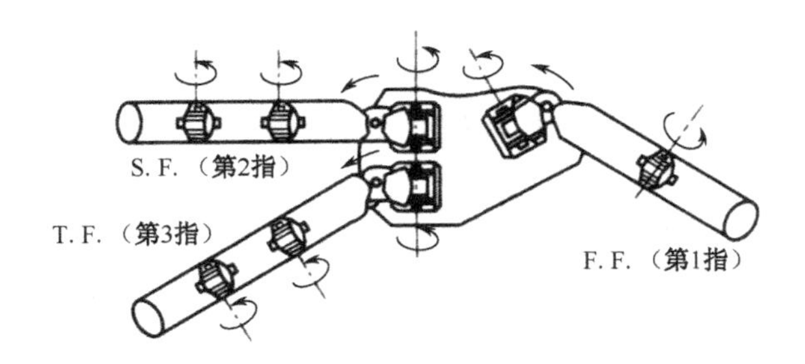

图 4-8　三指手爪的拟手指式手部

2. 工业机器人的腕部结构

机器人的腕部（或称手腕）用来连接操作机手臂和手部（末端执行器），起着支撑手部、调整和改变手部方位的作用（如图 4-9 所示），故腕部也称作机器人的姿态机构。腕部一般应有 2～3 个自由度，结构要紧凑，质量较小，各运动轴采用分离传动。

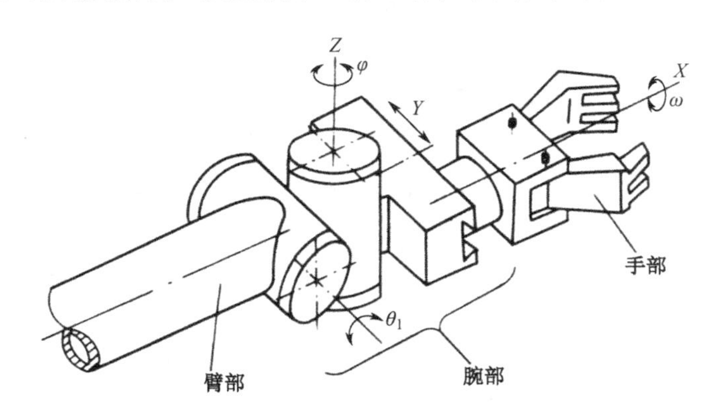

图 4-9　机器人腕部结构示意图

腕部的设置增加了手臂的负荷，影响机器人的抓取能力和惯性矩。因此，在设计机器人手腕时应考虑如下的两个原则：

（1）凡是能由臂部完成的动作，尽量不选取腕部，以使机器人结构简单、制造方便、降低成本，且能减轻质量，改善机器人的动力学性能。

（2）在不得不选取腕部动作时，应使腕部的结构在保证动作要求下尽量简单、紧凑和小巧。

机器人腕部的设计首先应确定所要求的运动和动作。腕部的动作一般是在手臂动作确定之后，根据工件的上下料要求进行确定，手臂完成不了的动作由腕部来完成，或是同时考虑和分配手臂和腕部共同担负的动作运动。

腕部的机械结构是根据它的运动要求来确定的。对腕部的回转运动，多数采用回转液（气）压缸或直线液（气）压缸加齿轮齿条的结构形式。

3．工业机器人的腰部结构

机器人的腰部是负载最大的运动轴，对手部的运动精度影响最大，故设计精度要求高。腰关节的轴可采用普通轴承的支承结构。其优点是结构简单、安装调整方便，但腰部高度较高。现在大多数机器人的腰关节均采用大直径交叉滚子轴承支承的结构，既可使基座高度大大降低，又具有更好的支承刚度。

4．工业机器人的臂部结构

臂部（或称为手臂）是机器人机械结构的重要部件，它具有前后伸缩、上下升降、左右摆动或左右回转等运动功能。机器人的臂部由大臂和小臂组成，大臂完成回转、升降或上下摆动运动，而小臂只完成伸缩运动。机器人的大臂与基座连在一起，小臂前端装有腕部和手部（有时也可以没有腕部）。若没有腕部时，可在臂部前端直接安装手部。

臂部是支持手部和腕部部分的机构，它不仅承受被抓取工件的物重，而且承受手部、腕部和臂部自身的重量。图4-10示出了PUMA560机器人小臂传动结构。

它的结构性能、工作范围、承载能力和动作精度直接影响机器人的工作性能。所以，必须根据机器人的抓取物重、运动方式、自由度数和运动速度的要求来设计选择臂部的结构形式。

根据手臂的结构形式区分，臂部有单臂和双臂等形式。而根据其常见的驱动方式区分，又有气压驱动、液压驱动、电力驱动以及复合驱动方式等。常用的运动形式和传动机构有：

直线运动机构：有直线运动液（气）压缸、丝杆螺母机构、直线电动机、链传动、直线液（气）压缸加齿轮齿条机构、丝杆螺母加花键导向等机构。

回转运动机构：有叶片式摆动液（气）压缸、直线液（气）压缸加齿轮、齿条机构、回

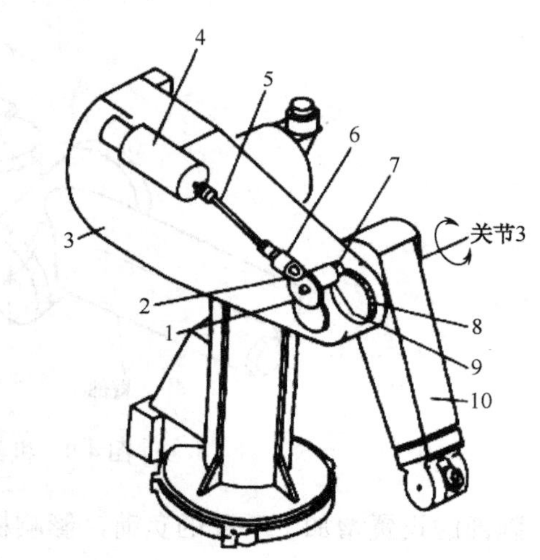

1—大锥齿轮；2—小锥齿轮；3—大臂；4—小臂电动机；5—驱动轴；6、9—偏心套；7—小齿轮；8—大齿轮；10—小臂

图4-10 PUMA560机器人臂部结构

转液（气）压缸加行星机构、直线液（气）压缸加链条链轮机构、摆动直线液（气）压缸加摆杆机构等。

三、工业机器人的驱动系统

1. 工业机器人驱动系统的类型及特点

工业机器人的驱动系统，按动力源可分为液压驱动、气动驱动和电动驱动三种基本驱动类型。根据需要，也可采用由这三种基本驱动类型组合而成的复合式驱动系统。这三种基本驱动系统的主要特点如表 4-1 所示。

表 4-1　工业机器人三种基本驱动系统的主要特点

内容	驱动方式		
	液压驱动	气动驱动	电动驱动
输出功率	很大，压力范围为 50～1400N/cm²，液压的不可压缩性	大，压力范围为 40～60N/cm²，最大可达 100N/cm²	较大
控制性能	控制精度较高，可无级调速，反应灵敏，可实现连续轨迹控制	气体压缩性大，精度低，阻尼效果差，低速不易控制，难以实现伺服控制	控制精度高，能精确定位，反应灵敏。可实现高速、高精度的连续轨迹控制，伺服特性好，控制系统复杂
响应速度	很高	较高	很高
结构性能及体积	结构适当，执行机构可标准化、模块化，易实现直接驱动。功率/质量比大，体积小，结构紧凑，密封问题较大	结构适当，执行机构可标准化，模块化、易实现直接驱动。功率/质量比较大，体积小，结构紧凑，密封问题较小	伺服电动机易于标准化。结构性能好，噪声低。电动机一般需配置减速装置。除 DD（Direct Drirve，直接驱动）电动机外，难以进行直接驱动，结构紧凑，无密封问题
安全性	防爆性能较好，用液压油作传动介质，在一定条件下有火灾危险	防爆性能好，高于 1000kPa（10 个大气压）时应注意设备的抗压性	设备自身无爆炸和火灾危险。直流有刷电动机换向时有火花，对环境的防爆性能较差
对环境的影响	泄漏对环境有污染	排气时有噪声	无
效率与成本	效率中等（0.3～0.6），液压元件成本较高	效率低（0.15～0.2），气源方便、结构简单，成本低	效率为 0.5 左右，成本高
维修及使用	方便，但油液对环境温度有一定要求	方便	较复杂
在工业机器人中应用范围	适用于重载、低速驱动，电液伺服系统适用于喷涂机器人、重载点焊机器人和搬运机器人	适用于中小负载，快速驱动，精度要求较低的有限点位程序控制机器人。如冲压机器人、机器人本体的气动平衡及装配机器人气动夹具	适用于中小负载，要求具有较高的位置控制精度，速度较高的机器人。如 AC 伺服喷涂机器人、点焊机器人、弧焊机器人、装配机器人等

2. 工业机器人驱动系统的选用原则

工业机器人驱动系统的选用，应根据工业机器人的性能要求、控制功能、运行的功耗、应用环境及作业要求、性能价格比以及其他因素综合加以考虑。在充分考虑各种驱动系统特点的基础上，在保证工业机器人性能规范、可行性和可靠性的前提下做出决定。一般情况下，各种机器人驱动系统的选用原则大致如下：

（1）控制方式

对物料搬运（包括上、下料）、冲压用的有限点位控制的程序控制机器人，低速重负载时可选用液压驱动系统；中等负载时可选用电动驱动系统；轻负载时可选用电动驱动系统；轻负载、高速时可选用气动驱动系统，冲压机器人手爪多选用气动驱动系统。

（2）作业环境要求

从事喷涂作业的工业机器人，由于工作环境需要防爆，考虑到其防爆性能，多采用电液伺服驱动系统和具有防爆功能的交流电动伺服驱动系统。水下机器人、核工业专用机器人、空间机器人，以及在腐蚀性、易燃易爆气体、放射性物质环境中工作的移动机器人，一般采用交流伺服驱动。如要求在洁净环境中使用，则多要求采用直接驱动（Direct Drive，DD）电动机驱动系统。

（3）操作运行速度

对于装配机器人，由于要求其有较高的点位重复精度和较高的运行速度，通常在运行速度相对较低（≤4.5m/s）的情况下，可采用AC/DC或步进电动机伺服驱动系统；在速度、精度要求均很高的条件下，多采用直接驱动（DD）电动机驱动系统。

四、工业机器人的控制系统与编程

1．机器人控制系统的功能、组成及分类

（1）机器人控制系统的功能

机器人控制系统是机器人的重要组成部分，用于实现对操作机的控制，以完成特定的工作任务，其基本功能如下：

1）记忆功能　存储作业顺序、运动路径、运动方式、运动速度和与生产工艺有关的信息。

2）示教功能　离线编程，在线示教，间接示教。在线示教包括示教盒和导引示教两种。

3）与外围设备联系功能　输入和输出接口、通信接口、网络接口、同步接口。

4）坐标设置功能　关节、绝对、工具、用户自定义四种坐标系。

5）人机接口　示教盒、操作面板、显示屏。

6）传感器接口　位置检测、视觉、触觉、力觉等。

7）位置伺服功能　机器人多轴联动、运动控制、速度和加速度控制、动态补偿等。

8）故障诊断安全保护功能　运行时系统状态监视、故障状态下的安全保护和故障自诊断。

（2）机器人控制系统的组成

机器人控制系统组成框图如图4-11所示。

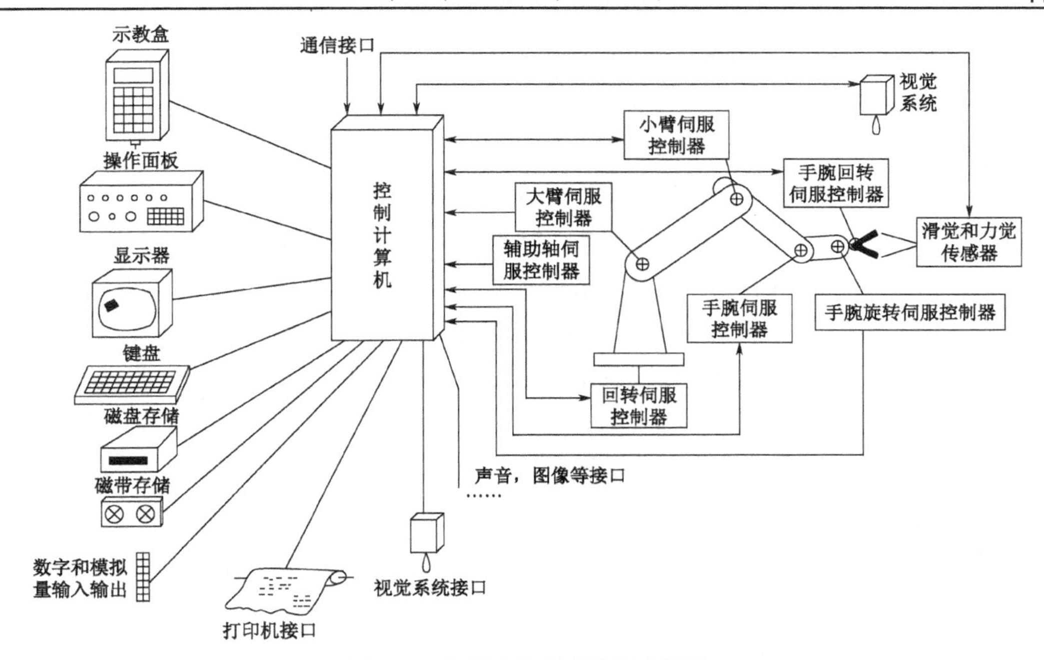

图 4-11　机器人控制系统组成框图

1）控制计算机　控制计算机是控制系统的调度指挥机构。一般为微型机、微处理器，有32 位、64 位等，如奔腾系列 CPU 以及其他类型 CPU。

2）示教盒　示教机器人的工作轨迹和参数设定，以及所有人机交互操作，拥有自己独立的 CPU 以及存储单元，与主计算机之间以串行通信方式实现信息交互。

3）操作面板　由各种操作按键、状态指示灯构成，只完成基本功能操作。

4）硬盘和软盘存储　存储机器人工作程序的外围存储器。

5）数字和模拟量输入输出　各种状态和控制命令的输入或输出。

6）打印机接口　记录需要输出的各种信息。

7）传感器接口　用于信息的自动检测，实现机器人柔顺控制，一般为力觉、触觉和视觉传感器。

8）轴控制器　完成机器人各关节位置、速度和加速度控制。

9）辅助设备控制　用于和机器人配合的辅助设备控制，如手爪变位器等。

10）通信接口　实现机器人和其他设备的信息交换，一般有串行接口、并行接口等。

11）网络接口　主要有 Ethernet 接口和 Fieldbus 接口。Ethernet 接口，可通过以太网实现数台或单台机器人的直接 PC 通信，数据传输速率高达 10Mbit/s，可直接在 PC 上用 Windows 95 或 Windows NT 库函数进行应用程序编程之后，支持 TCP/IP 通信协议，通过 Ethernet 接口将数据及程序装入各个机器人控制器中；Fieldbus 接口：支持多种流行的现场总线规格，如 Device net、AB Remote I/O、Interbus-s、Profibus-DP、M-NET 等。

（3）机器人控制系统的分类

1）按驱动方式分为液压驱动、气动驱动和电动驱动。

2）按运动方式分为点位式和轨迹式。点位式：要求机器人准确控制末端执行器的位置，而与路径无关；轨迹式：要求机器人按示教的轨迹和速度运动。

3）按控制总线分类分为国际标准总线控制系统和自定义总线控制系统。国际标准总线控制系统：采用国际标准总线作为控制系统的控制总线，如VME、MULTI-bus、STD-bus、PC-bus。自定义总线控制系统：由生产厂家自行定义使用的总线作为控制系统总线。

4）按编程方式分为物理设置编程系统、在线编程系统和离线编程系统。物理设置编程系统：由操作者设置固定的限位开关，实现起动、停车的程序操作，只能用于简单的拾起和放置作业；在线编程系统：通过人的示教来完成操作信息的记忆过程编程方式，包括直接示教（即手把手示教）、模拟示教和示教盒示教；离线编程系统：不对实际作业的机器人直接示教，而是脱离实际作业环境，生成示教程序，通过使用高级机器人、编程语言，远程式离线生成机器人作业轨迹。

5）按控制方式分为程序控制系统、自适应控制系统和人工智能系统。程序控制系统：给每一个自由度施加一定规律的控制作用，机器人就可实现要求的空间轨迹；自适应控制系统：当外界条件变化时，为保证所要求的品质或为了随着经验的积累而自行改善控制品质，其过程是基于操作机的状态和伺服误差的观察，再调整非线性模型的参数，一直到误差消失为止。这种系统的结构和参数能随时间和条件自动改变；人工智能系统：事先无法编制运动程序，而是要求在运动过程中根据所获得的周围状态信息，实时确定控制作用。

2．机器人控制系统设计原则

根据不同的控制要求，可有不同的设计方式，但一般应遵循以下原则：

（1）采用国际标准总线结构

这样系统易于扩展，可与通用微机兼容，可支持高级语言和运行众多应用软件，易于在已建立的平台上进行软件开发。

（2）实时中断和响应能力

软件中任务切换时间和中断延误时间要尽量短。特别对于安全系统的中断，一般应给予较高的优先级。

（3）可靠性设计和可靠性措施

首先应按照可靠性工程方法对系统进行认真分析、分类、设计，其次要考虑软硬件任务的分配和选择接地、隔离、屏蔽以及工艺性等方面。

（4）良好的开发环境

例如使用的开发工具尽量利用已有的仪器设备，应在成熟的软件平台上进行软件开发，利用高级语言、实时操作系统及已开发或应用的软件资源。

（5）结构简单，工艺性合理，易于现场维护，更换备品备件时间要尽量短。

（6）系统要标准化、模块化，开放性好，易于扩展及与其他外部设备通信或联网，便于用户使用。

3．工业机器人的几种典型控制方法

工业机器人操作机是一个多自由度的、本质上非线性的、同时又是耦合的动力学系统。由于其动力学性能的复杂性，实际控制系统中往往要根据机器人所要完成的作业做出若干假设并简化控制系统。许多工业机器人所要完成的作业基本要求是控制操作机末端工具的位置（含姿态），以实现满足一定速度下的点到点控制（如搬运机器人、点焊机器人）或连续路径控制（如弧焊机器人、喷漆机器人等）。位置控制成为工业机器人最基本的控制任务。只有很少机器人采用步进电动机或开环回路控制的驱动器。为了得到每个关节的期望位置运动，必须设计一种控制算法，算出合适的力矩，再将指令送至驱动器，此时要采用敏感元件进行位置和速度反馈。位置控制需要操作机动力学的精确建模，并且忽略作业中负载的变化。当动力学模型误差过大或负载变化过于显著时，这种基于反馈的控制策略可能会失效，此时，需要考虑采用自适应控制方法。对有些作业，当末端执行器与周围环境或作业对象有任何接触时，仅有位置控制是不够的，必须引入力控制器。例如在装配机器人中，接触力的监视和控制是非常必要的，否则会发生碰撞、挤压，损坏设备和工件。

至于智能机器人，应当具有依据外部传感器获得的信息自主地做出行动决策的能力，典型的外部传感器包括了触觉传感器、滑觉传感器及视觉传感器等。

以下主要介绍工业机器人的位置伺服控制、自适应控制和力控制等几种典型的控制方法。

（1）工业机器人的位置伺服控制

对机器人手臂运动，常关注的是末端的运动，末端运动又是以各关节运动的合成来实现的，所以必须考虑手臂末端的位置、姿态和各关节位移之间的关系。控制装置中，由目标值和对手臂当前运动状态进行反馈构成了伺服系统的输入，但不论什么样的结构，其控制装置的功能都是检测作为反馈信号的各关节的当前位置及速度，最后直接或间接地决定各关节的驱动力（矩）。

在图 4-11 给出的控制系统构成示意图中，来自示教、数值数据或传感器的信号等构成了作业指令，控制系统依据这些指令，在目标轨迹生成部分产生伺服系统需要的目标值，伺服系统构成方法因目标值选取方法而异，大体上可分为关节伺服和作业坐标伺服两种。

对于关节伺服控制，以大多数非直角机器人如关节机器人为例，图 4-12 为关节机器人的一个运动轴的控制回路框图，机器人每个关节都具有相似的控制回路，每个关节可以独立构成伺服系统，这种关节伺服系统把每一个关节作为单纯的单输入单输出系统来处理，结构简单，现在的工业机器人大部分都由这种关节伺服系统来控制。严格地说，每个关节都不是单输入、单输出的系统，而且由于惯性项和速度项在关节间存在着动态耦合。过去，这些伺服

系统通常用模拟电路构成。近年来由于微处理机和信号处理等高性能、低价格的计算机用器件的普及，伺服系统的一部分或全部用数字电路构成的所谓软件伺服已很普遍了，软件伺服比模拟电路能进行更精确的控制。

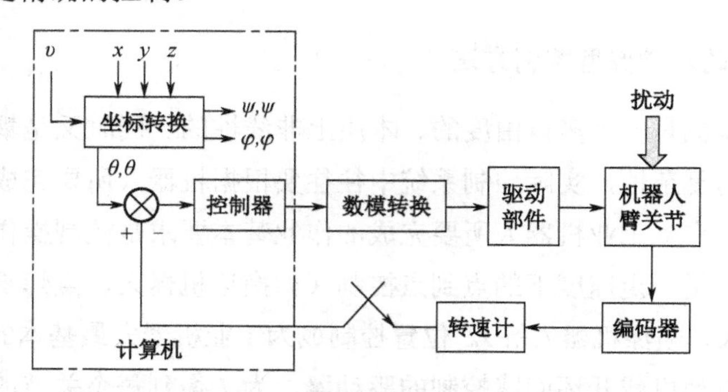

图 4-12 关节机器人控制框图（抽样—数据方式）

尽管工业机器人经常采用关节软件伺服控制的方法，且取样时间较短，但在自由空间内对手臂进行控制时，很多场合是直接给定手臂末端位置姿态的运动，如把手臂从某点沿直线运动至另一点情况，此时取表示末端位置姿态 r 的目标值 r_d 作为手臂运动的目标值，末端位置姿态向量 r_d 是用固定于空间内的某一作业坐标系来描述的，以 r_d 为目标值的伺服系统即称为作业坐标伺服。

（2）工业机器人的自适应控制

自适应控制的研究方法是由Dubowsky等最早于1979年应用于机器人的，至1986年前后，在机器人的研究领域中形成了模型参考自适应控制（MRAC）和自校正适应控制两种流派。

模型参考自适应控制系统组成框图如图 4-13 所示，该系统中控制器的作用是使得系统的输出响应趋近于某指定的参考模型，且必须设计相应的参数调节机构。Dubowsky 等在这个参考系统中采用二维弱衰模型，然后采用最佳下降法调整局部PD伺服的可变增益，使实际系统的输出和参考模型的输出之差为最小，需指出的是，MRAC 从本质上忽略了实际机器人系统的非线性项和耦合型，对单自由度的单输入输出系统进行设计，该方法也不能保证用于实际系统调整律的稳定性。

在自适应控制方法中，除 MRAC 之外，还有自校正方法，它由表现机器人动力学离散时间模型各参数的估计机构及用其结果来决定控制器增益或控制输入的部分组成。Kivo 和 Guv 采用了输入输出数与机器人自由度相同的 ARMA 模型，把自校正适应控制法用于机器人。

（3）工业机器人的力控制

刚性臂是由几个刚性杆件组成的机构，以杆件从基座开始串接的开式链类型为例，如图 4-14 所示，不受约束的 n 个杆件系统，具有 $6n$ 个运动自由度，若各关节的运动自由度为 l，则通过关节连接的杆件系统将受到（$6-l$）n 个约束。这种情况下，开式链的 n 个杆件系统就具有 n 个运动自由度，刚性臂的力控制问题是通过改变关节的力或转矩来控制杆

件系统的 n 个自由度的运动和作用于外界的力或力矩的问题。

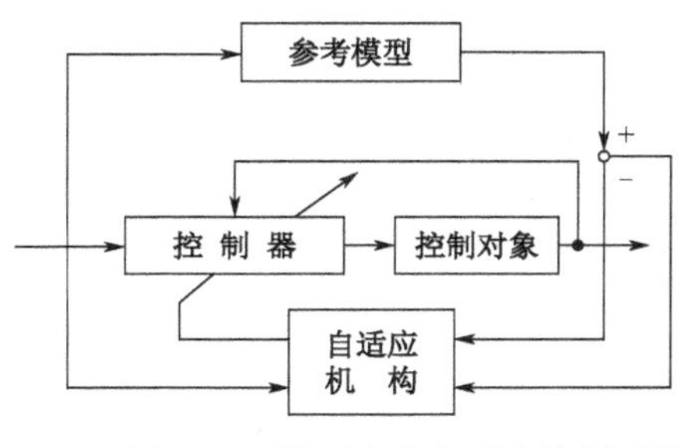

图 4-13 模型参考自适应控制系统

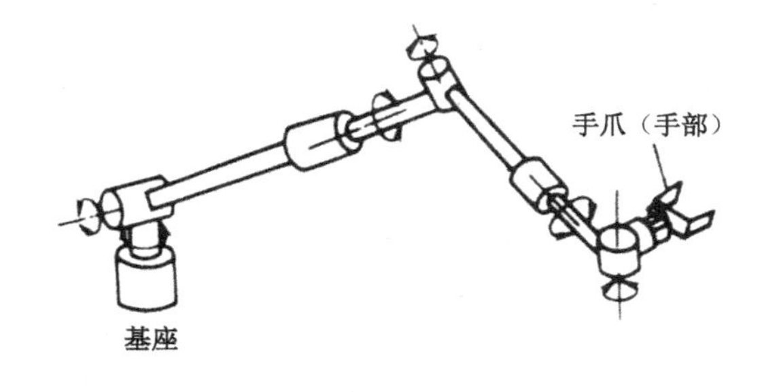

图 4-14 机器人手臂

设刚性臂具有 n 个自由度，则关节力（力或力矩均用“力”代表）的值域占有 R^n（各轴具有实数基数的 n 维空间）空间。用于控制的关节力，以其空间内的时间轨迹表示。基本上所有的力控制方法都是独立地控制 n 个自由度，即是进行独立于其他自由度的单自由度的力控制。其中最简单的方法是对每个关节独立进行控制。但是那样，会使很多作业难以处理，因此多数情况下采用引入适合于描述作业动作的变量，而在该系统中仍然是独立控制各自由度。直角坐标系中末端杆件（手）的位置姿态分量就是这种变量的典型例子，如 x，y，z，α，β，γ。当然这些自由度应分别进行有意义的控制。

关于力控制提出了很多种方法，其各自的控制中关于运动控制的概念却不一样。将位置/力混合控制、刚性控制、柔顺控制、阻抗控制等四种控制就其内容及其特征加以叙述，见表 4-2。基于混合控制的普遍性，下面对位置/力混合控制进行分析。

位置/力混合控制系统示意图如图 4-15 所示。在这个控制系统中有两个回路。一个是位置控制回路，另一个是力控制回路。另外，在这个控制系统中存在两个坐标系。一个是手臂关节坐标系[q]，另一个是沿作业环境约束的坐标系[c]。在位置控制回路中，把手臂的关节位置 q 变换为作业坐标 c_X，并取与目标值的偏差。然后，在该偏差上乘以方式选择矩阵（$\boldsymbol{I}-\boldsymbol{S}$），变换为关节坐标系后，再应用位置控制律来决定用于控制的操作量。此外，$\boldsymbol{I}$ 是单位矩阵，$\boldsymbol{S}$ 是关于力控制的选择矩阵，$\boldsymbol{S}$=diag［s_1，s_2，…，s_n］。当对第 i 个坐标分量进行力控制时，令 $\boldsymbol{S}_i$=1，当进行位置控制时，令 $\boldsymbol{S}_i$=0。

在力控制回路中，将力传感器的检测值 F 变换为用作业坐标表示的 c_F，并求得与力目标值的偏差，然后将该偏差值乘上方式选择矩阵 $\boldsymbol{S}$，再变换为关节坐标，最后应用控制律决定操作量。该操作量采用能够叠加的关节转矩（力），以使得位置控制和力控制能互不矛盾地并存。

这种控制方法有其特点，在控制力（位置）时从一开始就不控制位置（力），从而改善了响应特性。此外它不是通过轨迹修正的局部适应，而是以与动作总体结构的描述相适应的控制形式来实现约束动作。这一点适合于实现机器人动作的逐步接近。

表4-2　各种力控制方式的特征

内容＼控制	力和位置的混合方式	基本的操作量	力反馈	动态（加速力等的）补偿	使用情况
混合控制	作业空间的各自由度均将位置和力控制分开	关节力	要有末端近处的力反馈	没有 可以附加	多数为仅仅用纯粹的位置和力的控制所不能完成的作用
刚性控制	基本上将弹簧特性和阻尼特性分开。实现位置控制时，弹簧特性增大，实现大控制时，弹簧特性变小	关节力	利用关节力的正确控制，可省略力反馈。为提高精度，可以利用关节力或末端近处的力反馈	基本上没有 可以并用加速度反馈。从理论上也可设定惯性特性	能构成稳定系统。除去规划的轨迹动作，其惯性补偿的稳定度较低
柔顺控制（以关节速度后位置作为操作量的方式）	将弹簧特性、阻尼特性和惯性都分开	关节速度或位置	末端近处的力反馈是绝对必要的	没有 是利用关节控制系统的偏差产生驱动力的方式	系统构成容易。像人手一样，具有良好的对柔软物体的柔顺控制特性，但对坚硬物体接触动作稳定性低
阻抗控制	除将弹簧特性和阻尼特性分开外，还将惯性特性分开	关节力	末端近处的力反馈是绝对必要的	有 在末端近处的力检测和关节力控制能理想进行前提下，能统一进行惯性补偿和惯性设定	若 $M=M_1$，和刚性控制等价 $M \ll M_1$ 稳定度低

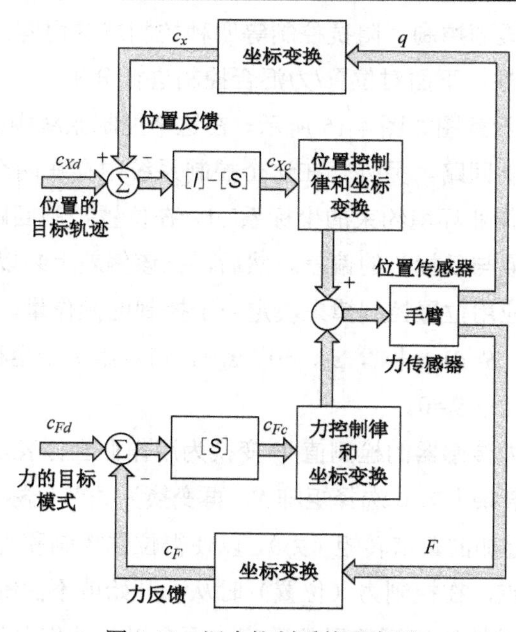

图4-15　混合控制系统示意图

五、工业机器人用传感器

为了让机器人工作，必须对机器人的手足位置、速度、姿态等进行测量和控制。另外，还要了解操作对象所处的静态环境。当机器人直接对目标进行操作时，改变了外部环境，可能进入到预料不到的工况，从而导致意外的结果。因此，必须掌握变化的动态环境，使机器人相应的工作顺序和操作内容能自然地适应工况的变化。利用传感器从机器人内部和外部获取有用信息，对提高机器人的运动效率和工作效率、节省能源、防止危险都是非常重要的。

机器人传感器按用途可分为内部传感器和外部传感器。内部传感器装在操作机上，包括位移、速度、加速度传感器，是为了检测机器人操作机内部状态的，在伺服控制系统中作为反馈信号。外部传感器，如视觉、触觉、力觉、距离等传感器，是为了检测作业对象及环境与机器人的联系，大大改善了机器人工作状况，使其能够更充分地完成复杂的工作。

本节仅介绍工业机器人外部传感器中用得最多的视觉和触觉传感器。

1. 视觉传感器

视觉一般是利用光（也可采用可见光以外的红外线等）的非接触方式来识别物体。常见的视觉传感器包括 PSD 传感器、CCD 图像传感器、全方位视觉传感器等。

（1）PSD 传感器

PSD（Position Sensitive Device）传感器是光束照射到一维的线和二维的平面时，检测光照射位置的传感器。如图 4-16 所示，它把硅等高电阻层以 P 型和 n 型的电阻层形式构造成层状结构。光照射到 PSD 上，生成电子空穴对，从而在 P 型和 n 型电阻层上安装的电极接通的连续电路上流过电流，检测这时的电流就能得到光的照射位置。

（2）CCD 图像传感器

CCD 是电荷耦合器件（Charge Coupled Device）的简称，是一种通过势阱进行存储、传输电荷的光电转换元件。如图 4-17 所示。P 型硅衬底上有一层 SiO_2 绝缘层，其上排列有多个金属电极，在电极上加正电压，电极下面产生势阱，势阱的深度随电压而变化。若依次改变加在电极上的电压，势阱则随着电压的变化而发生移动，于是注入势阱中的电荷也发生转移，通过电荷的依次转移，将多个信息分时、顺序地取出。

2. 触觉传感器

触觉是接触、冲击、压迫等机械刺激感觉的综合，触觉可以用来进行机器人的抓取，利用触觉可进一步感知物体的形状、软硬等物理性质。

目前的触觉传感器主要有接触觉、接近觉、压觉、滑觉和力觉传感器四种。

（1）接触觉传感器

接触觉是通过与对象物体彼此接触而产生的，接触觉传感器是利用接触产生的柔量（位移等的响应）来识别物体。接触觉传感器可检测机器人是否接触目标或环境，用于寻找物体或感知碰撞。

1）机械式传感器　利用触点的接触断开获取信息，通常采用微动开关来识别物体的二维轮廓。机械式的接触觉传感器有微动开关、限位开关和猫须传感器等。图4-18所示为一种猫须传感器，其控制杆是用猫须一样的柔软物质做成的，是一种即使轻轻碰一下也能动作的开关。

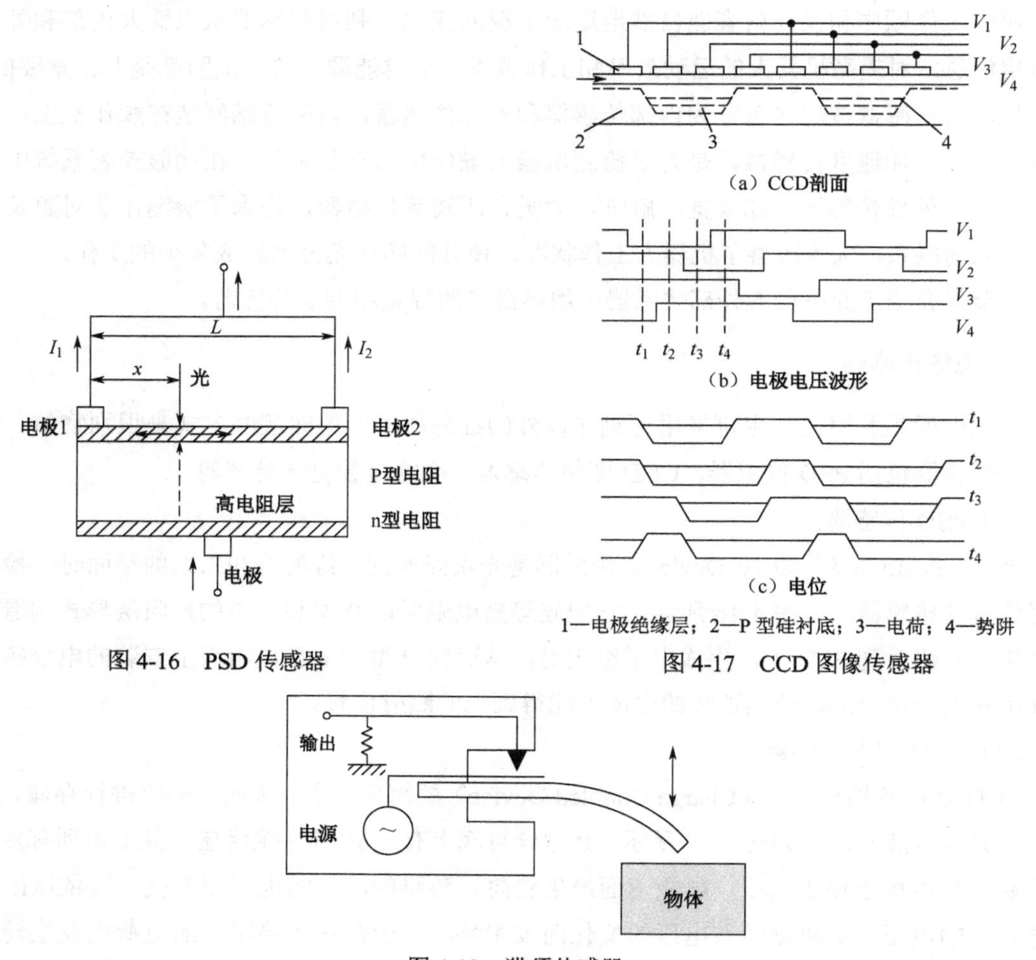

图4-16 PSD传感器

图4-17 CCD图像传感器

图4-18 猫须传感器

2）弹性式传感器　这类传感器都由弹性元件、导电触点和绝缘体构成。如采用导电性石墨化碳纤维、氨基甲酸乙酯泡沫、印刷电路板和金属触点构成的传感器，碳纤维被压后与金属触点接触，开关导通。也可由弹性海绵、导电橡胶和金属触点构成，导电橡胶受压后，海绵变形，导电橡胶和金属触点接触，开关导通。也可由金属和铍青铜构成，被绝缘体覆盖的青铜箔片被压后与金属接触，触点闭合。

3）光纤传感器　这种传感器包括由一束光纤构成的光缆和一个可变形的反射表面。光通过光纤束投射到可变形的反射材料上，反射光按相反方向通过光纤束返回。如果反射表面是平的，则通过每条光纤所返回的光的强度是相同的。如果反射表面因与物体接触受力而变形，则反射的光强度不同。用高速光扫描技术进行处理，即可得到反射表面的受力情况。

（2）接近觉传感器

接近觉是种粗略的距离感觉，接近觉传感器的主要作用是在接触对象之前获得必要的信息，用来探测在一定距离范围内是否有物体接近、物体的接近距离和对象的表面形状及倾斜等状态，一般用“1”和“0”两种态表示。在机器人中，主要用于对物体的抓取和躲避。接近觉一般用非接触式测量元件，如霍尔效应传感器、电磁式接近开关和光学接近传感器。

图 4-19 所示是电磁式接近觉传感器。其工作原理是，在一个线圈中通入高频电流，会产生磁场。这个磁场接近金属物时，会在金属物中产生感应电流（涡流）。涡流随对象物体表面和线圈距离大小而变化，这个变化反过来又影响线圈内磁场强度。磁场强度可用另一组线圈检测出来，也可以根据磁线圈本身电感的变化或激励电流的变化来检测。

（3）压觉传感器

机器人的压觉传感器装在手爪面上，是一种可以检测到物体同手爪间产生的压力和力及其分布情况的传感器。压觉传感器有压电式和机械式等。机械式如使用弹簧等，使用最多的是压电式传感器。图 4-20 所示为一种导电橡胶制成的压觉传感器，它在阵列式触点上附有一层导电橡胶，并在基板上装有集成电路，压力的变化使各接触点间的电阻发生变化，信号经集成电路处理后送出。

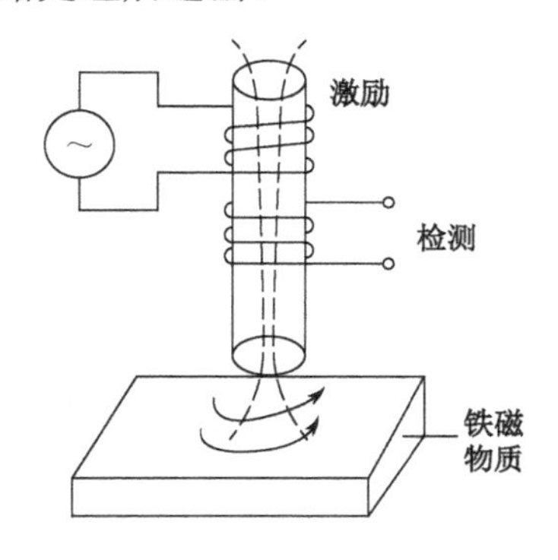

图 4-19　电磁式接近觉传感器

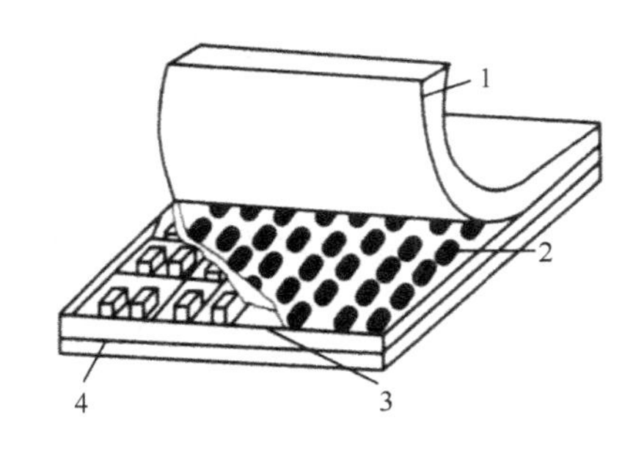

1—导电橡胶；2—接点；3—集成电路；4—硅基片

图 4-20　压觉传感器

（4）滑觉传感器

机器人在抓取不知属性的物体时，其自身应能确定最佳握紧力的给定值。当握紧力不够时，要检测被握物体的滑动，利用该检测信号，在不损害物体的前提下，考虑最可靠的夹持方法，实现此功能的传感器称为滑觉传感器。

滑觉传感器主要有滚轮式和球式，还有一种通过振动检测滑觉的传感器。物体在传感器表面上滑动时，和滚轮或球相接触，把滑动变成转动。

图 4-21 所示为滚轮式滑觉传感器。滑动物体引起滚轮滚动，用磁铁和静止的磁头，或用光传感器进行检测，这种传感器只能检测到一个方向的滑动。球式传感器用球代替滚轮，可以检测各个方向的滑动。

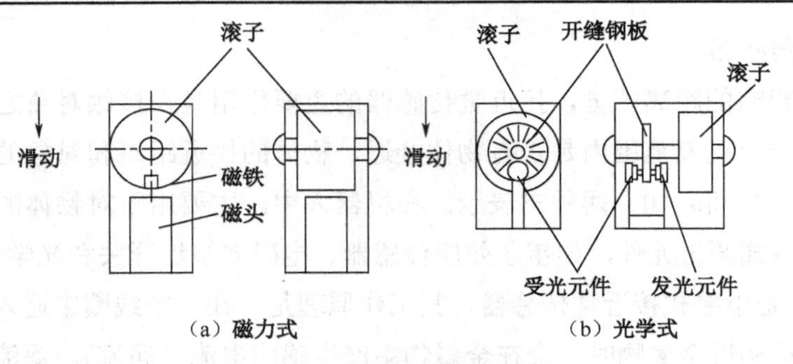

图 4-21　滚轮式滑觉传感器

图 4-22 所示为一种振动式滑觉传感器。传感器的球面有黑白相间的图形，黑色为导电部分，白色为绝缘部分，两个电极和球面接触。若一个电极和球面绝缘部分接触，另一个也一定和导电部分接触。球表面导电部分的分布图形能保证所有的电气通路。因此，根据电极间导通状态的变化，就可以检测球的转动，即检测滑觉。传感器表面伸出的触针能和物体接触，物体滑动时，触针与物体接触而产生振动，这个振动由压电传感器或磁场线圈结构的微小位移计检测。

（5）力觉传感器

力觉是指对机器人的指、肢和关节等运动中所受力的感知，主要包括腕力觉、关节力觉和支座力觉等，根据被测对象的负载，可以把力传感器分为测力传感器（单轴传感器）、力矩表（单轴力矩传感器）、手指传感器（检测机器人手指作用力的超小型单轴力传感器）和六轴力觉传感器。

工业机器人中应用的力觉传感器主要使用的是压电晶体和电阻丝应变片等力敏感元件。图 4-23 所示为一种六轴力觉传感器，图中的两个法兰 A 和 B 传递负载，承受负载的结构体 K（传感器部件）具有足够的强度，将 A 和 B 连接起来，结构体 K 上贴有多个应变检测元件 S_i，根据应变片检测元件 S_i 输出的信号，计算出作用于传感器基准点 O 的各个负载分量 F_i。

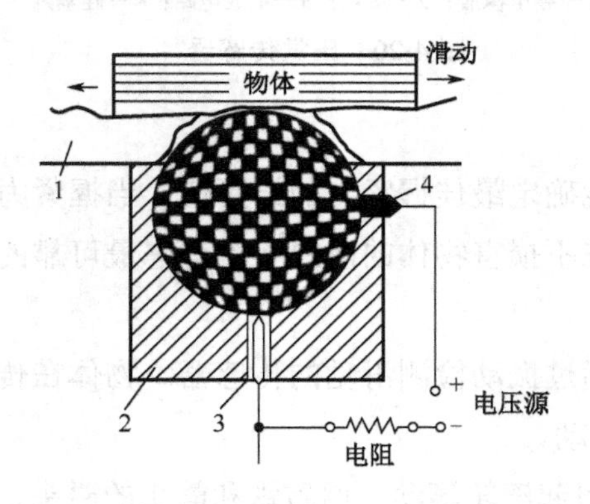

1—柔软表层；2—绝缘体；3、4—接点

图 4-22　振动式滑觉传感器

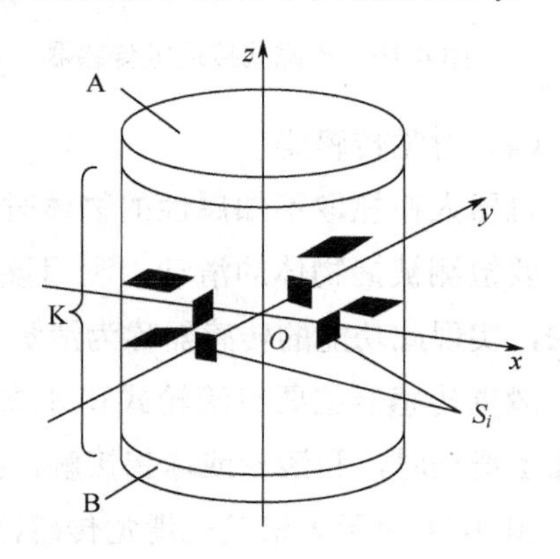

图 4-23　六轴力觉传感器

在选用力传感器时，首先要特别注意额定值，其次在机器人通常的力控制中，力的精度意义不大，重要的是分辨率。另外，在机器人上实际安装使用力觉传感器时，一定要事先检查操作区域，清除障碍物。这对实验者的人身安全、对保证机器人及外围设备不受损害有重要意义。

六、工业机器人技术的发展趋势

归纳起来，工业机器人技术的发展趋势有以下几个方面。

1. 机器人的智能化

智能化是工业机器人一个重要的发展方向。目前，机器人的智能化研究可以分为两个层次，一是利用模糊控制、神经元网络控制等智能控制策略，利用被控对象对模型依赖性不强的特点来解决机器人的复杂控制问题，或者在此基础上增加轨迹或动作规划等内容，这是智能化的最低层次；二是使机器人具有与人类类似的逻辑推理和问题求解能力，面对非结构性环境能够自主寻求解决方案并加以执行，这是更高层次的智能化。使机器人能够具有复杂的推理和问题求解能力，以便模拟人的思维方式，目前还很难有所突破。智能技术领域有很多的研究热点，如虚拟现实、智能材料（如形状记忆合金）、人工神经网络、专家系统、多传感器集成和信息融合技术等。

2. 机器人的多机协调化

由于生产规模不断扩大，对机器人的多机协调作业要求越来越迫切。在很多大型生产线上，往往要求很多机器人共同完成一个生产过程，因而每个机器人的控制就不单纯是自身的控制问题，需要多机协调动作。此外，随着CAD/CAM/CAPP等技术的发展，更多地把设计、工艺规划、生产制造、零部件储存和配送等有机地结合起来，在柔性制造、计算机集成制造等现代加工制造系统中，机器人已经不再是一个个独立的作业机械，而是成为了其中的重要组成部分，这些都要求多个机器人之间、机器人和生产系统之间必须协调作业。多机协调也可以认为是智能化的一个分支。

3. 机器人的标准化

机器人的标准化工作是一项十分重要而又艰巨的任务。机器人的标准化有利于制造业的发展，但目前不同厂家的机器人之间很难进行通信和零部件的互换。机器人的标准化问题不是技术层面的问题，而主要是不同企业之间的认同和利益问题。

4. 机器人的模块化

智能机器人和高级机器人的结构力求简单紧凑，其高性能部件甚至全部机构的设计已向模块化方向发展。其驱动采用交流伺服电动机，并向小型和高输出方向发展；其控制装置向小型化和智能化方向发展；其软件编程也在向模块化方向发展。

5. 机器人的微型化

微型机器人是21世纪的尖端技术之一。目前已经开发出手指大小的微型移动机器人，预计将生产出毫米级大小的微型移动机器人和直径为几百微米甚至更小（纳米级）的医疗和军事机器人。微型驱动器、微型传感器等是开发微型机器人的基础和关键技术，它们将对精密机械加工、现代光学仪器、超大规模集成电路、现代生物工程、遗传工程和医学工程等产生重要影响。介于大中型机器人和微型机器人之间的小型机器人也是机器人发展的一个趋势。

第三节　柔性制造系统（FMS）技术

一、概述

1. FMS的产生和特点

（1）FMS的产生

随着经济的发展和消费水平的提高，人们对商品的需求不断增长，更注重产品的不断更新和多样化。中小批量、多品种生产已成为当今机械制造业的一个重要的特征。同时，科学技术的迅猛发展推动了自动化程度和制造水平的提高。20世纪50年代在美国的MIT（麻省理工学院）诞生了第一台三坐标数控铣床以后，机电一体化及数控（NC）的概念出现了。随着机电一体化技术的进一步发展，出现了计算机数控（CN）、计算机在直接控制（又称群控）（DNC）、计算机辅助制造（CAM）、计算机辅助设计（CAD）、成组技术（GT）、计算机辅助工艺规程（CAPP）、工业机器人技术（ROBOT）等新技术。

在这些新技术的基础上，为多品种、小批量生产的需要而兴起的柔性自动化制造技术得到了迅速的发展，作为这种技术具体应用的柔性制造系统（FMS）、柔性制造单元（FMC）和柔性制造自动线（FML）等柔性制造设备纷纷问世，其中柔性制造系统最具代表性。

柔性制造系统的雏形源于美国马尔西（MALROSE）公司，该公司在1963年制造了世界上第一条多种柴油机零件的数控生产线。FMS的概念由英国莫林（MOLIN）公司最早正式提出，并在1965年取得了发明专利，1967年FMS正式形成。

FMS是先进制造技术的一部分。自诞生以后，在欧洲、美国、日本、俄罗斯有了较大的发展。据统计，1985年世界各国已投入运行的FMS有500多套，1988年近800套，1990年超过1000套，目前约共3000多套FMS正在运行。我国是1984年开始研制FMS的，1986年从日本引进第一套FMS。

目前，随着全球化市场的形成和发展，无论是发达国家还是发展中国家都越来越重视柔性制造技术的发展，FMS已成为当今乃至今后若干年机械制造自动化发展的重要方向。

（2）FMS的特点

FMS有两个主要特点，即柔性和自动化。

FMS与传统的单一品种自动生产线（相对而言，可称之为刚性自动生产线。所谓刚性自动生产线，即物流设备和加工工艺是相对固定的，它只能加工一个零件，或者加工几个相互类似的零件。如果需改变加工产品的品种，刚性自动线必须做较大的改动，在投资和时间方面的耗资很大，难以满足市场化的需求。但是刚性自动线的设备利用率高，生产率高。如由机械式、液压式自动机床或组合机床等构成的自动生产线）的不同之处主要在于它具有柔性。所谓柔性，是指制造系统（企业）对系统内部及外部环境的一种适应能力，也是指制造系统能够适应产品变化的能力，可分为瞬时、短期和长期柔性三种：瞬时柔性是指设备出现故障后，自动排除故障或将零件转移到另一台设备上继续进行加工的能力；短期柔性是指系统在短时期（如间隔几小时的或几天）内，适应加工对象变化的能力，包括在任意时刻混合地进行加工两种以上零件的能力；长期柔性则是指系统在长期使用（几周或一个月）中，能进行加工各种不同零件的能力。迄今为止，柔性还只能定性地加以分析，还没有科学的量化指标，因此，凡具备上述三种柔性特征之一的具有物料或信息流的自动化制造系统都可以称为柔性自动化。

另外，FMS 还具有以下特点：

1）设备利用率高，占地面积小　FMS 中设备的利用率一般可达 70%以上。同时由于系统布局紧凑，占地面积可减少 20%～50%。

2）减少直接劳动工人数　在 FMS 中，加工、换刀、装夹、测量和物料搬运，全部由计算机自动控制，工人只需负责观察运行情况。

3）产品质量高而稳定　FMS 采用全自动加工，减少了人为因素，产品质量高而稳定。

4）减少在制品库存量　FMS 采用的是流水线加工原理，因此在制品的中间存储缓冲站可减到最少。

5）投资高、风险大，开发周期长、管理水平要求高。

2．FMS 的定义、组成和类型

（1）FMS 的定义

FMS 目前还没有统一的定义。根据中华人民共和国国家军用标准有关“武器装备柔性制造系统术语”的定义，FMS 被定义为：“柔性制造系统（Flexible Manufacturing System，FMS）是数控加工设备、物料运储装置和计算机控制系统等组成的自动化制造系统。它包括多个柔性制造单元，能根据制造任务或生产环境的变化迅速进行调整，适用于多品种、中小批量生产。”

美国制造工程师协会的计算机辅助系统和应用协会把柔性制造系统定义为：“使用计算机控制柔性工作站和集成物料运储装置来控制并完成零件族某一系列工序的，或一系列工序的一种集成制造系统。”

为了方便对 FMS 的理解，国外有关专家对 FMS 进行了更为直观的定义：“柔性制造系统至少是由两台机床、一套物料运储系统（从装载到卸载具有高度自动化）和一套计算机控制系统所组成的制造系统、它通过简单地改变软件的方法便能制造出多种零件中任何一种零件。”

（2）FMS 的组成

从上述定义可以看出，典型的 FMS 主要由以下三个子系统组成：

1）加工系统　加工系统的功能是以任意顺序自动加工各种工件，并能自动地更换工件和刀具。通常由两台以上的数控机床、加工中心或柔性制造单元（FMC）以及其他的加工设备所组成，例如测量机、清洗机、动平衡机和各种特种加工设备等。

2）运储系统　包含有传送带、有轨小车、无轨小车、搬运机器人、上下料托盘、交换工作台等机构，能对刀具、工件和原材料等物料进行自动装卸和运储。

3）计算机控制系统　能够实现对 FMS 的运行控制、刀具管理、质量控制，以及 FMS 的数据管理和网络通信。

各子系统的构成框图及功能特征如图 4-24 所示。三个子系统的有机结合，构成了一个制造系统的能量流（通过制造工艺改变工件的形状和尺寸）、物料流（主要指工件流和刀具流）和信息流（制造过程的信息和数据处理）。

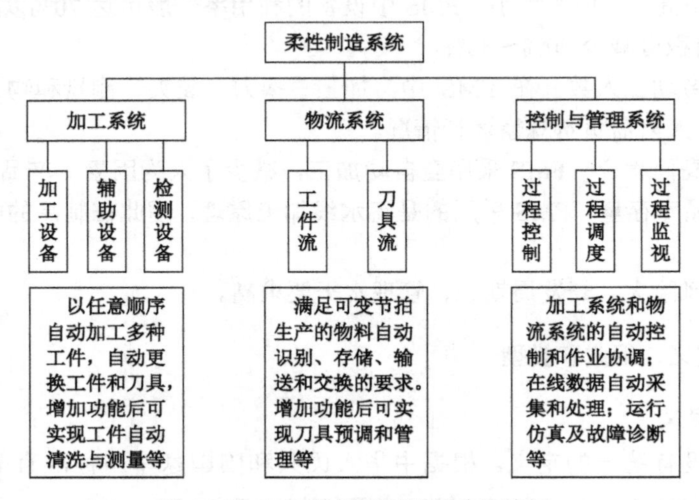

图 4-24　FMS 的组成框图及功能特征

图 4-25 是一个典型的柔性制造系统示意图。该系统由 4 台卧式加工中心、3 台立式加工中心、2 台平面磨床、2 台自动导向小车、2 台检验机器人组成，此外还包括自动仓库、托盘站和装卸站等。在装卸站由人工将工件毛坯安装在托盘夹具上；然后由物料传送系统把毛坯连同托盘夹具输送到第一道工序的加工机床旁边，排队等候加工；一旦该加工机床空闲，就由自动上下料装置立即将工件送上机床进行加工；当每道工序加工完成后，物料传送系统便将该机床加工完成的半成品取出，并送至执行下一道工序的机床等候。如此不停地运行，直至完成最后一道加工工序。在这整个运作过程中，除了进行切削加工之外，若有必要还需进行清洗、检验等工序，最后将加工结束的零件入库储存。

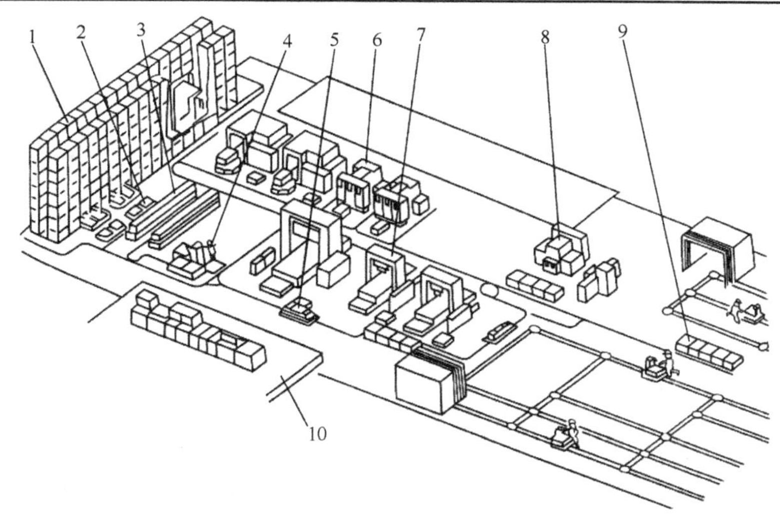

1—自动仓库；2—装卸站；3—托盘站；4—检验机器人；5—自动小车；6—卧式加工中心；
7—立式加工中心；8—磨床；9—组装交付站；10—计算机控制室

图 4-25　典型的柔性制造系统示意图

（3）FMS 的类型

FMS 作为一种先进制造技术的代表，它适用于中小批量的生产，既要兼顾对生产率和柔性的要求，也要考虑系统的可靠性和机床的负荷率。因此，就产生了三种类型的 FMS，它们分别是：配备互补机床的 FMS、配备可互相替换机床的 FMS 和混合式的 FMS。

1）配备互补机床的 FMS　在这类 FMS 中，通过物料运储系统将数台 NC 机床连接起来，不同机床的工艺能力可以互补，工件通过安装站进入系统，然后在计算机控制下从一台机床到另一台机床，按顺序加工，如图 4-26 所示。工件通过系统的路径是固定的。这种类型的 FMS 是非常经济的，生产率较高，能充分发挥机床的性能。从系统的输入和输出的角度看，互补机床是串联环节，它减少了系统的可靠性，即当一台机床发生故障时，全系统将瘫痪。

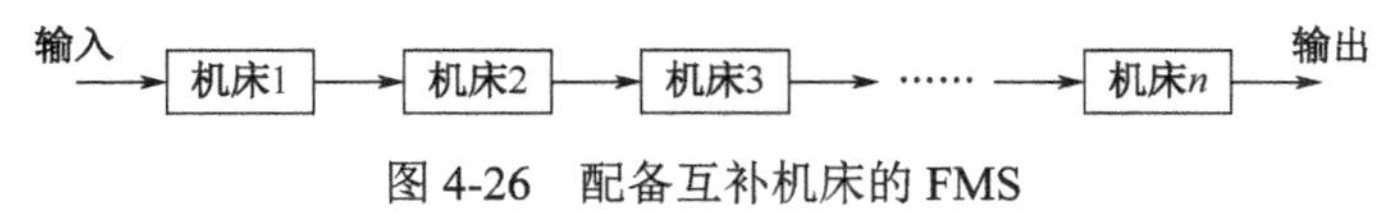

图 4-26　配备互补机床的 FMS

2）配备可互相替换机床的 FMS　这种类型的 FMS，系统中的机床是可以互相代替的，工件可以被送到适合加工它的任一台加工中心上。计算机的存储器存有每台机床的工作情况，可以对机床分配加工零件、一台加工中心可以完成部分或全部加工工序，如图 4-27 所示。从系统的输出和输入看，它们是并联环节，因而增加了系统的可靠性，即当某一台机床发生故障时，系统仍能正常工作，同时这种配置形式具有较大的柔性和较宽的工艺范围，可以达到较高的机床利用率。

3）混合式的 FMS　这类 FMS 是互补式 FMS 和替换式 FMS 的综合，即 FMS 中有一些机床按替换式布置，而另一些机床按互补式安排，以发挥各自的优点。大多数 FMS 采用这种形式，如图 4-28 所示

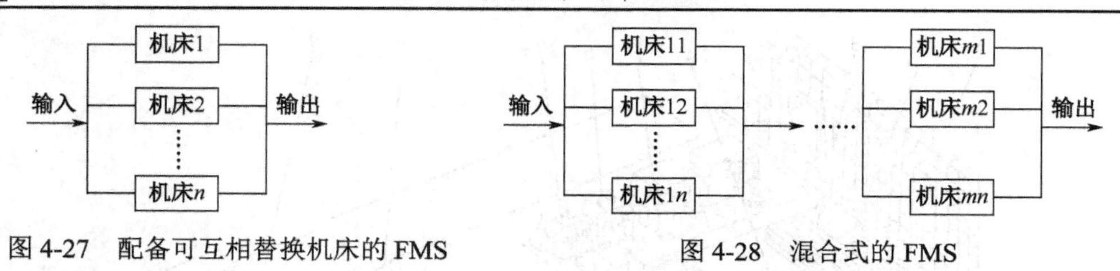

图 4-27　配备可互相替换机床的 FMS　　　图 4-28　混合式的 FMS

二、FMS 的加工系统

1. 加工系统的作用及要求

（1）加工系统的作用

柔性制造系统（FMS）是一个计算机化的自动化制造系统，能以最少的人工干预加工任一范围零件族的零件。加工系统在 FMS 中好像人的手脚，担任把原材料转化为最终产品的任务，是实际完成改变物性任务的执行系统，加工系统是 FMS 最基本的组成部分，也是 FMS 中耗资最多的部分，FMS 的加工能力很大程度上是由它所包含的加工系统所决定的。

（2）加工系统的要求

FMS 的加工系统原则上应该是可靠的、自动化的、高效的和易控制的，其实用性、匹配性和工艺性应良好，并能满足加工对象的尺寸范围、精度、材质等要求。因此对加工系统的要求为：

1）工序集中　如选多功能机床、加工中心等，以减少工位数和物流负担，保证加工质量。

2）控制功能强、可扩展性好　如选用模块化结构，外部通信功能和内部管理功能强，有内装可编程控制器，有用户宏程序的数控系统，以易于与上下料、检测等辅助设备相连接，增加各种辅助功能，方便系统调整与扩展，以及减轻通信网络和上级控制器的负载。

3）高刚度、高精度、高速度　选用切削功能强、加工质量稳定、生产效率高的机床。

4）使用经济性好　如导轨油可回收、排屑处理快速彻底等，以延长刀具使用寿命，节省系统运行费用，保证系统能安全、稳定、长时间的无人值守而自动运行。

5）操作性好、可靠性好、维修件好　机床的操作、保养与维修方便，使用寿命长。

6）具有自保护性和自维护性　如能设定切削力过载保护、功率过载保护、运行行程和工作区域限制等，具有故障诊断和预警功能等。

7）对环境适应性与保护性好　对工作环境的温度、湿度、噪声、粉尘等要求不高，各种密封件性能可靠、无泄漏，切削液不外溅，能及时排除烟雾、异味，噪声振动小，能保护良好的工作环境。

8）其他　如技术资料齐全，机床上的各种显示、标记等清楚，机床外形、颜色美观且与系统协调。

2. 加工系统中常用加工设备简介

（1）加工设备选择的原则

FMS 中的加工设备应该是可靠的、自动化的、高效率的和高柔性的。在选择时，需考虑到该 FMS 加工零件的尺寸范围、经济效益、零件的工艺性、加工精度和材料等。

目前 FMS 的加工对象主要有两大类：棱柱体类（包括箱体形、平板形）和回转体类（长轴形、盘套形）。

对于棱柱体类零件，加工设备的选择通常都在立式和卧式加工中心以及专用机床（如可更换主轴箱式机床、转位主轴箱式机床）之中进行。

对于长度直径比小于 2 的回转体零件，如需要进行大量铣、钻和攻螺纹加工的圆盘，通常在加工棱柱体的 FMS 中进行加工。

FMS 上待加工的零件族决定着各加工设备（如加工中心）所需要的功率、加工尺寸范围和精度。除此之外，加工中心等设备还会受到与物料运储系统连接问题的限制。

FMS 中的加工中心都具有刀具存储能力，采用斗笠式、鼓形和链形等各种形式的刀库。为满足柔性制造，通常加工中心具有一定的刀库容量。例如，有些加工中心的刀库容量在 100 把以上。刀库中的某些刀具，如大的镗杆或平面铣刀的重量对刀具传递和更换机构的可靠性提出了更高的要求。

（2）加工中心

加工中心（Machining Center，MC）是一种备有刀库并能按预定程序自动更换刀具，对工件进行多工序加工的高效数控机床。它的最大特点是工序集中和自动化程度高，可减少工件装夹次数，避免工件多次定位所产生的累积误差，节省辅助时间，实现高质、高效加工。

常见加工中心按工艺用途可分为镗铣加工中心、车削加工中心、钻削加工中心、攻螺纹加工中心及磨削加工中心等。加工中心按主轴在加工时的空间位置可分为立式加工中心、卧式加工中心、立卧两用（也称万能、五面体、复合）加工中心。

在实际应用中，以加工棱柱体类工件为主的镗铣加工中心和以加工回转体类工件为主的车削加工中心最为多见。

1）镗铣加工中心

由于镗铣加工中心最早出现，且名为加工中心，所以习惯上常把“镗铣加工中心”称为加工中心。

镗铣加工中心是自身带有刀库和自动换刀装置（ATC）的一种多工序数控机床。工件经一次装夹后，能完成铣、镗、钻、铰、攻螺纹等多种工序的加工，并且有多种选刀或换刀切能，从而使生产效率利自动化程度大大提高。

图 4-29 所示为美国 White Sundstrand 公司生产的 OMNIMIL80 系列卧式加工中心，是典型的适应柔性制造系统需要的加工中心机床。该机床按模块化原理设计，由主轴头、换刀机

构和刀库、立轴（*Y* 轴坐标）、立轴底座（*Z* 轴坐标）、工作台、工作台底座（*X* 轴坐标）等六大部分组成。

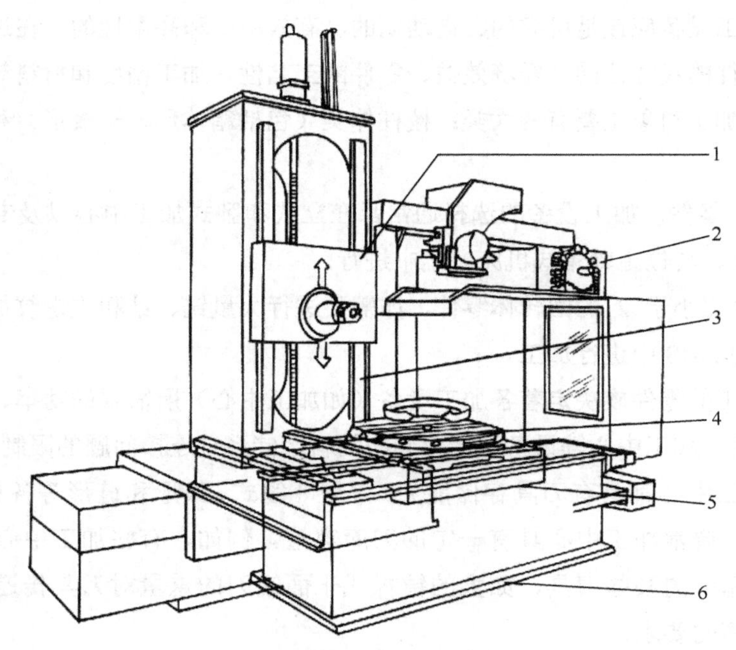

1—主轴头；2—换刀机构和刀库；3—立轴（*Y* 轴坐标）；
4—立轴底座（*Z* 轴坐标）；5—工作台；6—工作台底座（*X* 轴坐标）

图 4-29 卧式加工中心

2）车削加工中心

车削加工中心简称车削中心（Turning Center，TC），它是在数控车床的基础上为扩大其工艺范围而逐步发展起来的，它是一种高精度、高效率的数控机床。它的主体是数控机床，配上刀库和自动换刀装置后，就构成了车削加工中心。

车削加工中心主要使用于回转形零件的复合加工。在 TC 上除外圆车削和镗孔外，还可完成端面与圆柱面上的径向钻削和铣削加工。如加工外圆上的平面、径向孔、槽、凸缘上的槽、孔、端面的槽等。车削加工中心如图 4-30 所示。

从图示可看出，它有一个回转刀架；在机床的右端，设有一个小刀库；位于机床上端的机械手，用于交换刀库和回转刀架中的刀具；在机床左端，还配备一个上下工件的机器人，以供上下工件所用；工件存放在机床左前方的转盘内。

在 FMS 的加工系统中还有一类加工中心，它们除了机床本身之外，还配有一个储存工件的托盘站和自动上下料的工件交换台（如图 4-31）。当在这类加工中心机床上加工完一个工件后，托盘交换装置便将加工完的工件连同托盘一起拖回至环形工作台的空闲位置，然后按指令将下一个待加工的工件/托盘转到交换装置，由托盘交换装置将它送到机床上进行定位夹紧以待加工。这类具有储存较多工件/托盘的加工中心是一种基础形式的柔性制造单元（FMC），它的规模以及柔性化程度都比 FMS 小，可以作为 FMS 的基础加工单元，也可作为独立的自动化加工设备。FMC 自成体系、占地面积少、成本低、功能完善，有廉价小型 FMS 之称。由于 FMC 的这些特点比较适合我国的国情，因而近年来在我国发展较快。

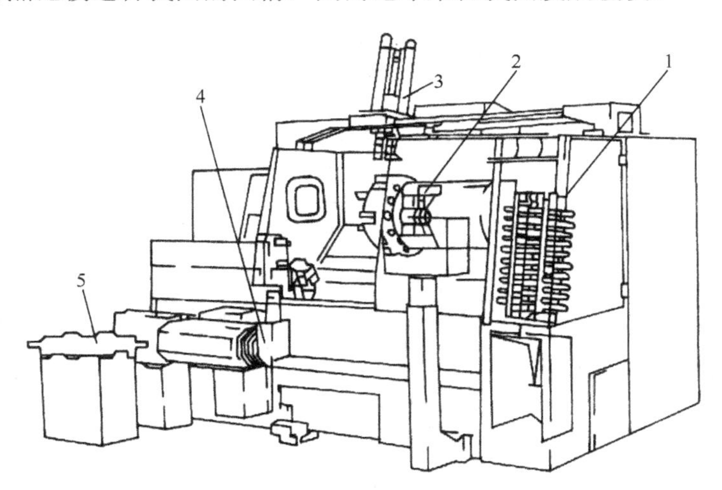

1—刀库；2—回转刀架；3—换刀机械手；4—上下工件机器人；5—工件存储站

图 4-30　车削加工中心

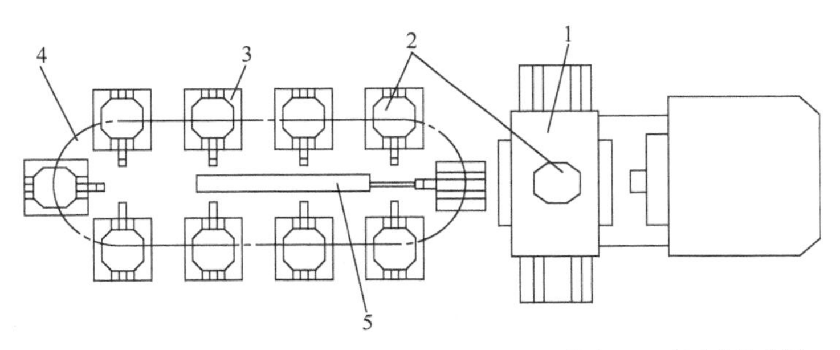

1—加工中心机床；2—托盘；3—托盘座；4—环形工作台；5—托盘交换装置

图 4-31　柔性制造单元

（3）主轴箱更换式机床

根据加工零件的需要，通过更换装在主轴驱动单元上的单轴、多轴或多轴头，从而实现机床加工的柔性与生产率，这就是主轴箱更换式机床（Head Changing Machines）的设计思路。主轴箱更换式机床控制简单，机械结构复杂，工作效率高，主轴箱价格高，柔性差。这种机床适合于大批量生产且品种变化不频繁的场合。

主轴箱更换式机床以 1～2 台主轴驱动单元为中心，在其周围设有可供更换主轴箱的箱库。根据加工需要将要更换的主轴箱从其箱库中自动地输送到驱动单元的位置上与驱动单元连接后进行加工。主轴箱更换式机床按照主轴箱更换方式分为三种类型：循环式输送主轴箱更换式机床；直线式输送主轴箱更换式机床；鼓轮式输送主轴箱更换式机床。

1）循环式输送主轴箱更换式机床　图 4-32 所示是由美国 John Deere 公司设计的主轴箱更

换式机床，由它构成柔性制造单元，用于加工拖拉机差动齿轮箱的箱体零件。它由对置的两组主轴箱更换装置、循环式输送机、驱动装置、圆形工作台、托盘更换站等组成。总共有46个单轴、多轴铣头与钻削动力头的主轴箱，主轴数量总计为654个，它们在更换位置与驱动单元连接。驱动单元可在*X*、*Y*、*Z*方向上运动，圆形工作台具有每隔90°的分度功能，工作一次装夹后可完成五面加工。

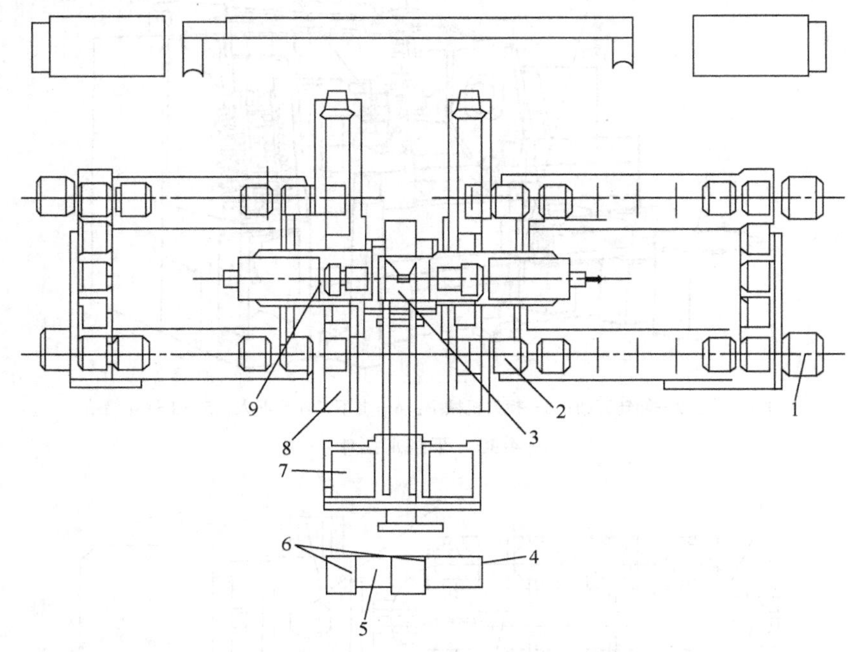

1—主轴箱移出站；2—主轴箱；3—圆形工作站；4—诊断和信息系统；5—主操纵台；6—CNC控制装置；7—托盘更换站；8—主轴箱更换装置；9—驱动装置

图4-32 循环式输送主轴箱更换式机床

2）直线式输送主轴箱更换式机床 所谓直线式输送更换式主轴箱也就是以水平或垂直方向运动，输送存放在齿条型主轴箱库内的可供更换的主轴箱。

图4-33是以垂直方向直线运动输送更换主轴箱的例子。它是由德国Diedesheim公司作为柔性制造系统而开发的。在此装置中，将称为刀具盒的小型多轴主轴箱和组合刀具等装在八角转台上，更换八角转台，即一次更换刀具盒群的方式。在这种被称为柔性加工中心的装置中，可以迅速更换用于铣削加工、平面切削、钻孔、铰孔、攻螺纹加工等预先调整好的八角形转台。设在*X*轴向移动的工作台上的驱动单元与八角回转头下部可以连接。

加工时，工件作*Y*坐标进给，八角转台（又称转塔）可作*X*方向进给。当某一工序加工完毕后，工件退回，八角转台转过一个角度，然后工件再作*Y*方向送给或移至预定位置夹紧后，八角转台作*X*方向送给，进行第二工序的加工。当需要对工序相差较大的零件进行加工时，更换八角转台即可。

3)鼓轮式更换主轴箱机床　图4-34为英国KTM公司研制的一种鼓轮式更换主轴箱机床。它是以加工中心为基础，在机床主轴两侧，各配置一个八面鼓轮，安装有不同用途的主轴箱。当某一主轴箱使用完毕后，借助更换主轴箱推杆机构将主轴箱推至鼓轮上的空闲位置，然后根据程序的设定，左或右的鼓轮将所需的主轴箱传至正前方，再由更换主轴箱机构将主轴箱移至立柱的托盘上定位夹紧，并使它与双立柱内主轴箱驱动单元相连接，重复定位精度为13μm。机床的X、Z轴运动由装载工件的工作台实现，而Y轴由主轴箱完成。该机床用于加工汽车备件的FMS中。

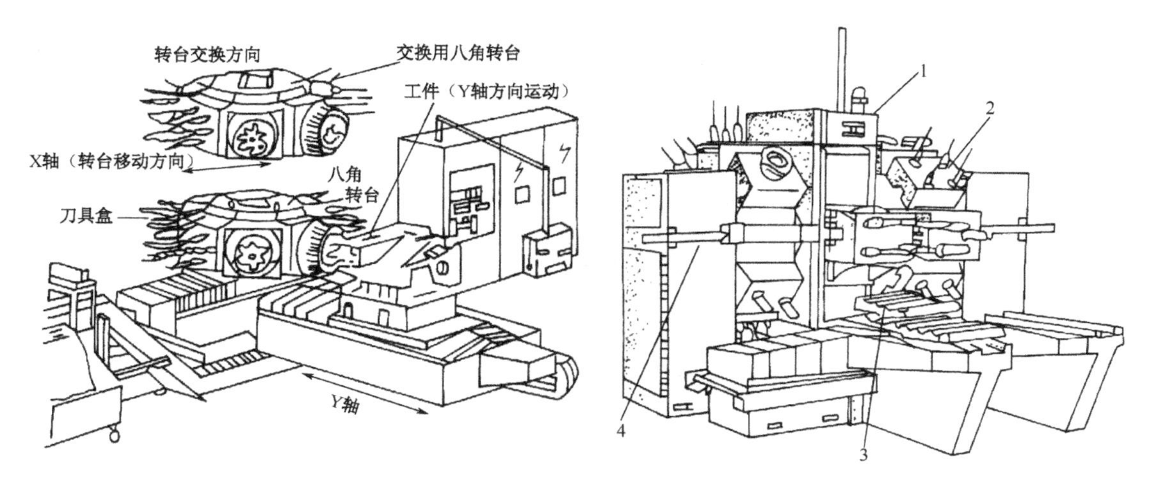

1—立柱；2—多轴交换主轴箱；3—工作台（拖板）；4—往复转动挡杆

图4-33　直线式输送主轴箱更换式机床　　图4-34　鼓轮式更换主轴箱机床

3. 自动上下料装置

在FMS中，自动上下料装置是完成加工设备（加工中心、清洗机等）之间、加工设备与自动化仓库之间等的输送和搬运。通常，工件用夹具安装在托盘上，托盘成为机床的工作台，更换工件则连同托盘一起更换。托盘的式样多种多样，它充当工件和机床之间的接口。在FMS中，所有机床必须接受同一形式的托盘。若在同一系统中，使用不同厂家的机床，必须设计统一标准的接口，以便托盘交换。自动上下料装置通常有托盘交换器（Automated Pallet Changing，APC）、工业机器人（Robot）等。

托盘交换器（APC）是连接FMS加工设备和物料运送系统的桥梁。它不仅起连接作用，还可以作为工件的暂时储存器，当系统阻塞时起到缓冲作用。常见的托盘交换器有以下两种形式。

（1）回转式托盘交换器

回转式托盘交换器通常与分度工作台相似，有两位、四位和多位等形式。多位的托盘交换器可以储存若干个工件，所以也称托盘缓冲站或托盘库。两位回转式托盘交换器如图4-35所示。其上有两条平行的导轨供托盘移动导向用，托盘的移动和交换器回转通常由液压驱动，这种托盘交换器有两个工作装置，机床加工完毕后，交换器从机床的工作台上移出装有工件的托盘，然后旋转180°，将装有待加工零件的托盘再送到机床的加工位置。

（2）往复式托盘交换器

往复式托盘交换器如图4-36所示。它由一个托盘库和一个托盘交换器组成。当机床加工完毕后，工作台横向移动到卸料位置，将装有加工好的工件托盘移至托盘库的空位上；然后工作台横移至装料位置，托盘交换器再将待加工的工件移至工作台上。带有托盘库的交换装置允许在机床前形成不长的排队，起到小型中间储存库的作用，以补偿随机、非同步生产的节拍差异。

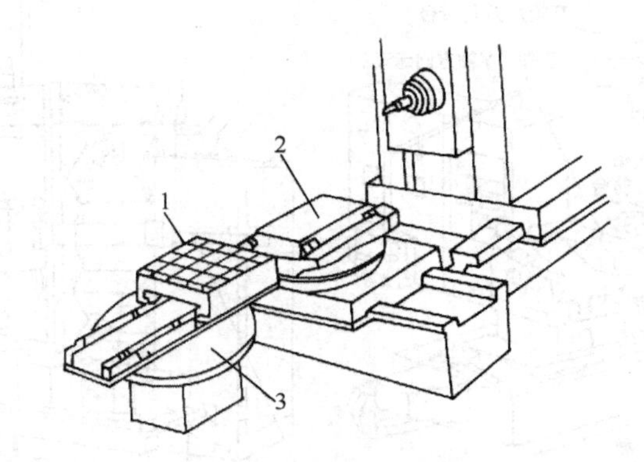

1—托盘；2—托盘固紧装置；3—用于托盘装卸的回转工作台

图4-35　回转式托盘交换器

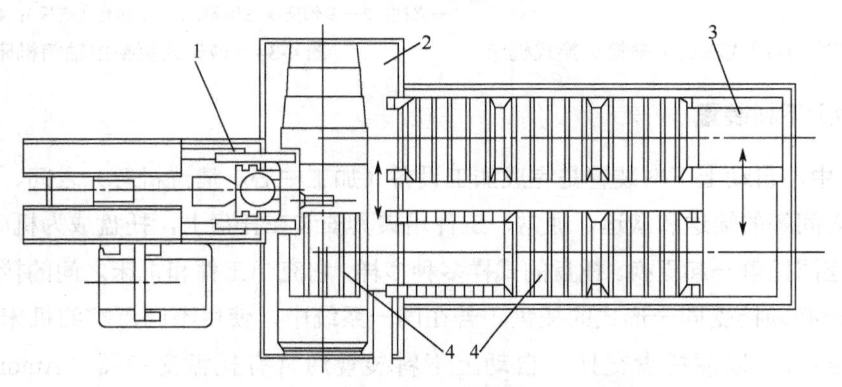

1—加工中心；2—工作台；3—托盘库；4—托盘

图4-36　往复式托盘交换器

三、FMS的物料运储系统

一个工件从毛坯到成品的整个生产过程中，只有相当小的一部分时间是用于机床的切削加工，而大部分时间则消耗于物料的运储过程。在FMS中流动的物料主要有工件、刀具、夹具、切屑及切削液等。物料运储系统是柔性制造系统中的一个重要组成部分。合理地选择 FMS 的物料运储系统，可以大大减少物料的运送时间，提高整个制造系统的柔性和效率。

1. 物料运储系统的组成

FMS 的物料运储系统一般由工件装卸站、托盘缓冲站、物料存储装置和物料运送装置等几个部分组成，主要用来完成工件、刀具、托盘以及其他辅助设备与材料的装卸、储存和运输工作。

（1）工件装卸站

工件装卸站设在 FMS 的入口处，用于完成工件的装卸工作。由于装卸操作比较复杂，通常由人工完成对毛坯和待加工零件的装卸。为了方便工件的传送以及在各台机床上进行准确的定位和夹紧，通常先将工件装夹在专用的夹具中；然后再将夹具夹持在托盘上。这样，完成装夹的工件将与夹具和托盘组合成为一个整体在系统中进行传送。

（2）托盘缓冲站

托盘缓冲站也称为托盘库，是一种待加工零件的中间存储站。由于 FMS 不可能像单一的流水线/自动线那样达到各机床工作站的节拍完全相等，因而避免不了会产生加工工作站前的排队现象，托盘缓冲站正是为此目的而设置的，起着缓冲物料的作用。托盘缓冲站一般设置在加工机床的附近，有环形和往复直线形等多种形式，可存储若干个工件/托盘组合体。若机床发出已准备好接受工件信号时，通过托盘交换器便可将工件从托盘缓冲站送到机床上进行加工。

（3）物料存储装置

由于 FMS 的物料存储装置有下列要求：其自动化机构与整个系统中的物料流动过程的可衔接性；存放物料的尺寸、重量、数量和姿势与系统的匹配性；物料的自动识别、检索方法和计算机控制方法与系统的兼容性；放置方位，占地面积、高度与车间布局的协调性等，所以真正适合用于 FMS 的物料存储装置并不多。目前用于 FMS 的物料存储装置基本上有以下四种（如图 4-37）。

1）自动化仓库系统（也称为立体仓库）。

2）水平回转型自动料架。

3）垂直回转型自动料架。

4）缓冲料架。

自动化仓库系统（Automated Storage and Retrieval System，AS/RS）由库房、堆垛机、控制计算机和物料识别装置等组成。它具有自动化程度高；料位额定存放重量大，常为 1～3 吨，大的可到几十吨；料位空间尺寸大；料位总数量没有严格的限制因素，可根据实际需求扩展；占地面积小等优点，在 FMS 中得到了广泛应用。

（4）物料运送装置

物料运送装置直接担负着工件、刀具以及其他物料的运输，包括物料在加工机床之间、自动仓库与托盘存储站之间以及托盘存储站与机床之间的输送与搬运。FMS 中常见的物料运送装置有传送带、自动运输小车和搬运机器人等。

传送带结构简单，输送量大，多为单向运行，受刚性生产线的影响，在早期的 FMS 中用得较多，一般用于小零件加工系统中的短程传送。传送带分为动力型和无动力型；从结构方式上有辊式、链式、带式之分；从空间位置和输送物料的方式上又有台式和悬挂式之分。用于 FMS 中的传送带通常采用有动力型的电力驱动方式，电动机经减速后带动传送带运行。因传送带占据空间位置大，机械结构易磨损和失灵，而一旦发生故障，整个输送系统都将停止运行，因而传送带在新设计的系统中用得越来越少。

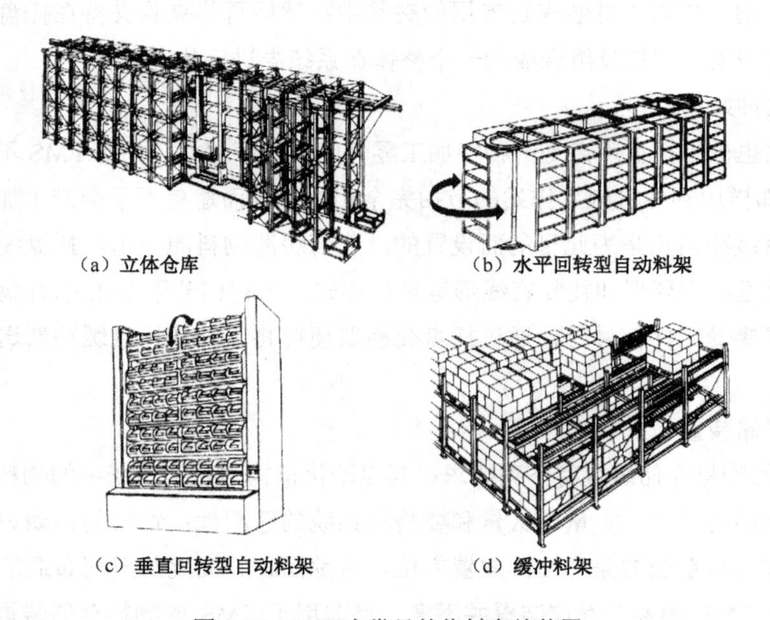

（a）立体仓库　（b）水平回转型自动料架　（c）垂直回转型自动料架　（d）缓冲料架

图 4-37　FMS 中常见的物料存储装置

自动运输小车发展较快，形式也是多种多样，大体上可分成有轨小车和无轨小车两大类。所谓有轨是指有地面或空间的机械式导向轨道。有轨小车有的采用地轨，像火车的铁轨一样，这种结构牢固，承载力大，造价低廉，技术成熟，可靠性好，定位精度高。地面有轨小车多采用直线或环线双向运行，广泛应用于中小规模的箱体类工件 FMS 中；也有的采用天轨（或称为高架轨道），运输小车吊在两条高架轨道上进行移动。这种有轨小车相对于地面有轨小车而言，车间利用率高，结构紧凑，速度高，有利于把人和输送装置的活动范围分开，安全性好，但承载力小。高架有轨小车较多地用于回转体工件或刀具的输送，以及有人工介入的工件安装和产品装配的输送系统中。有轨小车由于需要机械式导轨，其系统的变更性、扩展性和灵活性不够理想。

无轨小车（也称为自动导向小车，Automatic Guided Vehicle，AGV）是一种利用微机控制的，能按照一定的程序自动沿规定的引导路径行驶，并具有停车选择装置、安全保护装置等的输送小车。因为它没有固定式机械轨道，相对于有轨小车而被称为无轨小车。无轨小车因导向方法的不同，又可分为有线导向、光电导向、激光导向和无线电遥控等多种形式。在FMS发展的初期，多采用有轨小车，随着FMS控制技术的成熟，采用自动导向的无轨小车也越来越多。

搬运机器人是FMS中非常重要的一种设备，由于它具有较高的柔性和较强的控制水平，因而搬运机器人已成为FMS中不可缺少的一员。

除了上述三种常用的物料运载装置之外，在FMS中往往还采用如支架式起重机、物料及车等物料运送工具。

2．物料运储系统的形式

物料运储系统是为FMS服务的，它决定着FMS的布局及运行方式。其形式分为以下五种。

（1）直线运输形式

直线运输形式如图4-38（a）所示，运输工具只能沿线路单向移动，顺序地在各个工作站装卸物料。运输工具不能反向移动。

（2）环形运输形式

环形运输形式如图4-38（b）所示，运输工具只能沿环形线路单向移动，顺序到达各个工作站。

（3）带支路的直线运输形式

带支路的直线运输形式如图4-38（c）所示，运输工具具有随机改变运动方向的能力，且包含有支路，运输工具可随机地进入其他的支路。这种运输方式便于实现随机存取，具有较大的柔性。

（4）带支路的环形运输形式

带支路的环形运输形式如图4-38（d）所示，它是以一个环形回路作为基础，含有若干支路。运输工具随机存取。

（5）网络型运输形式

网络型运输形式如图4-38e所示，这种运输形式是随着各类自动导向小车的研制和应用而发展的，由于它在地面布线，输送线路的安排具有很大的柔性，而且机床敞开性好，零件运输灵活高等优点，在中、小批量多品种生产的FMS中应用越来越多。

3．自动化仓库系统

在激烈的市场竞争中，为实现现代化管理、加速资金周转、保证均衡及柔性生产，提出了自动化仓库的概念。在FMS中，以自动化仓库为中心组成一个毛坯、半成品、配套件或成品的自动存储、自动检索系统。在管理信息系统的支持下，实现自动存取。

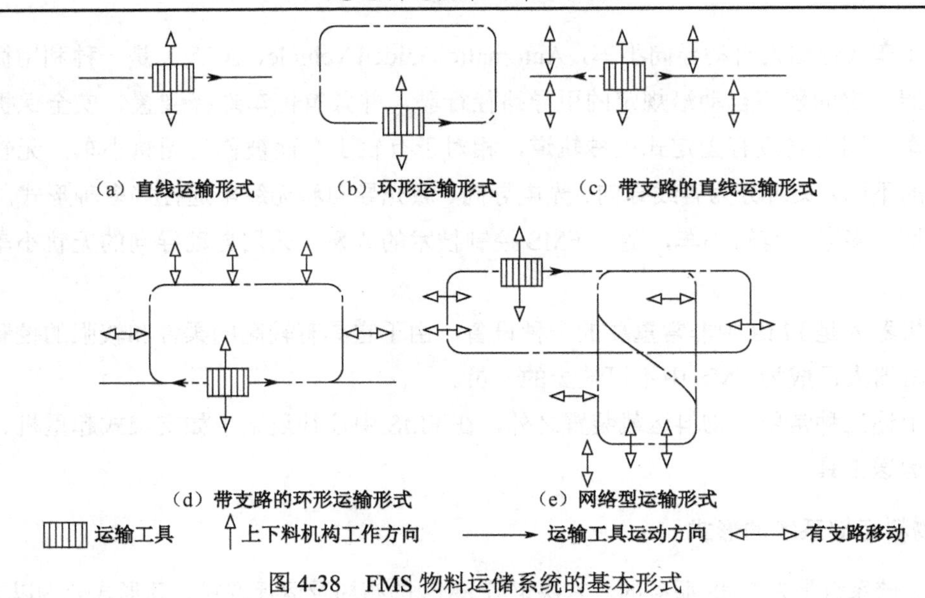

图 4-38 FMS 物料运储系统的基本形式

（1）自动化仓库系统的职能

1）实现物料的自动储存/自动检索

物料的自动储存/自动检索是自动仓库的主要职能，为此它必须有一个能够合理存放物料的场所和一个自动储存/自动检索控制系统。这个控制系统不仅负责仓库的出入库管理，并且能与上层控制系统进行通信联系。一方面面向上层系统报告物料出入库情况，另一方面接受上层控制系统的命令进行物料的出入库操作。

2）形成物料信息网

以自动仓库为源可形成整个 FMS 的物料信息网。所有到达 FMS 的物料，首先要在仓库的自动储存/自动检索系统中进行登记；此后，随着物料的流动处理，生成各种新的物料信息向各个工作站点传输；最后物料以成品入库时，又重新在自动储存/自动检索系统中登记，从而获得物料流中的成品、半成品和废品的全部信息。这些信息可供其他的数据管理系统查询和调用。

3）支持物料需求计划（MRP）的执行

自动储存/自动检索系统不仅仅是一个仓库管理和方便检索的系统，它还具有监督执行物料需求计划的作用，并利用它的完善的管理功能，及时向加工单元供应物料，以使整个 FMS 协调地工作，将生产过程中的停顿现象减小到最低程度，并使库存量保持在一个合理的水平。

（2）自动化仓库系统的组成

自动化仓库系统主要有库房、堆垛起重机、控制计算机、状态检测器等组成。自动化仓库示意图如图 4-39 所示。

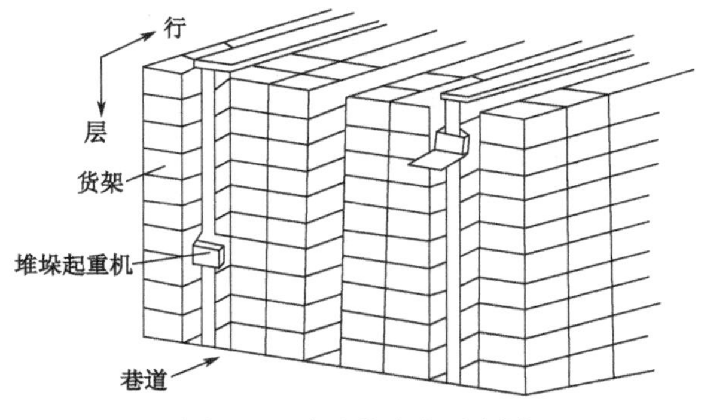

图 4-39　自动化仓库示意图

1）库房　库房由一些货架组成，货架之间留有巷道，根据需要可以有一条或多条巷道，一般情况下入库和出库都布置在巷道的某一端，有时也可以设计成由巷道的两端入库和出库，每个巷道都有自己专有的堆垛起重机，负责物料的存取。

货架的材料一般采用金属结构，货架上的托板有时也可以用木格（仅适用于轻型零件）。

2）堆垛起重机　堆垛起重机一般由托架、升降台、电动机、上下导轨及位置传感器等组成，如图 4-40 所示。

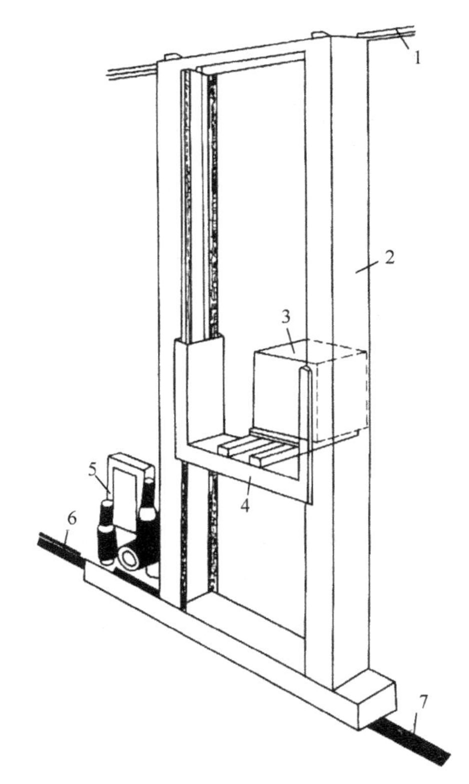

1—顶部导轨；2—支柱；3—物料；4—托架；5—移动电动机；6—定位传感器；7—底部导轨

图 4-40　堆垛起重机结构示意图

堆垛起重机上的电动机带动堆垛起重机移动和托盘的升降，一旦堆垛起重机找到需要的货位，就可以将零件或货箱自动堆入货架，或将零件或货箱从货架中拉出。

堆垛起重机上有检测横向移动和起升高度的传感器，以辨认货位的位置和高度，有时还可以阅读箱内零件的名称以及其他有关零件的信息。

3）计算机控制系统

自动化仓库的计算机控制系统主要担负以下几项工作：信息的输入及预处理，这项工作包括对货箱零件条形码的识别、认址检测器、货格状态检测器输入的信息，以及对这些信息的预处理；自动化仓库各机电设备的计算机控制，它包括堆垛机的计算机控制、入库运输机的计算机控制等；信息的计算机管理，它对全仓库进行物资、账目、货位及其他物料信息的管理。

4. 自动导向小车

自动导向小车（Automatic Guided Vehicle，AGV）是FMS实际工作中广泛使用的运输工具。它具有运行速度快、运载能力强、定位精度高、安全可靠、维修方便等优点。如图4-41所示，AGV的主体是无人驾驶小车，小车的上部为一平台，平台上装备有托盘交换装置，托盘上夹持着夹具和工件。小车的起停、行走和导向均由计算机控制，小车的两端装有自动刹车缓冲器，以防意外。

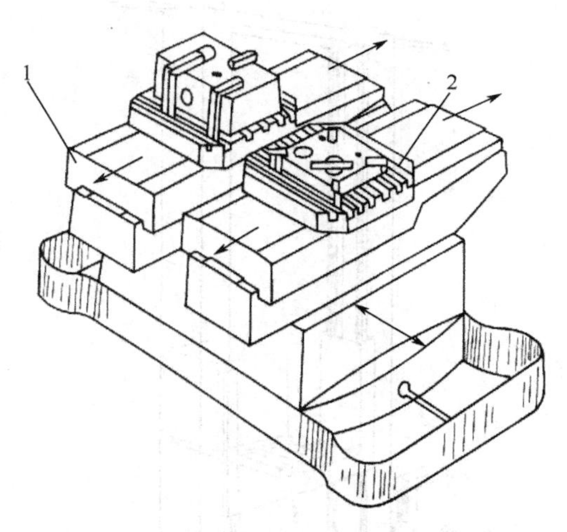

1—托盘装卸机构；2—装夹工件的托盘

图4-41 自动导向小车

自动导向小车的类型有以下几种：

（1）线导小车 线导小车是利用电磁感应制导原理进行导向的，如图4-42所示。小车除有驱动系统以外，在小车前部还装有一对扫描线圈。当埋入地沟内的导线通以低频率变电流时，在导线周围便形成一个环形磁场。当导线从小车前部两个扫描线圈中间通过时，两个扫描线圈中的感应电势相等。当小车偏离轨道时，扫描线圈就会产生感应电动势差，其中势差经过放大后给转向制导电动机，使AGV朝向减少误差的方向偏转，直至电动势差消除为止，从而保证小车始终沿着导线方向进行。

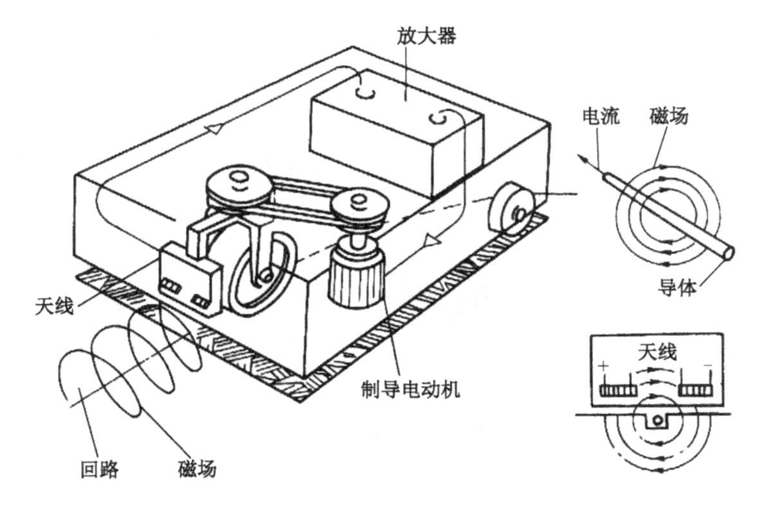

图 4-42　线导小车导向原理示意图

（2）光导小车　光导小车是采用光电制导原理进行导向的，其导向原理如图 4-43 所示。沿小车预定路径在地面上粘贴易反光的反光带（铝带或尼龙带），小车上安装有发光器和受光器。发出的光经反光带反射后由受光器接受，并将该光信号转换成电信号控制小车的舵轮。反光带有连续粘贴和断续粘贴两种方法，FMS 中常采用连续粘贴法。这种制导方式的优点是对于改变小车的预定路径很方便，只要重新粘贴反光带即可，但反光带易污染和破损，对环境的要求比较严格，不适合油雾重、粉尘多、环境差的车间。

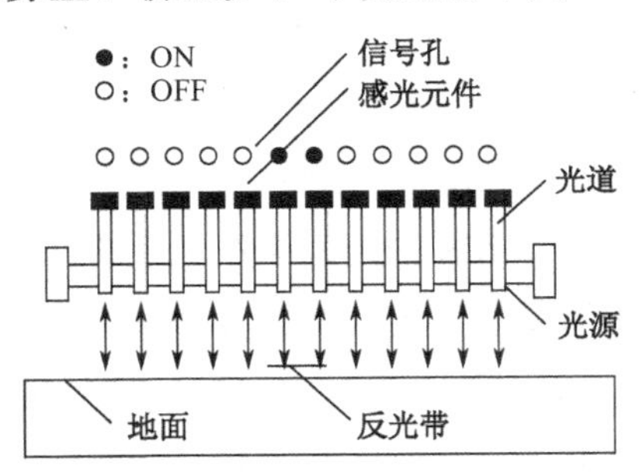

图 4-43　光导小车导向原理示意图

（3）遥控制导小车　这种小车没有传送信息的电缆，而是使用无线电或激光发送和接收设备来传送控制命令和信息。图 4-44 所示为采用激光的遥控制导小车导向原理示意图。在小车的顶部装有一个可沿 360° 按一定频率发射激光的装置，同时在小车运行范围的四周一些固定位置上放置反射镜片。当小车运行时，不断接受到从已知位置反射来的激光束，经过运算后，确定小车的位置，从而实现导航引导。这种小车活动范围和路线基本不受限制，具有柔性度高、扩展性好，对环境要求不高等优点。但其控制系统和操纵系统较为复杂，目前还处于试验研究阶段。

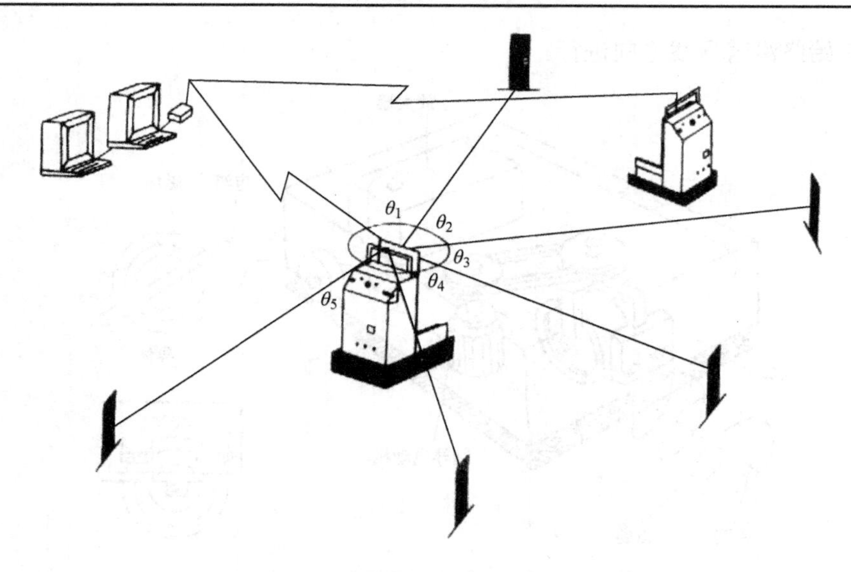

图4-44 遥控制导小车导向原理示意图

四、FMS的刀具管理系统

1. FMS的刀具管理系统的组成

刀具管理系统在FMS中占有重要的地位，其主要职能是负责刀具的运输、存储和管理，适时地向加工单元提供所需的刀具，监控管理刀具的使用，及时取走已报废或耐用度已耗尽的刀具，在保证正常生产的同时，最大限度地降低刀具的成本，刀具管理系统的功能和柔性程度直接影响到整个FMS的柔性和生产率。

典型的FMS的刀具管理系统通常由刀库系统、刀具预调站、刀具装卸站、刀具交换装置以及管理控制刀具流的计算机组成。FMS的刀库系统包括机床刀库和中央刀库两个独立部分，机床刀具库存放加工单元当前所需要的刀具，其刀具容量有限，一般存放 40～120 把刀具；而中央刀具库的容量很大，有些FMS的中央刀库可容纳达数千把各种刀具，可供各个加工单元共享。刀库预调站一般设置在FMS之外，用于对加工中所使用的刀具按规定要求进行预先调整。刀具装卸站是刀具进出FMS的门户，其结构多为框架式，是一种专用的刀具排架。刀具交换装置是一种在刀具装卸站、中央刀具库和机床刀具库之间进行刀具传递和搬运的工具。

刀具交换装置一般由换刀机器人或刀具运送小车来实现其功能。它们负责完成在刀具装卸站、中央刀库以及各加工中心之间的刀具交换。刀具在刀具装卸站上只是暂存一下，根据刀具管理计算机的命令，刀具交换装置将刀具从刀具装卸站搬移到中央刀库，以供加工时调用；同时再根据生产计划和工艺规程的要求，刀具交换装置从中央刀库将各加工中心需求的刀具取出，送至各加工中心的刀库中，准备加工。工件加工完成后，如发现刀具需要刃磨或某些刀具暂时不再使用，根据刀具管理计算机的命令，刀具交换装置再将这些已使用过的刀具从各个加工中心刀库中取出，送回到中央刀库。如有一些需要重磨、需要重新调整以及一些断裂报废的刀具，刀具交换装置可直接将它们送至刀具装卸站进行更换和重磨。

进入 FMS 的刀具需经过一系列准备方可使用。首先由人工将刀具与标准刀柄刀套进行组装，然后在刀具预调站由人工通过对刀及对刀具进行预调，测量有关参数，再将刀具的几何参数、刀具代码以及其他有关信息输入到刀具管理计算机。预调好的刀具，一般是由人工搬运到刀具装卸站，准备进入系统。

2. 刀具交换

（1）加工中心的自动换刀

1）自动换刀装置　自动换刀装置应当满足换刀时间短、刀具重复定位精度高、足够的刀具储存量、刀库占地面积小以及安全可靠等基本要求。机械手是一种最常见的自动换刀装置，因为它灵活性大、换刀时间短。换刀机械手一般具有一个或两个刀具夹持器，因而又可称为单臂式机械手和双臂式机械手。由于双臂式机械手换刀时，可在一只手臂从刀库中取刀的同时，另一只手臂从机床主轴上拔下已用过的刀具，这样既可缩短换刀时间又有利于使机械手保持平衡，所以被广泛采用。常用双臂式机械手的手爪结构形式有钩手、抱手、伸缩手和叉手，如图 4-45 所示。这些机械手都能够完成抓刀、拔刀、回转、换刀以及返回等全部动作过程。有些加工中心为降低成本，不用机械手而是直接利用主轴头的运动机能换刀。

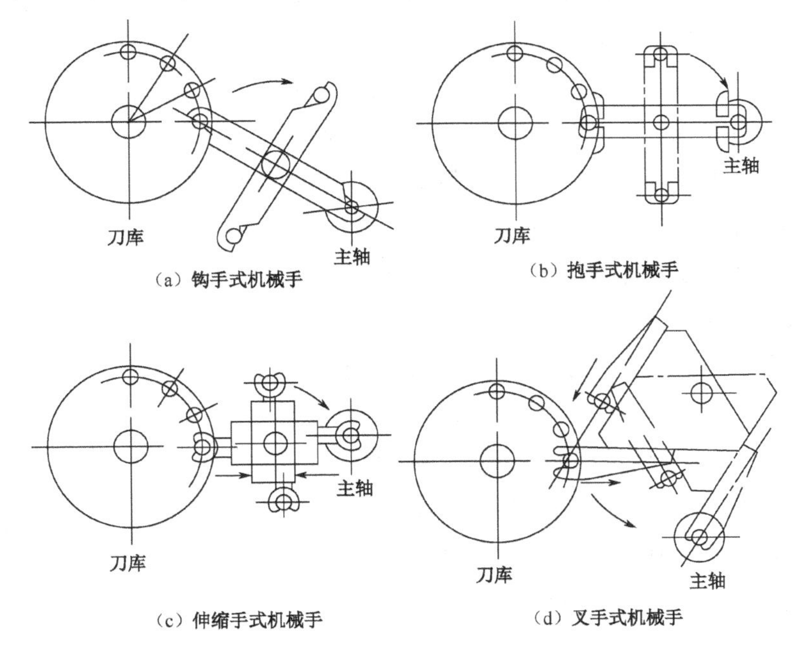

图 4-45　机械手

2）自动换刀方式　常用的加工中心机床自动换刀有以下三种换刀方式。

① 顺序选刀方式。这种方式是将所需使用的刀具按加工顺序，依次放入刀库的每个刀座

内。每次换刀时，刀座按顺序转动一个刀座的位置，并取出所需的刀具。已经使用过的刀具可以放回原来的刀座，也可以顺序放入下一个刀座内。采用这种方式换刀不需要刀具识别装置，而且驱动控制也比较简单，可以直接由刀库的分度机构来实现。它的缺点是刀具在不同工序中不能重复使用，因而必须增加相同刀具的数量和刀库容量；另外装刀顺序不能错，否则将产生严重的事故。这种换刀方式目前已较少使用。

② 刀座编码方式。刀座编码方式是对刀库的刀座进行编码，并将与刀座编码相对应的刀具一一放入指定的刀座中，然后根据刀座编码选取刀具。这种方法可以使刀柄结构简化，刀具识别装置可以放在合适的位置。与顺序选刀方式相比较，其突出的优点是刀具可以在加工过程中重复多次使用。但用完的刀具必须放回原来的刀座内，增加了刀库动作的复杂性。若放错了仍然会造成事故。这种换刀方式使用较普遍。

③ 刀具编码方式。这种方式采用特殊结构的刀柄，并对每把刀具进行编码。换刀时通过编码识别装置，根据数控系统发出的换刀指令代码，在刀库中寻找所需要的刀具。由于每把刀具都有代码，因而刀具可放入刀库中任何一个刀座内，这样不仅刀库中的刀具可以在不同的工序中多次重复使用，而且换下的刀具不必放回原来的刀座。这种装刀换刀方便，刀库容量减小，还可避免因刀具顺序的差错所造成的事故。

（2）刀库

加工中心的刀库有转塔式、链式和盘式等基本类型。

1）转塔式刀库　如图4-46（a）所示，其特点是所有刀具固定在同一转塔上，无换刀臂，储刀数量有限，通常为6～8把，扩展性好、在加工中心上的配置位置灵活，但结构复杂。一般仅用于轻便而简单的机型，常见于车削中心和钻削中心。

2）链式刀库　如图4-46（b）所示，链式刀库储存的刀具数量多，选刀、取刀动作简便，大型刀库通常采用此种方式，一般刀具数在30～120把。当增加链条长度时就可增加刀具数（若链条较长时，则需增加链轮的数目使链条折叠回绕），因此刀库结构有较大的灵活性。

3）盘式刀库　又称斗笠式刀库，这种刀库中的刀具沿盘面垂直排列（包括径向取刀和轴向取刀）、沿盘面径向排列或成锐角排列，刀库结构简单紧凑，应用较多，但刀具单环排列，空间的利用率低，如图4-46（c）所示。如增加刀库容量必须使刀库的外径增大，那么转动惯量也相应增大，选刀运动时间长。刀具数量一般不多于32把。刀具呈多环排列的刀库的空间利用率高，但必然使得取刀机构复杂，适用于机床空间受限制而刀库容量又较大的场合。

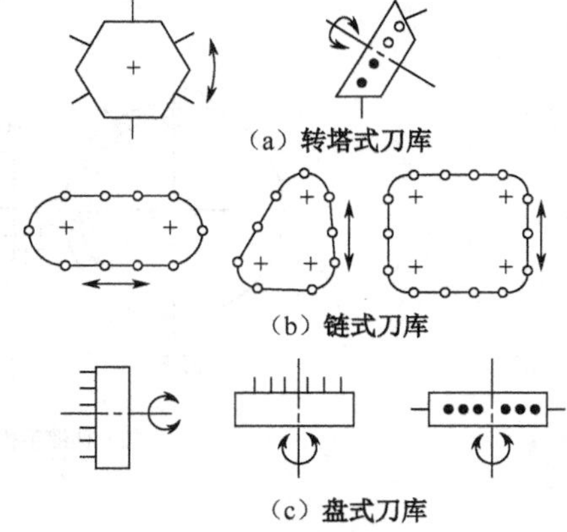

图4-46　加工中心刀库的基本类型

3. 刀具的监控和信息管理

（1）刀具的监控

刀具的监控主要是为了及时了解每时每刻在使用的大量刀具因磨损、破损而发生的性质变化。目前，监控主要从刀具寿命、刀具磨损、刀具破损以及其他形式的刀具故障等方面进行。

刀具寿命是指刀具的耐用度，即刀具在正常情况下，磨损量到达磨钝标准为止的总切削时间。刀具寿命值可以用计算法或试验法求得，求得的寿命值记录在各刀具文件中。当刀具装入机床后，通过计算机监控系统统计各刀具的实际工作时间，并将这个值适时地记录在刀具文件内。当班管理员可通过计算机查询刀具的使用情况，由计算机检索刀具文件，并经过分析向管理员提供刀具使用情况报告，其中包括各机床工作站缺漏刀具表和刀具寿命现状表。管理员根据这些报告，查询有关刀具的供应情况，并决定当前刀具的更换计划。

加工系统的刀具监控分加工前、加工中、加工后三个时间段，如表 4-3 所示。加工前和加工后的监控通常采用离线直接测量法，加工中的监控主要采用在线间接测量法，因而要求检测方法快速、准确、稳定、可靠。

表 4-3　不同时间段的刀具监控方法

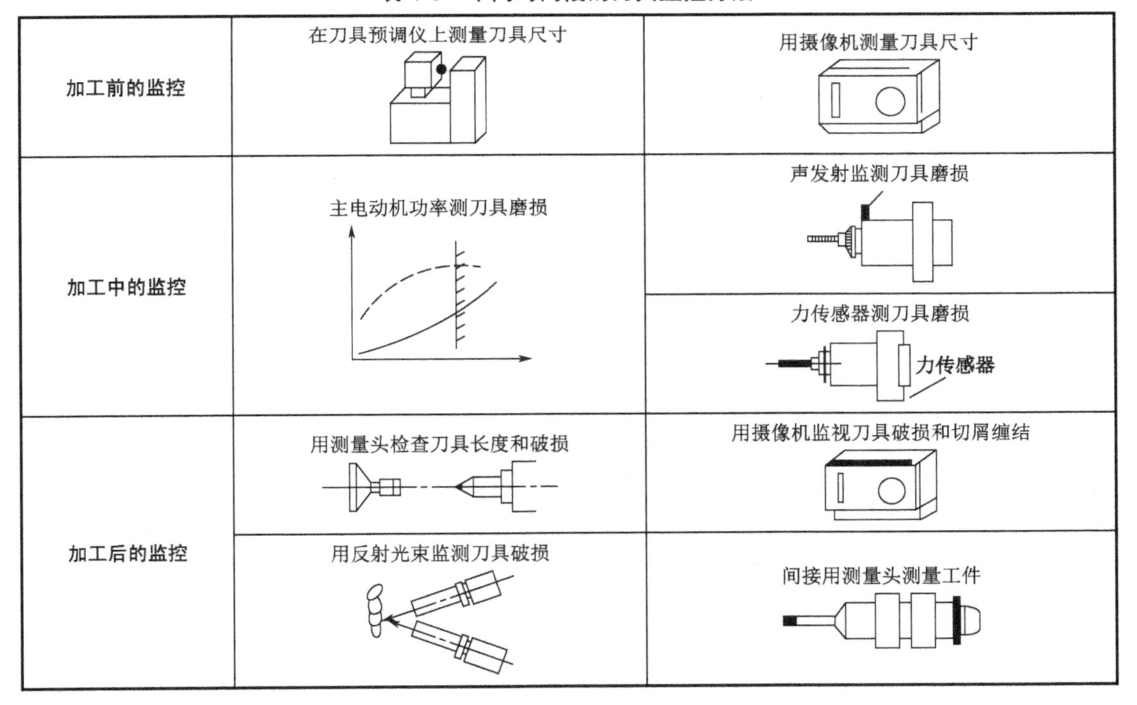

加工前的监控	在刀具预调仪上测量刀具尺寸	用摄像机测量刀具尺寸
加工中的监控	主电动机功率测刀具磨损	声发射监测刀具磨损
		力传感器测刀具磨损（力传感器）
加工后的监控	用测量头检查刀具长度和破损	用摄像机监视刀具破损和切屑缠结
	用反射光束监测刀具破损	间接用测量头测量工件

刀具磨损或破损的监测，需要用专门的监测装置。在 FMS 中有较好发展前景的监测方法有：电动机功率与电流方法、切削力方法、声发射方法和光学方法。电动机功率与电流方法通过检测机床电动机功率或电流的变化来监测刀具的工作状态，已在一些加工中心上应用。其主要优点是传感器的安装简单易行，且可靠性高。切削力方法通过测量切削力信号，对刀具的磨损、破损进行监测，这种监测较直接，但传感器安装困难。声发射方法是利用 AE 传感

器检测刀具破损时释放的弹性波来监测刀具的工作状态，其最大的优点是抗干扰能力较强，受切削参数和刀具几何参数的影响较小，对刀具破损非常敏感。其应用难点在于信息处理方法和传感器的安装。光学方法包括光导纤维、CCD 等多种方法，是借刀具磨损后刀面反光条件的变化来识别刀具的磨损程度的，也可用光电开关检测刀具是否破损。其优点在于可靠性较高，且可以检测磨损量。这种监测方法对刀头清洁状态要求较高。表 4-4 和表 4-5 列出了加工中刀具磨损和破损的主要监测方法。

表 4-4　刀具磨损的监测方法

<table>
<tr><th colspan="2">传感器</th><th>应用场合</th><th>主要特性</th></tr>
<tr><td rowspan="3">直接法</td><td>光学图像法</td><td>砂轮磨损离线或在线非实时监视多种刀具</td><td>分辨率为 0.1～2μm，精度为 1～5μm，正在进一步研究实用化，摄像法较贵</td></tr>
<tr><td>接触</td><td>车削、钻削刀具</td><td>灵敏度为 10μm，提供直接评价，受切屑与切削温度影响，需进一步解决防护问题，有应用前景</td></tr>
<tr><td>放射线法</td><td>各种切削工艺</td><td>灵敏度为 10μm，不受切屑、切削液和切削温度影响，需进一步解决防护问题，有应用前景</td></tr>
<tr><td rowspan="7">间接法</td><td>切削力（扭矩法）</td><td>车、钻、镗削等</td><td>灵敏度为 20～100μm，其中比切削力法与功率谱分析法有应用价值</td></tr>
<tr><td>功率（电流）法</td><td>车、铣、钻削等</td><td>灵敏度低，响应时间较长，易使用</td></tr>
<tr><td>切削温度</td><td>车削</td><td>灵敏度相当低，响应慢，不可用于冷却使用状态，预测无应用前途</td></tr>
<tr><td>刀具工件距离探测法</td><td>车削等</td><td>分辨率为 0.5～2μm,精度为 2～5μm，探测刀具工件间距离变化，多数方法处于实验研究阶段</td></tr>
<tr><td>振动分析法</td><td>车、铣削等</td><td>工作精度主要取决于 DDS 模型阶数，与信号处理有关，经进一步改进有工业应用潜力</td></tr>
<tr><td>声分析法（AE 法、噪声、声振动分析）</td><td>车、铣、钻、拉、镗、攻螺纹等</td><td>已证明，其中声发射（AE）法对车、铣、钻削等刀具磨损灵敏，但尚未建立极度磨损的全部判据，在有限条件下可供工业应用，有应用前景</td></tr>
<tr><td>表面粗糙度法</td><td>车、铣等</td><td>受切屑条件影响，不易实现实时监测</td></tr>
</table>

表 4-5　刀具破损的主要监测方法

<table>
<tr><th colspan="2">传感参数</th><th>传感原理</th><th>传感器</th><th>主要特性</th></tr>
<tr><td rowspan="2">直接法</td><td>光学图像</td><td>光反射、折射、傅氏传递函数变换，TV 摄像</td><td>光敏、激光、光纤光学传感器，CCD 或摄像管</td><td>可提供直观图像，结果较精确，受切削条件影响，不易实现实时监控，正在进行实用化开发</td></tr>
<tr><td>接触</td><td>电阻变化
开关量
磁力线变化</td><td>电阻片，印刷电阻电路，开关电路，磁间隙传感器</td><td>简便，受切削温度、切削力和切削变化影响；不能实时监视；尚待解决可靠性问题</td></tr>
<tr><td rowspan="3">间接法</td><td>切削力</td><td>切削力变化量
切削分为比率</td><td>应变片，动态应变仪，力传感器</td><td>灵敏，但动态应变仪难装于机床上；简便，有商品供应，识别的主要障碍是阈值的确定</td></tr>
<tr><td>扭矩</td><td>主电动机，主轴或进给系统扭矩</td><td>应变片，电流表等</td><td>成本低，易使用，已实用，对大钻头破损（折断）探测有效，灵敏度不高</td></tr>
<tr><td>功率</td><td>主电动机或进给电动机功率消耗</td><td>互感器或功率表</td><td>成本低，易使用，灵敏度不高，有商品供应</td></tr>
</table>

续表

传感参数		传感原理	传感器	主要特性
间接法	振动	切削过程振动及其变化	加速度计，振动传感器	灵敏，有应用前途和工业使用潜力
	超声波	接受主动发射超声波的反射波	超声波换能器与接收器	可实现扭矩限制，但受切削振动变化的影响，处于研究阶段
	噪声	切削区环境噪声探测分析	麦克风	可进行切削状态、刀具破损探测，但尚处于研究阶段
	声发射（AE）	刀具破损时发生的AE信号特征分析	声发射传感器	灵敏，实时，使用方便，成本适中，是最有希望的刀具破损探测方法，小量供应市场，有较广泛的工业应用潜力

（2）刀具的信息管理

由于FMS中所使用的刀具品种多、数量大、规格型号不一，所以涉及的信息量较大。所有这些刀具信息需要集中统一地加以管理，才能有序地为FMS正常生产服务。

FMS中的刀具信息可以分为动态信息和静态信息两个部分。所谓动态信息是指在使用过程中不断变化的一些刀具参数，如刀具寿命、工作直径、工作长度以及参与切削加工的其他几何参数。这些信息随加工过程的延续，不断发生变化，直接反映了刀具使用时间的长短、磨损量的大小、对工件加工精度和表面质量的影响。而静态信息是一些加工过程中固定不变的信息，如刀具的编码、类型、属性、几何形状以及一些结构参数等。

为了便于刀具信息的输入、检索、修改和输出控制，FMS以数据库形式对刀具信息进行集中的管理，其数据库模式通常采用层次式结构。按照刀具信息的性质和组成特点，将它分为四个不同的层次，每一层次都是由若干个数据文件组成，如图4-47所示。

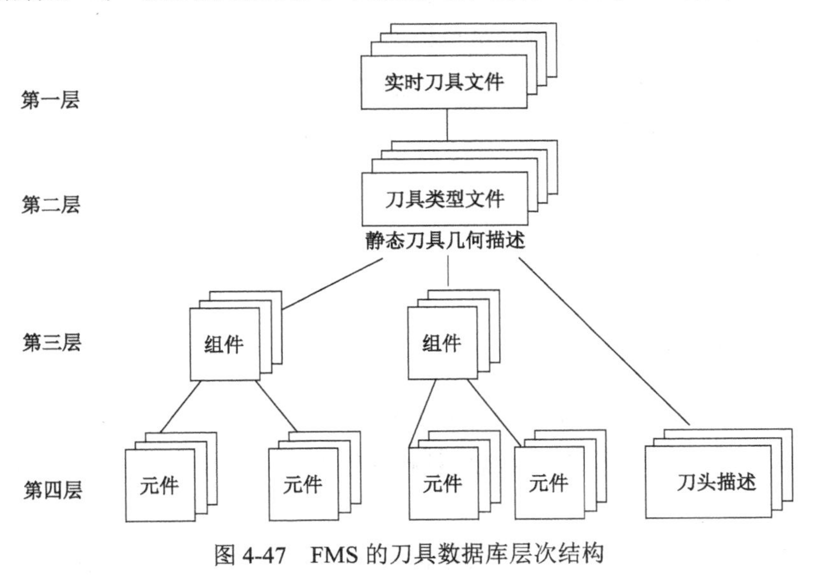

图4-47　FMS的刀具数据库层次结构

第一层为刀具的实时动态信息。它由一系列实时数据文件组成。每一把投入使用的刀具都有一个相应的文件进行描述。在每个文件中，除了标识符（刀具名）之外，均为刀具的实时动态数据，包括刀具几何尺寸、工作长度、工作直径和刀具寿命等。例如：固定直径铣刀的几何尺寸主要为刀具长度和刀尖圆弧半径，它是在刀具调整刃磨时产生的，每次刃磨后都可能发生变化，其数值由刀具调整员输入计算机。而刀具寿命值则随机床加工过程而发生变化。

第二层为静态的刀具类型文件。它提供了一般性的刀具几何描述，如刀具的元件组成、结构参数等。这一层的刀具类型文件既能表示刀具数据库中存在的刀具，又能表示利用相关的组件和元件需要进行装配的刀具。当刀具管理员接受到刀具装配指令后，将按刀具类型文件中所描述的刀具结构组成组装所需要的刀具。

该层次的数据文件与第一层刀具文件的重要区别是：① 第一层实时动态刀具文件描述的是实际投入FMS使用的刀具，而第二层刀具类型文件描述的是数据库中可提供使用的刀具。② 在第二层中，若同一刀具类型有若干把，仅需编制一个类型文件；而在第一层中，每把刀具均需编制一个实时动态文件。

第三、四层分别为刀具组件和元件文件。它们为刀具的组装提供了必要的描述信息。

刀具数据库的四层次结构形式给刀具的信息管理带来了很大的方便，简化了数据处理工作。例如，对整把刀具的描述，只需将组件和元件逻辑地连接在一起；分开来可方便地检索有关刀具的组件和元件的详细信息；对于实际投入使用的刀具，仅需在第一层次便可快速地获取各刀具的各种动态数据。

上述的刀具信息除了为刀具管理服务之外，还可作为信息源，向实时过程控制系统、生产调度系统、库存管理系统、物料采购和订货系统、刀具装配站、刀具维修站等部门提供有价值的信息和资料。例如：刀具装配人员可根据刀具类型文件所描述的刀具组成进行所需刀具的装配；采购人员可根据组件和元件文件所描述的规格标准进行采购；生产调度系统可根据刀具实时动态文件，了解FMS中拥有的刀具类型、位置分布以及刀具的使用寿命，合理地进行生产的管理和调度。

五、FMS的控制系统

1．控制系统的结构

FMS的控制系统是FMS的核心，负责控制整个系统协调、优化、高效地运行。由于FMS是一个复杂的自动化集成体，其控制系统的结构和性能直接影响整个FMS的柔性、可靠性和自动化程度。

FMS的控制系统通常采用递阶控制的结构形式，即通过对系统的控制功能进行正确、合理的分解，划分成若干层次，各层次分别进行独立处理，完成各自的功能，层与层之间在网络和数据库的支持下，保持信息交换，上层向下层发送命令，下层向上层回送命令的执行结果。通过信息联系，构成完整的系统，以减少全局控制的难度和控制软件开发的难度。FMS 的递阶控制结构一般采用三层，其参考模型如图 4-48 所示。

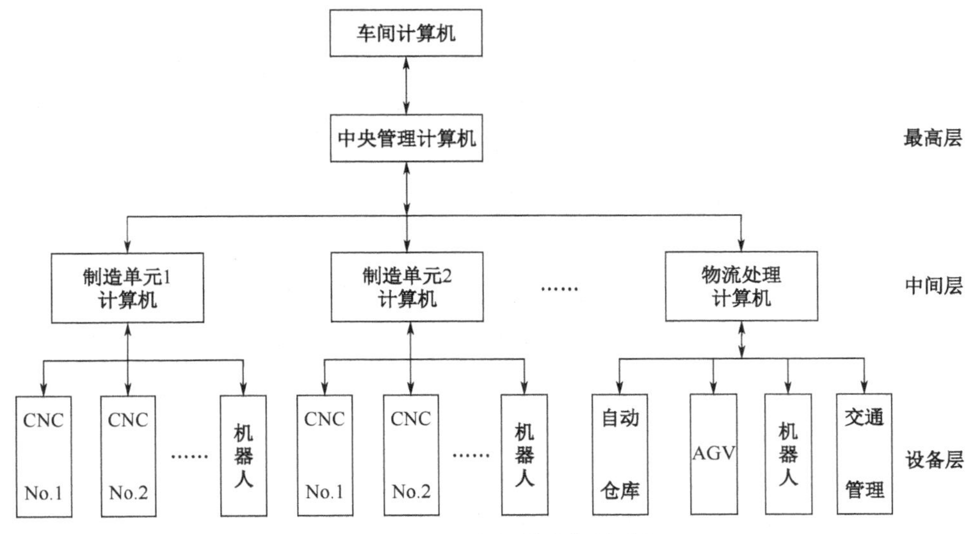

图 4-48　FMS 多级递阶控制系统

第一层为系统管理与控制层（中央管理计算机），这是 FMS 的全部生产活动的总体控制系统。它完成按上级下达的计划制订系统内的作业计划，实时分配作业任务到各工作站、点，监控作业任务的执行状况，协调各部门与 FMS 的工作及相互支援等，起承上启下、沟通与上级（车间级）控制系统联系的桥梁作用。

第二层是过程协调与监控层，它将来自中央计算机的数据和任务分送到底层的各个 CNC 装置和其他控制装置上去，并协调底层的工作。完成各设备间的交换和系统运行状态的监视与控制、加工程序的分配以及工况和设备运行数据的采集与向上级控制器的报告等。现场操作人员主要通过该层界面实现整个系统的实时运控与现场调度。

第三层是设备控制层。它由加工机床、机器人、AGV、自动化仓库等设备的 CNC 装置和 PLC 逻辑控制装置组成。它直接控制各类加工设备和物料系统的自动工作循环，接受和执行上级系统的控制指令，并向上级系统反馈现场数据和控制信息。

在上述三级递阶控制结构中，每层的信息流都是双向流动的：向下可下达控制指令，分配控制任务，监控下层的作业过程；向上可反馈控制状态，报告现场生产数据。然而，在控制的实时性和处理信息量方面，各层控制计算机是有所区别的：愈往底层，其控制的实时性要求愈高，而处理的信息量则愈小；愈到上层，其处理信息量愈大，而对实时性要求则愈小。

2．控制系统的任务

FMS 的控制系统是一种层次式控制结构，各层计算机相互通信、相互协同地工作，但又分担着各自不同的任务。

（1）中央管理计算机

中央管理计算机主要是负责全面的管理工作和支持FMS按计划的调度和控制。它通过如下的三个方面与下层系统进行连接：

1）控制系统方面　主要用来向下层实时地发送控制命令和分配数据。为了支持控制系统的工作，FMS的中央计算机能够接受它上层计算机所提供的工艺过程设计、NC零件程序、工时标准以及生产计划和调度信息，及时合理地向它下层系统分配任务、发送控制指令。

2）监控系统方面　主要用来实时采集现场工况，把收集的信息看作系统的反馈信号，以它们为基础作出决策，控制被监控的过程。

3）监测系统方面　主要用来观察系统的运行情况，将所收到的信息登录备用，计算机将利用这些信息定期打印报告，供决策系统检索。例如，定期登录刀具寿命值作为刀具管理的基本信息；在线工况监测，有规律地连续收集和解释关键性元件和设备的运行状态，用这些信息预测故障的地点和原因。

中央管理计算机可在监控、监测系统的基础上，对FMS的短期生产计划和调度计划作出决策。例如，可根据系统生产能力和设备、工具等现有条件，以数天或数周为计划周期，计算最佳的生产批量，将零件以合理的批量分批组织生产；可根据生产现场工况，选择最佳工艺路线，制订调度计划。

（2）工作站层计算机

这层计算机主要是协调各种设备的操作。它需要作出如下的决策：零件的工艺路线；物料的运送，如工件该送到哪一个加工单元，派小车到何处拣取加工好的工件等；程序和命令的分配；刀具的管理；对异常事件的反应等。

（3）设备层计算机

该层计算机的任务是执行各种操作。系统中的主要设备是由CNC系统控制的，只要下达的程序和命令没有差错，所有设备都能按照指令完成规定的操作。这一级控制系统要完成的主要操作任务有：接收程序和命令；接受调度命令，运输物料；各类工作站设备按程序执行操作；为下一步操作准备刀夹具或更换已磨损的刀具；传感器信息采样，部分采样信息作为CNC系统的反馈信息，其他送往上层计算机。

复习思考题

1．工业机器人由哪几部分组成？工业机器人具有什么特点？

2．工业机器人的类型及基本参数与性能指标有哪些？

3．如何正确理解机器人的工作空间？

4．工业机器人的驱动系统有哪几种基本类型？各有何特点？

5．简述 FMS 的定义。

6．FMS 由哪几部分组成？各有什么作用？

7．FMS 的类型有哪些？各有何特点？

8．如何选择加工设备？

9．主轴箱更换式机床有哪些类型？

10．常见的托盘交换器（APC）有哪几种形式？简述其工作过程。

11．物料运储系统的作用是什么？由哪几部分组成？

12．物料运储系统有哪些形式？各有何特点？

13．自动导向小车（AGV）有哪些特点？有哪些类型？并简述其中一种类型的工作原理。

14．自动换刀有哪几种方式？加工中心的刀库有哪几种类型？各有何特点？

15．对刀具进行监测的目的是什么？加工中刀具磨损和破损的主要监测方法有哪些？

16．FMS 的控制系统是一个多级递阶控制系统，简述各级的作用。

第五章　先进制造生产模式

先进制造生产模式是应用与推广先进制造技术的组织形式。本章首先阐述了先进制造生产模式的本质、创立基点和战略目标，然后介绍了目前几种比较典型的先进制造生产模式：计算机集成制造、敏捷制造、智能制造、绿色制造、绿色制造、虚拟制造和精良生产。

第一节　概述

一、先进制造生产模式的本质和创立基点

1．先进制造生产模式的本质

先进制造生产模式的本质就是集成经营。集成经营是在新的市场环境下，将企业经营所涉及的各种资源、过程与组织进行一体化的并行处理。通过集成使企业获得精细、敏捷、优质与高效的特征，以适应环境变化对质量、成本、服务及速度的新要求。

2．先进制造生产模式的创立基点

联合国在关于 20 世纪 50 年代西欧经济增长的决定因素的报告中，首次指出并分析了技术、组织、人因三种资源对企业经营的关键作用。事实上，技术、组织与人因三大资源集成构成了现代企业制造生产方式的基石。以此为基石的关键性支撑模式，目前普遍受重视的主要有三类：智能制造与柔性生产；精良生产；敏捷制造。为能实现制造企业的战略目标，制造企业采用先进制造生产模式可从几种途径入手：制造技术、人的作用和制造组织；所依赖的手段主要是投资和创新。从图 5-1 可以看出它们的特点与区别。

基于投资	柔性生产和智能制造		敏捷制造（外部环境）
基于创新		精良生产	敏捷制造（制造系统）

图 5-1　先进制造生产模式创立的基点与途径

二、先进生产模式的战略目标

1．获取生产有效性为首要目标。卖方市场的特征使大批量制造生产模式的生产有效性成为既定满足的条件，致力于生产效率的提高成为了大批量制造生产模式的中心任务。当今复杂多变的市场环境，特别是消费者需求的主体化与多样化倾向使得制造生产的有效性问题突出。先进制造生产模式必须将生产有效性置于首位，由此导致制造价值定向（从面向产品到面向客户）、制造战略重点（从成本、质量到时间）、制造原则（从分工到集成）、制造指导思想（从技术主导到组织创新和人因发挥）等一系列的变化。

2．以制造资源集成为基本制造原则。制造是一种多人协作的生产过程，这就决定了“分工”与“集成”是一对相互依存的组织制造的基本形式。制造分工与专业化可大大提高生产效率，但同时却造成了制造资源（技术、组织和人员）的严重割裂，前者曾使大批量生产模式获得过巨大成功，而后者则使大批量生产模式在新的市场环境下陷入困境。

3．经济性源于制造资源的快速有效集成。经济性是任何一种制造活动都要追求的主要目标。先进制造生产模式的经济性体现在制造资源快速有效集成所表现出的制造技术的充分运用、各种形式浪费的减少、人的积极性的发挥、供货时间的缩短和顾客满意度的提高等。

4．着眼于组织创新和人因发挥。与以技术为主导的大量制造生产模式不同的是，先进制造生产模式更强调组织和人因的作用。技术、人因和组织是制造生产中不可缺少的三大必备资源。技术作为用于实际目的的知识体系，它本身就源于人的实践活动，也只有通过被人所掌握与应用才能发挥其作用。而在制造活动中人的行为又受到他所在组织的影响、诱导、制约和激励。所以制造技术的有效应用有赖于人的主动积极性，而人因的发挥在很大程度上取决于组织的作用。

5．重视发挥新技术和计算机信息的作用。抓住计算机发展和应用提供的契机，以新技术（CAD、CAM、CAE、CAID、CAPP、CE、FMS 等）、全面质量管理以及计算机网络作为工具和手段，将这些先进的技术与组织变革和人因改善有效集成起来，便可发挥巨大潜能。

第二节　计算机集成制造系统（CIMS）

一、CIMS 的基本概念及其发展概况

1．CIM 和 CIMS 的概念

20 世纪 70 年代中期，随着市场的逐步全球化，市场竞争不断加剧，给制造企业带来了巨大的压力，迫使这类企业纷纷寻求并采取有效方法，以使具有更高性能、更高可靠性、更低

成本的产品尽快地推广到市场中去，提高市场占有率。而另一方面，计算机技术有了飞速的发展，并不断应用于工业领域中，这就为计算机集成制造（Computer Integrated Manufacturing，CIM）的产生奠定了技术上的基础。

计算机集成制造（CIM）的概念是1974年首先由美国约瑟夫·哈林顿（Joseph Harrington）博士在《Computer Integrated Manufacturing》一书中提出的，他的基本观点为：一是企业的各个生产环节是一个不可分隔的整体，需要统一考虑；二是整个生产制造过程实质上是对信息的采集、传递和加工处理的过程，最终形成的产品可看作是信息的物质表现。

这一观点提出以后，已被越来越多的人所接受，CIM 概念得到不断地丰富和发展。虽然至今对 CIM 尚无一个权威性的定义，但就集成而言可将之定义为：CIM 是一种组织、管理、企业生产的新哲理，它借助计算机软硬件，综合应用现代管理技术、制造技术、信息技术、自动化技术、系统技术，将企业生产全部过程中有关人、技术、经营管理三要素及其信息流与物质流有机地集成并优化运行，以实现产品的高质量、低成本、交货期短，提高企业对市场变化的应变能力和综合竞争能力。

当前，CIM 被认为是企业用来组织生产的先进哲理和方法，是企业增强自身竞争能力的主要手段。在集成的环境下，生产企业通过连续不断地改进和完善，消除存在的薄弱环节，将合适的先进技术应用于企业内的所有生产活动，为企业提供竞争的杠杆，从而提高企业的竞争能力。

CIMS 是在 CIM 哲理指导下建立的人机系统，是一种新型制造模式。它从企业的经营战略目标出发，将传统的制造技术与现代信息技术、管理技术、自动化技术、系统工程技术等有机结合，将产品从创意策划、设计、制造、储运、营销到售后服务全过程中有关的人和组织、经营管理和技术三要素有机结合起来，使制造系统中的各种活动、信息有机集成并优化运行，以达到降低成本 C（Cost）、提高质量 Q（Quality）、缩短交货周期 T（Time）等目的，从而提高企业的创新设计能力和市场竞争力。

2. CIMS 产生的背景

20 世纪 50 年代，随着控制论、电子技术、计算机技术的发展，工厂中开始出现各种自动化设备和计算机辅助系统。如20世纪50年代初期开始出现的数控机床，20世纪60年代开始有的计算机辅助设计（CAD）、计算机数控（CNC）、计算机辅助制造（CAM）；20 世纪 60—70 年代之间，计算机技术快速发展，工作站、小型计算机等开始大量进入到工程设计中，开始了CAD/CAM，计算机仿真等工程应用系统；从20世纪70年代开始，计算机逐步进入到了上层管理领域，开始出现了管理信息系统（MIS）、物料需求计划（MRP）、制造资源计划（MRP－II）等概念和管理系统。但是这些新技术的实施并没有带来人们曾经预测的巨大效益，原因是它们离散地分布在制造业的各个子系统中，只能使局部达到自动控制和最优化，不能使整个生产过程长期在最优化状态下运行。与此同时，由于经济、技术、自然和社会环境等因素的影响，作为国家国民经济的主要支柱的制造业已进入到一个巨大的变革时期，主要表现在：① 生产能力在世界范围内的提高和扩散形成了全球性的竞争格局；② 先进生产技术的出现正急剧地改变着现代制造业的产品结构和生产过程；③传统的管理、劳动方式、组织结构和决策方法受到社会和市场的挑战。因此，采用先进制造体系便成为制造业发展的客观要求。

CIM 理念产生于 20 世纪 70 年代，但基于 CIM 理念的 CIMS 在 20 世纪 80 年代中期才开始重视并大规模实施，其原因是 20 世纪 70 年代的美国产业政策中过分夸大了第三产业的作用，而将制造业，特别是传统产业，贬低为“夕阳工业”，这导致美国制造业优势的急剧衰退，并在 20 世纪 80 年代初开始的世界性的石油危机中暴露无遗，此时，美国才开始重视并决心用其信息技术的优势夺回制造业的霸主地位。于是美国及其他各国纷纷制订并执行发展计划。自此，CIMS 的理念、技术也随之有了很大的发展。

近年来，制造业间的竞争日趋激烈。制造业市场已从传统的“相对稳定”逐步演变成“动态多变”的局面，其竞争的范围也从局部地区扩展到全球范围。制造企业间激烈竞争的核心是产品。回顾历史，随着时代的变迁，产品间竞争的要素不断随之演变。在早期，产品竞争要素是成本（Cost），20 世纪 70 年代增加了质量（Quality），20 世纪 80 年代增加了交货期（Time to Market），20 世纪 90 年代又增加了服务（Service）和环境清洁，进入 21 世纪后又增加了“知识创新”这一关键因素。另一方面，必须指出，当今世界已步入信息时代并迈向知识经济时代，以信息为主导的高新技术也为制造技术的发展提供了极大的支持。上述两种力量推动了制造业发生着深刻的变革，信息时代的“现代制造技术”及其产业应运而生，其中，CIMS 技术及其产业正是其重要的组成部分。

3. CIMS 的发展概况

系统集成优化是 CIMS 技术与应用的核心技术，因此我们认为，可将 CIMS 技术的发展从系统集成优化发展的角度来划分为三个阶段：信息集成、过程集成、企业集成，由此产生了并行工程、敏捷制造、虚拟制造等新的生产模式（如图 5-2 所示）。

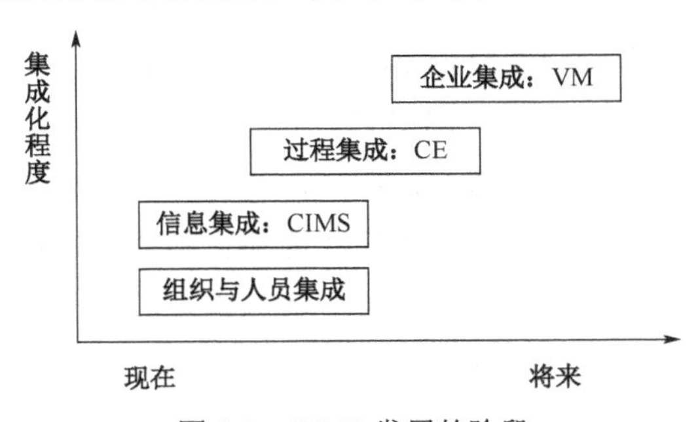

图 5-2　CIMS 发展的阶段

（1）信息集成

针对在设计、管理和加工制造中大量存在的自动化孤岛，解决其信息的正确、高效的共享和交换，是改善企业技术和管理水平必须首先解决的。信息集成是改善企业时间（T）、质量（Q）、成本（C）、服务（S）所必需的，其主要内容有：

1）企业建模、系统设计方法、软件工具和规范　这是系统总体设计的基础。没有企业的模型就很难科学地分析和综合企业各部分的功能关系、信息关系以至动态关系。企业建模及设计方法解决了一个制造企业的物流、信息流，以至资金流、决策流的关系，这是企业信息集成的基础。

2）异构环境下的信息集成　所谓异构是指系统中包含了不同的操作系统、控制系统、数据库及应用软件。如果各个部分的信息不能自动地交换，则很难保证信息传送和交换的效率和质量。异构信息集成主要解决以下三个问题：① 不同通信协议的共存及向 ISO/OSI 的过渡；② 不同数据库的相互访问；③ 不同商用应用软件的接口。

早期信息集成的实现方法主要通过局域网和数据库来实现。近期采用企业网、外联网、产品数据管理（PDM）、集成平台和框架技术来实施。值得指出的是，基于面向对象技术、软构件技术和 WEB 技术的集成框架已成为系统信息集成的重要支撑工具。

（2）过程集成

企业为了改善产品的 T、Q、C、S，除了信息集成这一技术手段之外，还可以对过程进行重构。传统的产品开发模式采用串行产品开发流程、设计与加工生产是两个独立的功能部门，往往造成产品开发过程经常反复，这无疑使产品开发周期变长，成本增加。如果对产品开发设计中的各个串行过程尽可能多地转变为并行过程，在早期设计阶段采用 CAX、DFX 工具考虑可制造性（DFM）、可装配性（DFA），考虑质量（质量功能分配），则可以减少反复，缩短开发时间。并行工程便是基于这一思想的一种技术。

（3）企业集成

企业要提高自身的市场竞争力，不能走“小而全”“大而全”的封建庄园经济的道路，而必须面对全球经济、全球制造的新形势，充分利用全球的制造资源（包括智力资源），更快、更好、更省地响应市场，这便是敏捷制造的由来。敏捷制造的组织形式是企业针对某一特定产品，建立企业动态联盟（即所谓虚拟企业，Virtual Enterprise）。

从组织层面上说，敏捷制造提倡“扁平式”企业，提倡企业动态联盟。产品型企业应该是“两头大、中间小”，即强大的新产品设计、开发能力和强大的市场开拓能力。“中间小”指加工制造的设备能力可以小。多数零部件可以靠协作解决，这样企业可以在全球采购价格最便宜、质量最好的零部件。这是企业优化经营的体现。因此企业间的集成是企业优化的新台阶。传统企业的弊端恰恰是“两头小、中间大”，即薄弱的产品开发及市场开拓，这是计划经济的必然产物。企业的技术改造总是放在更新和加强基础设备上，这类企业，一旦产品不适合市场，又无能力去很快适应市场，购置的设备就变成了企业的大包袱，企业会很快陷入困境。因此，克服传统的技术改造观念是很重要的，有现实意义的。

企业间集成的关键技术包括信息集成技术，并行工程的关键技术，虚拟制造，支持敏捷工程的使能技术系统，基于网络（如 Internet/Intranet/Extranet）的敏捷制造，以及资源优化（如 ERP、供应链、电子商务）。

4．CIMS 发展趋势

综合目前 CIMS 的发展情况，其发展趋势可总结如下。

（1）集成化。从当前企业内部的信息集成和功能集成，发展到过程集成（以并行工程为代表），并正在步入实现企业间集成的阶段（以敏捷制造为代表）。

（2）数字化/虚拟化。从产品的数字化设计开始，发展到产品全生命周期中各类活动、设备及实体的数字化。在数字化基础上，虚拟化技术正在迅速发展，主要包括虚拟现实应用、虚拟产品开发和虚拟制造。

（3）网络化。从基于局域网发展到基于 Intranet/Extranet/Internet 的分布式网络制造，以支持全球制造策略的实现。

（4）柔性化。正积极研究发展企业间动态联盟技术、敏捷设计生产技术、可重组技术等，以实现敏捷制造。

（5）智能化。智能化是制造系统在柔性化和集成化基础上进一步的发展与延伸，引入各类人工智能和智能控制技术，实现具有自律、分布、智能、敏捷等特点的新一代制造系统。

（6）绿色化。包括绿色制造、环境意识的设计与制造、生态工厂、清洁化生产等，它是全球可持续发展战略在制造业中的体现，是摆在现代制造业面前的一个崭新课题。

二、CIMS 的基本组成、体系结构及其关键技术

1．CIMS 的基本组成

CIMS 是一个大型的复杂系统，包括人、经营、技术三要素，三要素之间的关系如图 5-3 所示。

其中人包括组织机构及其成员，经营包括目标和经营过程，技术包括信息技术和基础结构（设备、通信系统、运输系统等使用的各种技术）。在三要素的相交部分需解决四类集成问题：① 使用技术以支持经营；② 使用技术以支持人员工作；③ 设置人员协调工作以支持经营活动；④ 统一管理并实现经营、人员、技术的集成优化运行。目前，CIMS 并不过分强调物流自动化，而是侧重于以人为中心的适度自动化，即强调人、经营、技术三者的有机集成，充分发挥人的作用。

从系统的功能角度考虑，一般认为 CIMS 可由管理信息系统、工程设计系统、制造自动化系统和质量保证系统四个功能分系统，以及计算机通讯网络和数据库两个支撑分系统组成（如图 5-4 所示）。然而，这并不意味着任何一个工厂企业在实施 CIMS 时都必须同时实现这六个分系统。由于每个企业原有的基础不同，各自所处的环境不同，因此应根据企业的具体需求和条

件，在CIMS思想指导下进行局部实施或分步实施。下面简单介绍这六个分系统的功能要素。

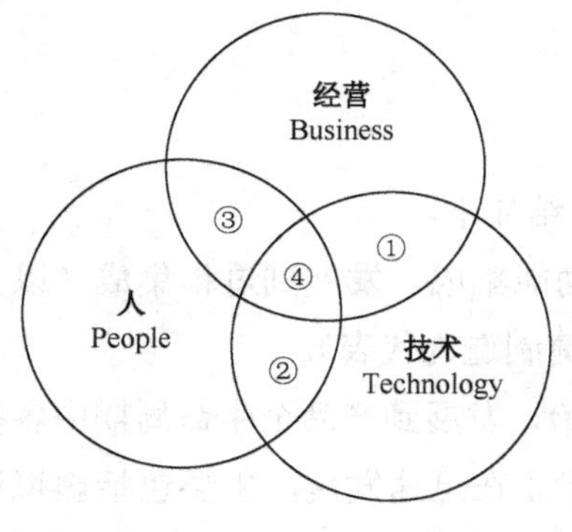

图5-3 CIMS的三要素

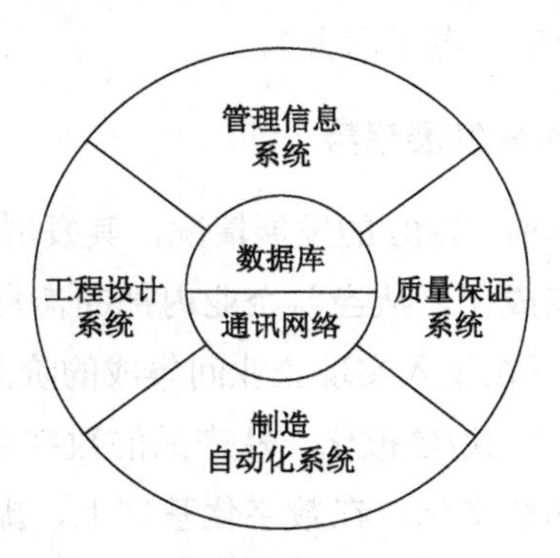

图5-4 CIMS的基本组成

（1）管理信息系统

管理信息系统是CIMS的神经中枢，指挥与控制着其他各个部分有条不紊地工作。管理信息系统通常是以制造资源计划（Manufacturing Resource Planning，MRPⅡ）为核心，包括预测、经营决策、各级生产计划、生产技术准备、销售、供应、财务、成本、设备、工具、人力资源等各项管理信息功能。图5-5为CIMS管理信息分系统的模型，其中BOM（Bill of Material）为物料清单，是在管理过程中用来定义产品结构的技术文件。从该模型可以看出，这是一个生产经营与管理的一体化系统。它把企业内的各个管理环节有机地结合起来，各个功能模块可在统一的数据环境下工作，以实现管理信息的集成，从而达到缩短产品生产周期、减少库存、降低流动资金、提高企业应变能力的目的。

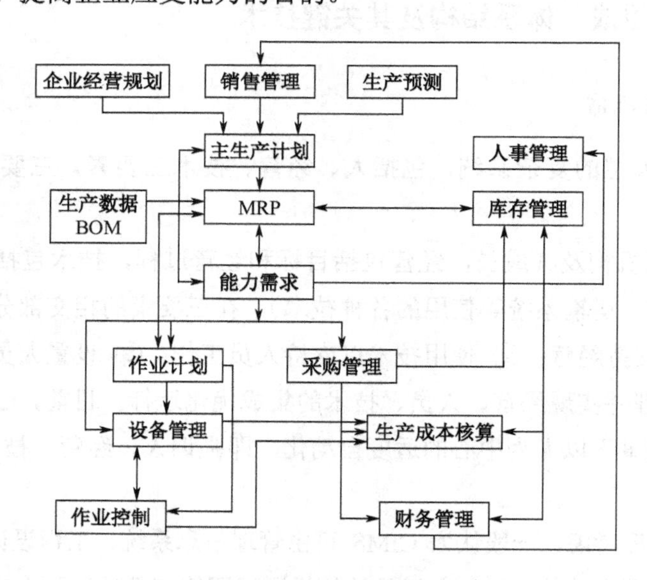

图5-5 CIMS管理信息分系统的模型

（2）工程设计系统

设计阶段是对产品成本影响最大的部分，也是对产品质量起着最重要影响的部分。工程设计系统实质上是指在产品开发过程中引用计算机技术，使产品开发活动更高效、更优质、更自动地进行。产品开发活动包含产品的概念设计、工程与结构分析、详细设计、工艺设计以及数控编程等设计和制造准备阶段的一系列工作，即通常所说的 CAD、CAPP、CAM 三大部分。

CAD：一个 CAD 系统的基本构成可用图 5-6 表示，包括硬件和软件。硬件的配置主要取决于 CAD 系统的应用范围和软件规模，可以为大型计算机、小型计算机、工作站或微机。在设备性能指标上，主要侧重图形显示性能、分辨率等要求。软件构成方面，从系统软件方面先要强调一下基本图形系统。20 世纪 80 年代中期，国际标准化组织（ISO）公布的图形核心系统（Graphics Kernel System，GKS），作为一个被广泛应用的系统软件。因为 GKS 是二维图形，后来扩充成三维，制定了 GKS-3D 标准。美国计算机图形技术委员会则推出 PHIGS（Programmer's Hierarchical interactive graphics system，PHIGS）图形标准，后来的扩充版本叫 PHIGS PLUS。这些系统软件，主要解决图形的基本结构，进行作图，和在各种图形设备上进行交互的基本功能，包括输入功能、输出功能、控制功能、交换功能、元文件功能、询问功能和出错处理功能等。应用软件则主要应有各种造型功能（如曲面造型、实体造型、特征造型等），分析、计算、优化、信息管理等功能，直到最后给出数控加工的代码。目前国内机械行业应用较多的 CAD 软件，如法国达索公司的 CATIA，美国 PTC 公司的 Pro/ENGINEER，SDRC 公司的 I-DEAS，洛克希德公司的 CADAM 等，都各有自己的特色。详细内容不能在本书阐述了。

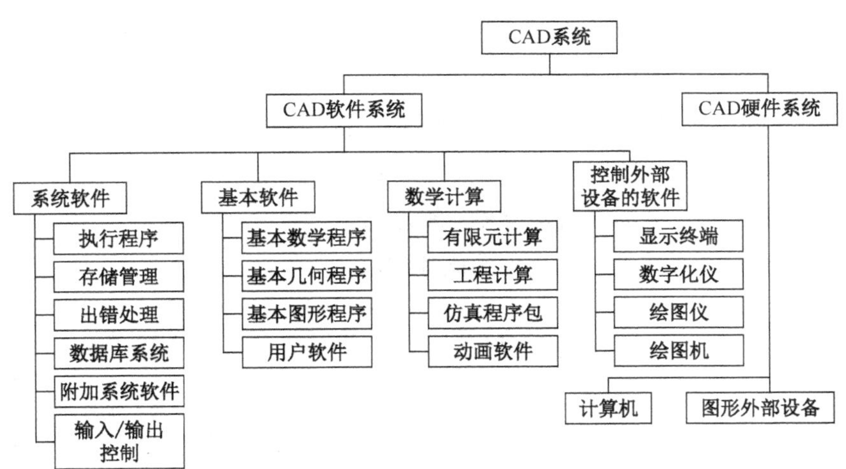

图 5-6　CAD 系统组成部分

CAPP：从完成技术设计到具体实现加工制造中间，重要的连接纽带就是工艺过程编制或称工艺设计。工艺过程编制得好，能够节省加工时间、保证产品质量、减少或简化工艺装备的种类和数量、缩短生产准备周期、以及减少整个生产费用。而传统的工艺过程编制，对人的依赖很大，效率很低。如能完善计算机辅助工艺过程编制（CAPP），不仅能大大提高工艺过程编制的质量和效率，而且它可以为各个 CIMS 的分系统提供各种工艺信息，促进系统集成。

按照工艺决策方式的不同，CAPP 系统可分为以下三类：

1）检索式 CAPP 系统　检索式 CAPP 系统实际上是一个工艺规程的技术档案管理系统，它事先把现行的零件加工工艺规程按零件图号或零件的成组编码存储在计算机中．在编写新零件的工艺规程时，先按零件号检索出存有的零件工艺规程，如有且不需要作任何变更时就直接调出使用，也可在进行编辑修改后使用。当检索不到可用的工艺规程时，则必须另行编制，并通过键盘将其输入计算机内存储起来。

这类 CAPP 系统的功能最弱，生成工艺规程的自动决策能力也最差，但容易建立，简单实用。这种系统适用于工艺规程较为稳定的工厂。

2）派生式 CAPP 系统　派生式 CAPP 系统是在成组技术的基础上，按零件结构和工艺的相似性，用分类编码系统将零件分为若干零件加工族，并给每一族的零件制定优化加工方案和编制典型工艺过程，以文件形式存储在计算机中。在编制新的工艺规程时，首先根据输入信息编制零件的成组代码，根据代码识别它所属的零件加工族，调出该族的典型工艺，自动搜索零件的型面和尺寸参数，确定需要的工序和工步。当典型工艺的最后一个工步确定和计算完成后，一份完整的工艺规程也就产生了。产生的工艺规程可存入计算机供检索用。它还可以通过系统提供的人机交互界面进行各种修改，使工艺人员有干预和最终决策的能力。

派生式 CAPP 系统编制零件工艺规程的功能比检索式 CAPP 系统强。

3）创成式 CAPP 系统　创成式 CAPP 系统的工作原理与派生式不同，在系统中没有预先存入典型工艺过程。它是根据所输入的零件信息，通过逻辑推理和计算，作出工艺决策而自动地“创成”一个新的优化的工艺过程。

一个较复杂的零件由许多型面组成，每一种型面可用多种加工工艺方法完成，而且它们之间的加工顺序又有许多组合方案，还需综合考虑材料和热处理等影响因素。所以创成式 CAPP 系统要求计算机有较大的存储容量和计算能力。

图 5-7 是三类 CAPP 系统的工作过程的原理图。

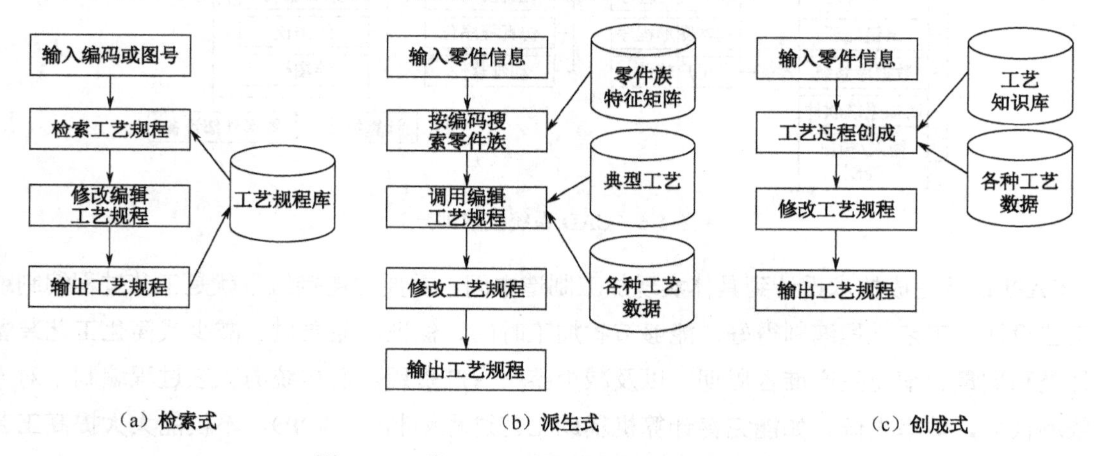

图 5-7　三类 CAPP 系统的工作过程的原理图

（3）制造自动化系统

制造自动化系统是 CIMS 的信息流和物料流的结合点，是 CIMS 最终产生经济效益的聚集地，通常由 CNC 机床、加工中心、FMC（Flexible Manufacturing Cell，柔性制造单元）或 FMS 等组成。其主要组成部分有：

1）加工单元　由具有自动换刀装置（ATC）、自动更换托盘装置（APC）的加工中心或 CNC 机床组成；

2）工件运送子系统　有自动引导小车（AGV）、装卸站、缓冲存储站和自动化仓库等；

3）刀具运送子系统　有刀具预调站、中央刀库、换刀装置、刀具识别系统等；

4）计算机控制管理子系统　通过主控计算机或分级计算机系统的控制，实现对制造系统的控制和管理。

制造自动化系统是在计算机的控制与调度下，按照 NC 代码将一个个毛坯加工成合格的零件并装配成部件以至产品，完成设计和管理部门下达的任务；并将制造现场的各种信息实时地或经过初步处理后反馈到相应部门，以便及时地进行调度和控制。

制造自动化系统的目标可归纳为：① 实现多品种、小批量产品制造的柔性自动化；②实现优质、低成本、短周期及高效率生产，提高企业的市场竞争能力；③ 为作业人员创造舒适而安全的劳动环境。

必须指出，CIMS 不等于全盘自动化，其关键是信息集成，制造系统并不要求去追求完全自动化。

（4）质量保证系统

产品质量是赢得市场竞争的一个极其重要的因素。要赢得市场，必须以最经济的方式在产品性能、价格、交货期、售后服务等方面满足顾客要求。因此需要一套完整的质量保证体系，这个系统，除了要具有直接实施检测的功能外，它的重要任务还有采集、存储和处理企业的质量数据，并以此为基础进行质量分析、评价、控制、规划和决策。CIMS 中的质量保证系统覆盖产品生命周期的全过程，从市场调研、设计、原材料供应、制造、产品销售直到售后服务等，这些信息的采集、分析和反馈，便形成一系列各种类型的闭环控制，从而保证产品的最终质量能满足客户的需求。它可由四个子系统组成，即：

1）质量计划子系统　用来确定改进质量目标，建立质量标准和技术标准，计划可能达到的途径和预计可能达到的改进效果，并根据生产计划及质量要求制定检测计划及检测规程和规范。

2）质量检测子系统　采用自动或手工对零件进行检验，对产品进行试验，采集各类质量数据并进行校验和预处理。

3）质量评价子系统　包括对产品设计质量评价、外购外协件质量评价、供货商能力评价、工序控制点质量评价、质量成本分析及企业质量综合指标分析评价。

4）质量信息综合管理与反馈控制子系统　包括质量报表生成，质量综合查询，产品使用过程质量综合管理以及针对各类质量问题所采取的各种措施及信息反馈。

（5）计算机通讯网络系统——支撑分系统之一

计算机网络是用通信线路将分散在不同地点、并具有独立功能的多个计算机系统互相连接，按照网络协议进行数据通信，并实现共享资源（如网络中的硬件、软件、数据等）的计算机以及线路与设备的集合。具体的硬件组成部分包括：数据处理的主机、通信处理机、集中器、多路复用器、调制解调器、终端、通信线路、异步通信适配器、网络适配器以及网桥和网间连接器（又称网关、信关）等。再和各种功能的网络软件相结合，就能实现不同条件下的通信以支持系统集成。

网络的种类很多。按通信距离分类，有局域网（Local Area Network，LAN）和广域网（Wide Area Network，WAN）之分。前者用于一个企业或一个单位内部，直径在几千米到几十千米的范围内，后者则指地理上更大跨度的网络。按拓扑结构分类，可以分为点对点传输结构和广播式传输结构两大类。图5-8中（a）、（b）、（c）、（d），即环型、星型、树型和网状型（分布式）属于点对点，（e）、（f）、（g），即总线、微波和卫星式三种，属于广播式。另外，还有各种考虑其他特点的分类。

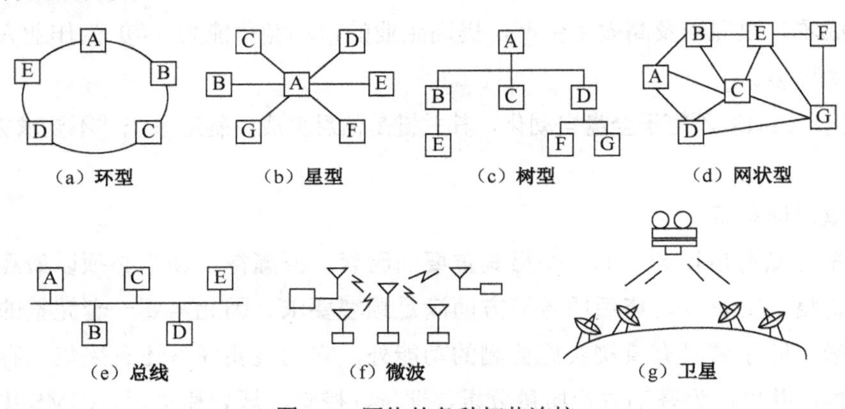

图5-8　网络的各种拓扑连接

网络要通信，要交换信息，就必须有共同语言和通信的规则，才能正确地发送或收取所需的信息给所需的人员。这种进行交流的规则的集合称为协议。为了成功地进行通信，国际标准化组织（ISO）提出了一个开放系统互联（OSI）模型，如图5-9所示。该模型共分七层，由下向上分别为：物理层、数据链路层、网络层、传输层、会话层、表示层和应用层。下面四层称为底层协议，主要解决各种情况下数据传输的可靠性和完整性问题。上面三层称为高层协议，主要为

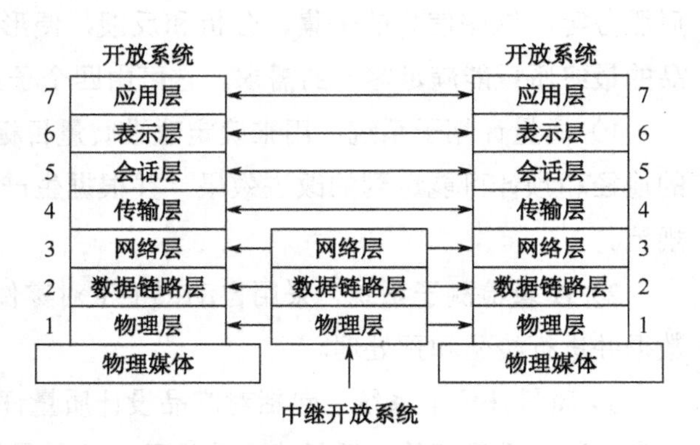

图5-9　OSI的七层体系结构

应用所需的专门服务。

在 CIMS 实施中，应用得最多的协议是 TCP/IP 和 MAP/TOP。

传输控制协议/网际协议（Transmission Control Protocol/Internet Protocol，TCP/IP）是由美国国防先进研究计划局（DARPA）开发的两个协议，现在已得到了广泛的应用，并形成了一个完整的协议簇。除了原来的两个协议外，还包括工具协议、管理协议和应用协议等其他协议。但它并不遵从 OSI 标准，具有自己的体系结构。大致说来，TCP 可对应于 OSI 传输层协议，IP 可对应 OSI 的网络层协议，并可提供网间的数据传输。

制造自动化协议（Manufacturing Automation Protocol，MAP）是由美国通用汽车公司（GM）开发的一种专门用于工厂自动化环境的局域网协议。技术和办公协议（Technology and Office Protocol，TOP）是波音公司的计算机服务公司开发的，广泛应用于技术环境和办公自动化环境的协议。MAP 与 TOP 都支持 OSI 参考模型，但在第 1、2、7 层有所不同。

（6）CIMS 数据库系统——支撑分系统之二

数据库管理系统是一个支撑系统，它是 CIMS 信息集成的关键之一。CIMS 环境下的管理信息、工程技术、制造自动化、质量保证四个功能系统的信息数据都要在一个结构合理的数据库系统里进行存储和调用，以满足各系统信息的交换和共享。

CIMS 的数据库系统通常是采用集中与分布相结合的体系结构，以保证数据的安全性、一致性和易维护性。此外，CIMS 数据库系统往往还建立一个专用的工程数据库系统，用来处理大量的工程数据。工程数据类型复杂，它包含有图形、加工工艺规程、NC 代码等各种类型的数据。工程数据库系统中的数据与生产管理、经营管理等系统的数据均按统一规范进行交换，从而实现整个 CIMS 中数据的集成和共享。

需要指出，上述是 CIMS 最基本的构成，实际应用过程中可不断发展与完善。

1）对于不同的行业，由于其产品、工艺过程、生产方式、管理模式的不同，其各个分系统的作用、具体内容也是各不相同，所用的软件也有一定的区别。

2）由于企业规模不同，分散程度不同，也会影响 CIMS 的构成结构和内容。

3）对于每个具体的企业，CIMS 的组成不必求全。应该按照企业的经营、发展目标及企业在经营、生产中的瓶颈选择相应的功能分系统。对多数企业而言，CIMS 应用是一个逐步实施的过程。

4）随着市场竞争的加剧和信息技术的飞速发展，企业的 CIMS 已从内部的 CIMS 发展到更开放、范围更大的企业间的集成。如设计自动化分系统，可以在因特网或其他广域网上的异地联合设计；企业的经营、销售及服务也可以是基于因特网的电子商务（EC），供需链管理（Supply Chain Management）；产品的加工、制造也可实现基于因特网的异地制造。这样，企业内、外部资源更充分地利用，有利于以更大的竞争优势响应市场。

2. CIMS 的体系结构

所谓CIMS的体系结构，就是一组代表整个CIMS各个方面的多视图多层次的模型的集合。要实施高度集成的自动化系统，必须有一个合适的体系结构。一种好的体系结构应既能满足最终用户对 CIMS 性能的要求，又能满足 CIMS 供应商对 CIMS 产品通用性的要求。因此，世界各国比较重视对 CIMS 体系结构的研究，其中由欧共体 ESPRIT 计划中的 AMICE 专题所提出的 CIMS-OSA 体系结构具有一定的代表性。CIMS-OSA 体系结构为制造工业的 CIMS 提供了一种参考模型，已作为对 CIMS 进行规划、设计、实施和运行的系统工具。它是一个开放式的体系结构，如图 5-10 所示。其中三个坐标轴分别为：逐步推导、逐步具体化和逐步生成。“逐步推导”指的是 CIMS 开发的整个生命周期中的几个阶段，从“需求定义”→“设计说明”→“实施描述”；每个阶段都有适应其需要和特点的模型。“逐步生成”指的是系统需要建模的各个方面及其相互关系，这个坐标的开放性最突出，也就是说，CIM-OSA 在这里提出了功能、信息、资源和组织四个视图，实际就是建议从这四个方面来分析全系统，分别建立功能模型、信息模型、资源模型和组织模型。但是四个视图是否就完整了，或者是否过多了，这不是一个限定不可变的数字，而是根据实际分析设计的需要和可能，可决定增删。“逐步具体化”则是一个由一般到特殊的发展过程，左边是最一般的通用建造块；中间是部分通用模型，即按照各行业的生产经营活动，给通用建造块赋予具体内容，构成了适合各行业的通用模型；对这些各行业通用模型（部分通用模型）中的元素再按具体企业的情况赋予具体的值，并面对模型结构进一步细化，就成为具体企业的专用模型，这就是最右边的一列。这里将左边的通用建造块和中间的部分通用模型合起来，称为参考体系结构。这就很清楚地给出了一个所谓有参考意义的全局多视图多层次模型。以此为基础结合企业的具体情况，修正模型框架，代入具体值和参数，就能很快建成企业的专用模型。当然，原理是这样说，实际工作还有大量研究要做，即使 AMICE（ESPRIT/CIM-OSA 课题组的名字）本身也还没有提出完整的各个视图各个阶段的建模方法和参考模型。其他如美国普渡大学提出的 PERA、法国波尔多第一大学的 GIM、德国的 ARIS 等，不再一一列举。

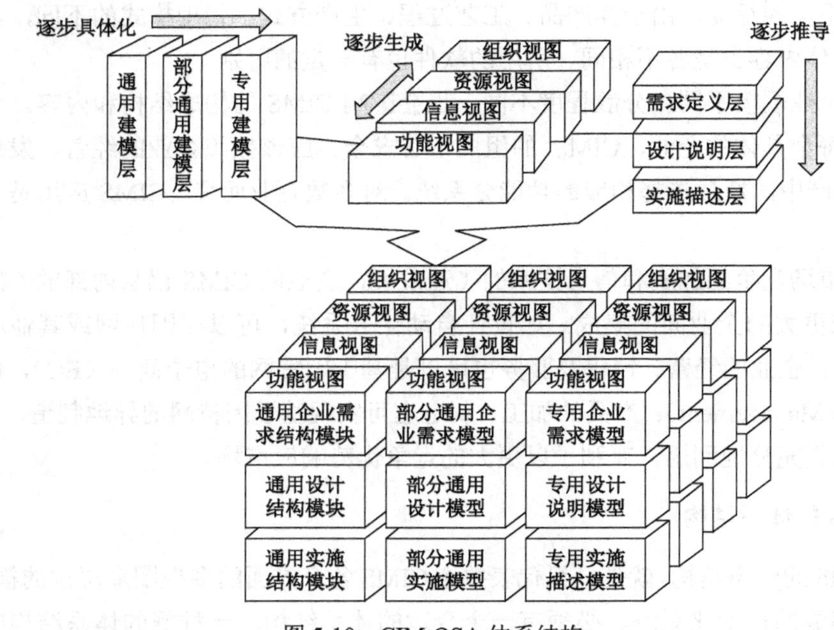

图 5-10 CIM-OSA 体系结构

我国学者在国内实践的基础上，吸纳了国际上各种体系结构的长处，结合我国的具体情况，提出了如图 5-11 所示的“阶梯形多视图多领域 CIMS 体系结构”（Stair-Like CIMS Architecture，SLA）。该多层次多视图的体系结构，是比较适合我国实情的。但不必人为地将它局限于离散零件制造业，利用同样的框架可以描述各种类型的生产企业。

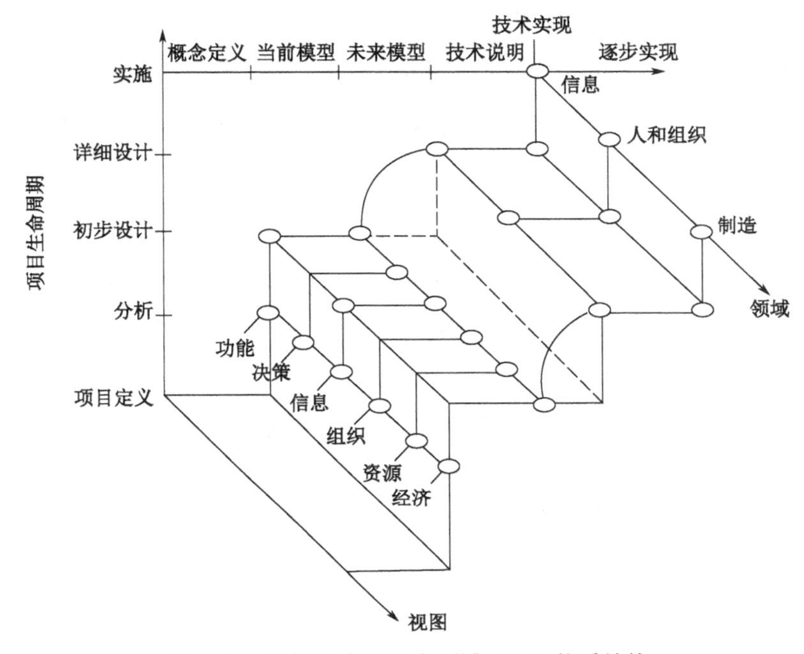

图 5-11 阶梯形多视图多领域 CIMS 体系结构

从建模的时间阶段方面，与国外现有体系结构的不同看法在于，我国学者认为建模分析主要是在概念阶段或结构化进程的前半时期，相应于生命周期中的初步设计阶段。而实施阶段的工作目标和对象则是很具体的，如：一台设备、一项工具、一段程序等，也就是说，工程技术人员要做的实现工作是非常具体的，不需要再建立什么实施阶段的各种模型，而从模型到现实之间，应该有一种映射关系。用模型分析，研究了现有系统（AS-IS System），设计了未来系统（TO-BE System），以及如何从现有系统向未来系统的过渡方案之后，就要具体地映射到技术性的信息系统、制造系统、以及人和组织系统的详细设计和实现。这些思想是综合采纳了欧洲 GIM/IMPACS 和美国 PERA 的基本思想而形成的。这里的多视图，除了继承 CIM-OSA 提出的功能、信息、组织、资源（或称物理）等四个视图外，我们认为组织视图还不足以描述和分析决策过程，法国的 GRAI 方法建立的决策模型对企业是有帮助的。因此希望将欧洲 GIM/IMPACS 中提出的决策视图引进来。最后，因为体系结构研究的根本目的，还在于提高企业竞争力、增加生产经营效益（特别是不可计量的效益因素），如何与各个视图相对应地进行效益分析，是一个重要的全局性的问题，故希望再加入一个经济视图。这些工作都是概念阶段的活动。在进入技术的细节设计时，就是很具体的设计图、软件、组织机构、人员配置等。我们把信息、制造，以及人和组织称为三个领域（或称分系统），每个领域内有其相应的具体实现形式。图中过渡部分的圆弧，就意味着映射，各领域的专业技术人员能够理解如何具体映射而做出详细设计。我们希望在做好新系统的具体技术设计后，再映射到概念模型，以便检查新系统是否满足了所期望的各种功能和关联需求。最后，由于这个体系结构主要是为研究开发人员所用的，所以只考虑CIMS项目的项目生命周期，不是CIMS运行的生命周期，因此，没有包括系统运行阶段。

接着，就要建立各个视图的模型。除了要给出建立这些模型的建模方法外，还必须给出参考模型，就好比课堂讲课时要给出例子，使得经验不多的技术人员也能很快投入建模分析工作。

3．实施CIMS的关键技术

CIMS作为一种新兴的高新技术，企业在实施这项高新技术的过程中必然会遇到一些技术难题。这些技术难题就是实施CIMS的关键技术，主要指下面两大类关键技术：

（1）系统集成

CIMS要解决的问题是集成，包括各分系统之间的集成、分系统内部的集成、硬件资源的集成、软件资源的集成、设备与设备之间的集成、人与设备的集成等等。在解决这些集成问题时，需要进行必要的技术开发，并充分利用现有的成熟技术，充分考虑系统的开放性与先进性的结合。

（2）单元技术

CIMS中涉及的单元技术很多，许多单元技术解决起来难度相当大，对于具体的企业，应结合实际情况，根据企业技术进步的需要进行分析，提出在该企业实施CIMS的具体单元技术难题及其解决方法。

三、CIMS工程的设计与实施

1．CIMS总体方案设计

CIMS是面向整个企业的大系统。CIMS总体方案设计应以面向全局、面向未来、保证系统的开放性、充分利用现有资源、与企业的技术改造相结合、与企业的机制转换相结合为指导思想。CIMS总体方案设计主要包括以下几方面的内容：CIMS体系结构设计、CIMS功能设计、CIMS信息设计、CIMS资源设计、CIMS组织设计和关键技术分析。

（1）CIMS功能设计

CIMS功能设计是CIMS总体方案设计的重要内容，通过它来规划CIMS所应具备的功能。在CIMS功能设计中，常采用功能树、功能模型图和过程图来描述CIMS的功能。功能树是把CIMS中各种功能逐层分解展开，形成一种树状结构。图5-12为某企业的CIMS技术信息分系统功能树。功能树的树根、树干、枝、叶等全部用动词或动词性短语标注，名称应简练、准确，避免重复。功能树中，同层功能之间是并列关系，上层功能对下层功能是包容关系。

功能树只能表示系统所具有的功能，无法表达各功能之间的信息联系。要表达各功能之间的信息联系，就应采用功能模型图来描述。在 CIMS 设计中较为普遍采用的方法是 IDEF0 方法。

IDEF 方法是美国空军在 ICAM（Integrated Computer Aided Manufacturing）工程中发展形成的一套系统分析和设计方法。IDEF 是 ICAM Definition Method 的缩写，包括三大部分，其中 IDEF0 用于描述系统的功能活动及其联系，建立系统的功能模型；IDEF1 用于描述系统的信息及其联系，建立系统的信息模型，并以此作为建立系统数据库的设计依据；IDEF2 用于系统模拟，建立系统的动态模型。

（2）CIMS 信息设计

CIMS 各种功能都表现为不同形式的信息处理。CIMS 任何功能的实现都需要信息的支撑，信息的有机集成在 CIMS 中特别重要。要实现信息的加工处理与集成，就必须建立系统的信息模型和对信息进行分类编码。这就是 CIMS 信息设计的内容。信息模型是为了采集和整理数据库设计所需的共享信息数据的基本模式及其联系。

在 CIMS 设计中常用的信息建模方法有实体联系图（E-R），IDEF1 及 IDEF1x。

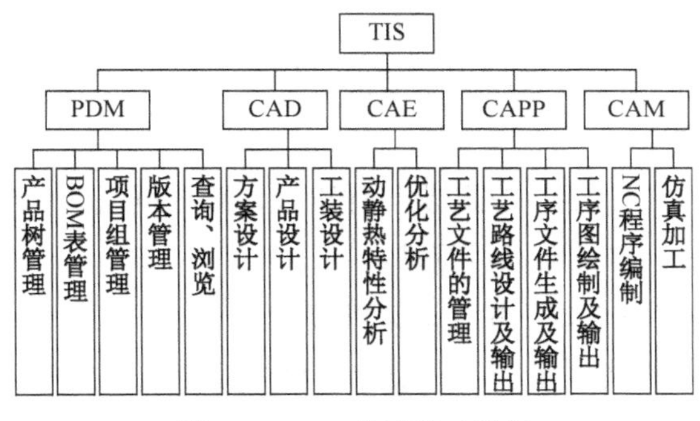

图 5-12　TIS 分系统功能树

（3）CIMS 资源设计

CIMS 中的资源包括硬件资源、软件资源和人力资源。除信息支持外，资源支持也是 CIMS 不可缺少的重要支持。在功能模型图设计时，资源常作为支撑机制出现在 IDEF0 图中。

CIMS 资源设计包括硬件资源配置、软件资源配置和人力资源配置三个方面。

硬件资源配置就是根据 CIMS 功能需求和投资情况，提出各种生产设备、工具和设施以及各种辅助设备的配置，提出计算机或其他信息控制和转化设备的配置。

软件资源配置就是提出满足企业应用需求，并具有一定先进性和良好可扩展性的计算机系统软件和应用软件配置。应用软件应能直接完成企业的功能，系统软件应能支持应用软件和系统的信息集成。

人力资源配置是要充分发挥人和机械的作用，使之统一协调运行，是 CIMS 系统设计中的重要内容。人员配置与企业的组织机构设置关系密切。在CIMS总体设计过程中，应首先理顺企业的生产经营模式，调整好组织机构，根据需要设置必要的岗位，安排适当的人员。除企业运行在CIMS支持下所需人员之外，还须设置主管CIMS的部门，安排CIMS系统开发、维护人员。

（4）CIMS组织设计

在CIMS环境下，企业的各组织机构应把它的各种资源（包括人员、软件、硬件）统一管理起来。组织设计应完成的任务包括：功能的组织；信息的组织；资源的组织。

这些任务实际上已体现在系统的功能模型、信息模型的设计过程之中，但须进一步明确机构内各种人员的职责分工、访问权限等。

（5）关键技术分析

在CIMS的工程实施中，尽管所采取的技术路线都经过严格的、科学的论证，是正确的、可行的，但还会存在一些关键技术问题。

一般来说，关键技术主要指需要自行开发的技术内容，不包括引进的高档产品。关键技术的选择应结合CIMS各分系统的总体设计来进行。CIMS总体方案中，不宜包含过多的关键技术。

关键技术的论证应从下述几个方面来进行：

1）关键技术的介绍　说明关键技术的实质性问题，包括它在整个CIMS工程中的地位和作用、关键技术的技术难点等。

2）提出关键技术的解决途径　在初步设计阶段，可根据现有的认识水平，对每一关键技术绘出拟采用的解决途径，并说明其可行性。

3）提出关键技术的解决方案，并论证其可行性。

关键技术是总体设计的技术重点，在设计过程中应给予充分的重视，进行深入的调查研究，提出可行的解决途径和技术方案。如果不能提出可行的解决办法，则说明整个CIMS的总体方案不可行，须修改设计方案，甚至修改CIMS的目标。

在CIMS的实施阶段，也应把关键技术作为重点课题；尽早组织力量攻关，保证整个工程的顺利进行。

2. CIMS工程实施

CIMS工程的实施阶段是设计阶段的延续。863/CIMS专家组在总结全国几十个实施CIMS企业经验基础上，针对CIMS工程实施过程中所要遵循的技术原则和方法，提出了“效益驱动，总体规划，重点突破，分步实施”的方针。这一原则适用于CIMS的设计阶段，也适用于系统实施阶段，可供企业制定CIMS技术路线时参考。具体体现在四个方面：

（1）贯彻“效益驱动”的原则

衡量一个企业CIMS成功与否，关键看它产生的经济效益和社会效益。在实施阶段，更应从中挑选企业最急需、最容易产生效益的部分先期实施，从而尽快获得效益。

（2）充分利用企业现有资源

企业现有计算机软、硬件资源，以及现有数据是企业的重要财富，要充分利用这些资源，尽可能将现有硬件资源纳入到 CIMS 中。对有利用价值的软件资源采用完善、扩充和改造的策略，现有的各种数据一定要纳入到 CIMS 中。

（3）与企业技术改造紧密结合

与技改结合既有利于扩大企业的 CIMS 的集成规模，充分发挥技术改造的作用，也有利于解决 CIMS 资金筹措问题。

（4）分步实施，重点突破

由于 CIMS 工程量太大，企业的财力有限，故在 CIMS 实施中只能是分步的，但必须根据企业的急需，选准突破口，实现重点突破。对企业急需解决的项目，优先安排；条件具备，且易见效的项目优先实施。

关键技术攻关项目存在一定难度，必须提早安排，先在技术上突破，然后用于工程实际。CIMS 的实施对企业的基础数据、编码、计算机支撑环境等要求高，工作量大，涉及企业人员多，应尽量提早安排，确保 CIMS 工程的成功实施。

CIMS 工程实施周期长、工程复杂、项目组织管理难度大，应制订详细的实施进度计划。

根据上述技术路线，将 CIMS 系统实施周期划分为几个阶段（通常分成两个阶段），给出各阶段的起止时间、完成的主要任务和各阶段要达到的程度。对第一阶段的工作，应给出详细的任务内容和完成的时间；对以后阶段项目，可给出粗略的计划，待日期临近的再给出具体的计划安排。

第三节　敏捷制造（AM）

一、敏捷制造产生的背景

自第二次世界大战以后，日本和西欧各国的经济遭受战争破坏，工业基础几乎被彻底摧毁，只有美国作为世界上唯一的工业国，向世界各地提供工业产品。所以美国的制造商们在 20 世纪 60 年代以前的策略是扩大生产规模。到了 70 年代，西欧发达国家和日本的制造业已基本恢复，不仅可以满足本国对工业的需求，甚至可以依靠本国廉价的人力、物力生产廉价的产品打入美国市场，致使美国的制造商们将策略重点由规模转向成本。80 年代，联邦德国和日本已经可以生产高质量的工业品和高档的消费品与美国的产品竞争，并源源不断地推向美国市场，又一次迫使美国的制造商将制造策略的重心转向产品质量。进入 90 年代，当丰田生产方式在美国产生了明显的效益之后，美国人认识到只降低成本、提高质量还不能保证赢得竞争，还必须缩短产品开发周期，加速产品的更新换代。当时美国汽车更新换代的速度已经比日本慢了许多，因此速度问题成为美国制造商们关注的重心。“敏捷”从字画上看正是表明要用灵活的应变去对付快速变化的市场需求。

1991 年美国里海大学（Lehigh University）在研究和总结美国制造业的现状和潜力后，发表了具有划时代意义的《21 世纪制造企业发展战略》报告，提出了敏捷制造（Agile Manufacturing，AM）和虚拟企业（Virtual Enterprise，VE）的新概念，其核心观点是除了学习日本的成功经验外，更要利用美国信息技术的优势，夺回制造工业的世界领先地位。这一新的制造哲理在全世界产生了巨大的反响，并且已经取得了令人瞩目的实际效果。

二、敏捷制造的定义

在《21 世纪制造企业发展战略》报告中，并没有给敏捷制造一个确切的定义，但是在讨论中，专家们都强调，针对 21 世纪市场竞争的特点，制造业不仅要灵活多变地满足用户对产品多样性的要求，而且新产品必须能快速上市。

美国机械工程师学会（ASME）主办的《机械工程》杂志 1994 年期刊中，对敏捷制造做了如下定义：“敏捷制造就是指制造系统在满足低成本和高质量的同时，对变幻莫测的市场需求的快速反应”。因此，敏捷制造的企业，其敏捷能力应当反映在以下六个方面：

（1）对市场的快速反应能力　判断和预见市场变化并对其快速地做出反应的能力。

（2）竞争力　企业获得一定生产力、效率和有效参与竞争所需的技能。

（3）柔性　以同样的设备与人员生产不同产品或实现不同目标的能力。

（4）快速　以最短的时间执行任务（如产品开发、制造、供货等）的能力。

（5）企业策略上的敏捷性　企业针对竞争规则及手段的变化、新的竞争对手的出现、国家政策法规的变化、社会形态的变化等做出快速反应的能力。

（6）企业日常运行的敏捷性　企业对影响其日常运行的各种变化，如用户对产品规格、配置及售后服务要求的变化、用户订货量和供货时间的变化、原料供货出现问题及设备出现故障等做出快速反应的能力。

三、敏捷制造的组成

敏捷制造是在全球范围内企业和市场的集成，目标是将企业、商业、学校、行政部门、金融等行业都用网络进行联通，形成一个与生活、制造、服务等密切相关的网络，实现面向网络的设计，面向网络的制造，面向网络的销售，面向网络的服务。在这种环境下的制造企业，将不再拘泥于固定的形式，集中的办公地点，固定的组织机构，而是一种以高度灵活方式组织的企业。当出现某种机遇时，以若干个具有核心资格的组织者，迅速联合可能的参加者形成一个新型的公司，从中获得最大利润，当市场消失后，能够迅速解散，参加新的重组，迎接新的机遇。在这种意义下敏捷制造应有两个方面的重要组成，即：敏捷制造的基础结构和敏捷的虚拟企业。敏捷制造的基础结构为形成虚拟企业提供环境和条件。敏捷的虚拟企业是实现对市场不可预期变化的响应。

1. 敏捷制造的基础结构

虚拟企业生成和运行所需要的必要条件决定了敏捷制造基础结构的构成。一个虚拟企业存在的必要环境包括四个方面：物理基础、法律保障、社会环境和信息支持技术，它们构成了敏捷制造的四个基础结构。

（1）物理基础结构　它是指虚拟企业运行所必需的厂房、设备、实施、运输、资源等必要的物理条件，是指一个国家乃至全球的范围内的物理设施。这样考虑的目的是，当有一个机会出现时，为了抓住机会，尽快占领市场，只需要添置少量必需的设备，集中优势开发关键部分，而多数的物理设施可以通过选择合适的合作伙伴得到。

（2）法律基础结构　它是指有关国家关于虚拟企业的法律和政策条文。具体来说，它应规定出如何组织一个法律上承认的虚拟企业，如何交易，利益如何分享，资本如何流动和换得，如何纳税，虚拟企业破产后如何还债，虚拟企业解散后如何善后，人员如何流动等问题。

（3）社会基础结构　虚拟企业要能够生存和发展，还必须有社会环境的支持。虚拟企业的解散和重组、人员的流动是非常自然的事，这些都需要社会来提供职业培训、职业介绍的服务环境。

（4）信息基础结构　这是指敏捷制造的信息支持环境，包括能提供各种服务网点、中介机构等一切为虚拟企业服务的信息手段。

2. 敏捷的虚拟企业

敏捷制造的核心是虚拟企业（Virtual Enterprise，VE，也称为虚拟公司），而虚拟企业也即为把不同企业不同地点的工厂或车间重新组织、协调工作的一个临时的团体。

虚拟企业的组织结构如下：

（1）核心层　由新产品设计与开发企业构成。核心层企业之间的关系是共同分担成本与风险，分享利润。

（2）紧密层　由专用零部件生产及总装企业构成，这一层企业按照合同要求相互配合，合同与核心层代表签订，负责按合同要求生产与装配。

（3）松散层　由通用标准零部件生产企业组成，以市场形式提供标准化、通用化零部件或按合同进行生产。

四、敏捷制造实施模式

图 5-13 所示虚拟企业的敏捷制造实施的一般过程。

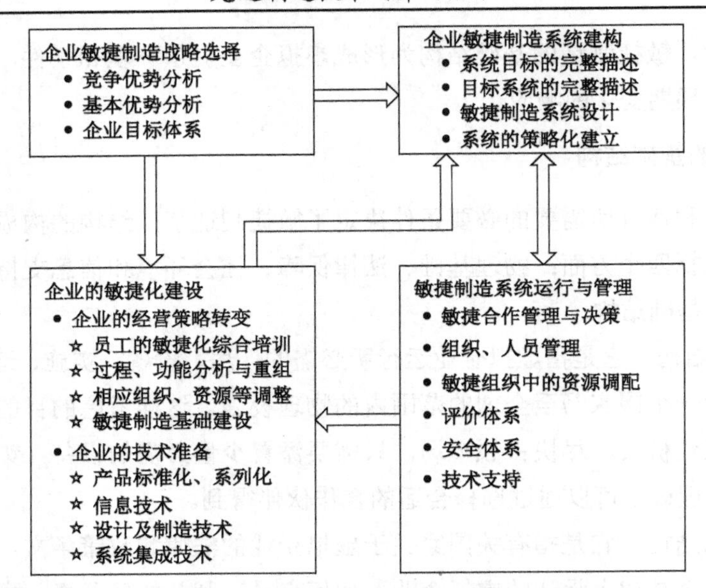

图 5-13 虚拟企业的敏捷制造实施的一般过程

1. 企业敏捷制造战略选择

企业综合分析自身的内部和外部条件，首先确定企业的战略目标和短期目标，确定企业的目标竞争优势；然后明确该竞争优势是如何由基本优势组合形成的（基本优势指企业在产品开发、工艺、制造成本、速度、质量和可靠性、市场营销、产品销售、售后服务等方面的具体优势）；逐个分析本企业的基本优势、尚不具备的基本优势的可获得性以及通过合作获得基本优势的可行性（可行性主要指对企业目标的贡献、成本、时间、风险、前景等可预期因素的分析）；在分析本企业的核心优势及产品生命周期的基础上，合理分配资源，强化和扩展企业核心优势，强调发展具有差异性的核心优势，对处于生命周期的衰退期或因为企业战略需要而计划放弃的核心优势，可以通过多种方式加以利用，如在紧密合作层进行该类核心优势的移植扩展等；明确基本优势和竞争优势获得的方式，确定是由本企业自行发展或通过与其他企业的合作获得；确定企业是否采用敏捷制造策略，如果采用，明确采用敏捷制造策略的时机、方式和程度，制定具体的战略目标体系。

战略选择的结果是企业管理层为企业的敏捷制造战略发展指明方向、目标以及次序，并做好相关的目标制定工作和目标管理工作。

2. 企业的敏捷化建设

对应于企业不同层次的敏捷制造实施战略，企业需要达到的敏捷化水平不同。企业可以根据需要，采用适当水平的敏捷化战略，适应企业环境的变化，逐步向敏捷制造的高级形式发展，以减小投入，降低风险，获得最大的投入/产出比。

企业的敏捷化建设主要包括企业经营策略的相应转变和相关的技术准备。前者是功能、过程、组织、人员、信息、资源等的相应转变与调整；后者包括一个技术体系，企业可以根据需要发展该技术体系中的某些关键技术。

企业经营策略包括以下内容。

（1）员工的敏捷化综合培训　企业须使员工对敏捷制造及其主要业务过程有充分认识并进行相应培训，如支持敏捷制造的相关基础结构、关键技术、相应的任务、职责、协商机制与仲裁机制及相关的软件和工具等。企业主管要在经营管理思想上建立敏捷化概念，主要包括企业敏捷化运行模式、企业间敏捷合作的具体形式和可能的扩展方式等。

（2）企业的过程、功能分析与重组　根据敏捷制造策略下业务过程的特点和需要，充分分析原有业务过程，结合企业相关人员的合作，采用适当的技术支持，对与敏捷制造相关的核心业务过程进行物理上的或逻辑上的重组，重构企业敏捷化价值传递过程，简化业务流程，加强协调和控制，并为重构后的流程提供必要的设备和支持环境。其业务过程重组的主要原则如下：压缩组织结构层次、简化业务流程、提供相应技术支持、适度分权、适度采用面向任务或产品的项目组等组织形式、全面关心员工发展。

（3）相应的组织、人员、信息、资源、功能等的调整　企业根据重组后的过程的需要，重新定义各职能部门的功能，明确其组织、人员，定义组织间的关系和有关资源，协调冲突，并同时具有灵活性和稳定性。建议组织上采用项目组、矩阵管理等方式，形成生命周期与市场机遇对应的“虚拟组织”机制等。在逻辑上或实际上建立综合调配中心，综合处理过程调整的资源调配、组织协调等工作。可以采用以信息技术为基础的、按产品结构划分的、逻辑上的或“虚拟”的集成产品开发组，在获得市场机遇后建立，在产品生命周期中根据需要进行动态调整，在产品生命周期结束后解散。

（4）敏捷制造综合基础的建设　建立企业敏捷制造信息基础结构，根据不同层次合作的不同需求，建立企业信息网络，采用工程数据管理系统，建立集成的产品与过程管理系统；建立与维护企业的敏捷制造组织基础结构，企业要为各种基本优势的合作与获得建立完整的组织体系，按照企业战略，依据核心优势和商业信誉，建立与关联企业事前的合作意向，明确合作方式，以确保核心合作企业群和松散合作企业群能在需要时提供必要的动态合作；如果可能，还可以进行敏捷设计和智能基础结构上的合作。

3．敏捷制造系统的建构

敏捷制造系统的建立可分为方案设计和方案实施。

（1）方案设计　首先完整描述企业敏捷制造目标体系与系统，再确定实现方法与技术手段，建立完整的方案。设计方案分为基本框架系统设计和实例化两个阶段，前者解决基本技术经济分析，建立核心的、可扩展的系统参考模型和框架系统方案，后者则根据项目和竞标结果，形成在企业战略合作关系上具有较长生命周期，在项目合作上具有较灵活和快速变化的生命周期的具体系统。设计方案在风险、利润框架下，以敏捷制造的过程/控制视图为核心，设计敏捷制造组织；设计方案以关键过程（物流过程、设计的信息流过程、管理与决策过程、现金流与财务管理过程等）为核心，确定相应的组织、资源，以信息的完整集成联系整个系统。由于该系统是一个动态的系统，具有建立、运行、清算解体的生命周期，具有组织成员合作关系的相对稳定性、长期性和以项目机遇形成的虚拟组织的相对可变性和暂时性，在方案中要保证系统核心部分的相对稳定性和系统的可变性，同时对该动态系统建立可靠的保证机制。

（2）方案实施　方案实施是复杂的过程，需要领导推动，统一协调，完成相应的转变，选择适当的技术支持。要对敏捷制造系统实施方案进行空间上、时间上、逻辑上的细化，要经过方案设计、方案实施、运行与评价、方案改进、再实施的循环提高过程，逐步实施，不断改进。

4．敏捷制造系统的运行与管理

敏捷制造系统会反复经历由市场机遇或生产任务变化所导致的建立、运行、清算解体的相对较稳定的、周期较长的系统生命周期，系统生命周期中又存在各个具体项目的不断进行的建立、运行、解体的相对较快速多变的项目生命周期。

鉴于敏捷制造系统运行的复杂性，因此应当在敏捷制造方法论的指导下，对系统的功能、过程、组织、人员、信息、资源、利润框架等进行综合管理。系统运行管理的主要内容有系统的描述与分析方法、决策、管理方法、评价体系、保证体系、安全体系、技术支持等。图 5-14 给出了敏捷制造系统运行的一种模式。

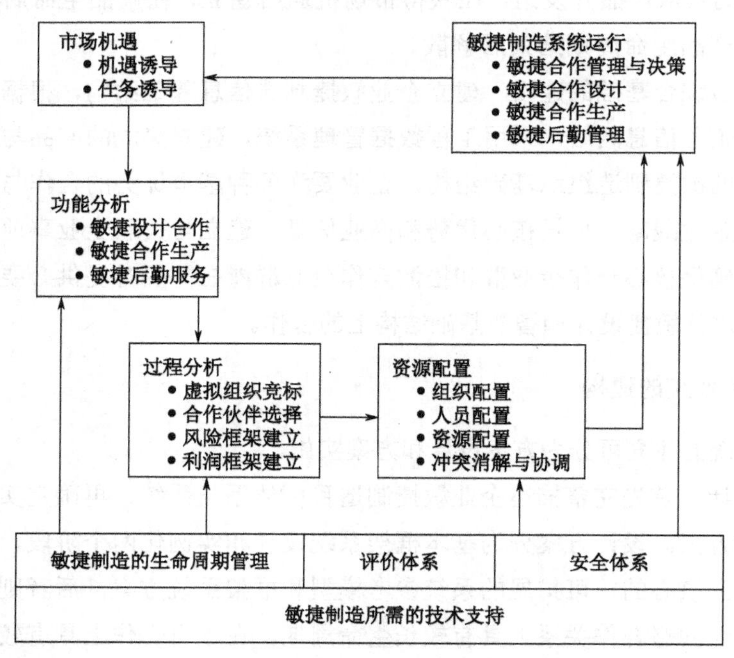

图 5-14　敏捷制造系统运行的一种模式

敏捷制造系统的描述与分析方法主要采用 Petri 网、结构化分析方法、层次分析法、系统动力学等方法，建立企业模型，使用适当的工具进行管理；在分析的基础上，进行敏捷制造的企业决策，主要指企业战略和有关企业合作的核心问题，生命周期的决策与管理等；企业根据一定的评价指标体系对敏捷制造的合作建构和企业运行进行评价和动态调整；建立和完善保证体系、安全体系；在此基础上，合理配置组织和人员，根据需要调整业务流程。通过运行、评价和动态的改进，使得敏捷制造系统，在不断提高的水平上进行敏捷制造合作。

第四节　智能制造（IM）

一、智能制造的提出

当今世界各国的制造业活动趋向于全球化，制造、经营活动、开发研究等都在向多国化发展，为了有效地进行国际间信息交换及世界先进制造技术共享，各国的企业都希望以统一的方式来交换信息和数据。因此，必须开发出一个快速有效的信息交换工具，创建并促进一个全球化的公共标准来实现这一目标。

先进的计算机技术和制造技术向产品、工艺和系统的设计和管理人员提出了新的挑战，传统的设计和管理方法不能有效地解决现代制造系统中所出现的问题，这就促使我们通过集成传统制造技术、计算机技术与人工智能等技术，发展一种新型的制造技术与系统，这便是智能制造技术与智能制造系统。智能制造（Intelligent Manufacturing，IM）正是在这一背景下产生的。

近半个世纪以来，随着产品性能的完善化及其结构的复杂化、精细化，以及功能的多样化，促使产品所包含的设计信息量和工艺信息量猛增，随之生产线和生产设备内部的信息流量增加，制造过程和管理工作的信息量也必然剧增，因而促使制造技术发展的热点与前沿，转向了提高制造系统对于爆炸性增长的制造信息处理的能力、效率及规模上。目前，先进的制造设备离开了信息的输入就无法运转，柔性制造系统（FMS）一旦被切断信息来源就会立刻停止工作。专家认为，制造系统正在由原先的能量驱动型转变为信息驱动型，这就要求制造系统不但要具备柔性，而且还要表现出智能，否则是难以处理如此大量而复杂的信息工作量的。其次，瞬息万变的市场需求和激烈竞争的复杂环境，也要求制造系统表现出更高的灵活、敏捷和智能。因此，智能制造越来越受到高度的重视。

1992 年美国执行新技术政策，大力支持被总统称之的关键重大技术（Critical Technology），包括信息技术和新的制造工艺，智能制造技术自在其中，美国政府希望借助此举改造传统工业并启动新产业。

加拿大制定的 1994—1998 年发展战略计划，认为未来知识密集型产业是驱动全球经济和加拿大经济发展的基础，认为发展和应用智能系统至关重要，并将具体研究项目选择为智能计算机、人机界面、机械传感器、机器人控制、新装置、动态环境下系统集成。

日本1989年提出智能制造系统，且于1994年启动了先进制造国际合作研究项目，包括了公司集成和全球制造、制造知识体系、分布智能系统控制、快速产品实现的分布智能系统技术等。

欧洲联盟的信息技术相关研究有ESPRIT项目，该项目大力资助有市场潜力的信息技术。1994年又启动了新的R&D项目，选择了39项核心技术，其中三项（信息技术、分子生物学和先进制造技术）中均突出了智能制造的位置。

我国在20世纪80年代末也将“智能模拟”列入国家科技发展规划的主要课题，已在专家系统、模式识别、机器人、汉语机器理解方面取得了一批成果。国家科技部也正式提出了“工业智能工程”，作为技术创新计划中创新能力建设的重要组成部分，智能制造将是该项工程中的重要内容。

由此可见，智能制造正在世界范围内兴起，它是制造技术发展，特别是制造信息技术发展的必然，是自动化和集成技术向纵深发展的结果。

二、智能制造的定义

智能制造应当包含智能制造技术和智能制造系统。

1. 智能制造技术

智能制造技术（Intelligent Manufacturing Technology，IMT）是指利用计算机模拟制造业人类专家的分析、判断、推理、构思和决策等智能活动，并将这些智能活动与智能机器有机地融合起来，将其贯穿应用于整个制造企业的各个子系统，以实现整个制造企业经营运作的高度柔性化和高度集成化，从而取代或延伸制造环境中人类专家的部分脑力劳动，并对制造业人类专家的智能信息进行搜集、存储、完善、共享、继承与发展。

2. 智能制造系统

智能制造系统（Intelligent Manufacturing System，IMS）是一种智能化的制造系统，是由智能机器和人类专家共同组成的人机一体化的智能系统，它将智能技术融入制造系统的各个环节，通过模拟人类的智能活动，取代人类专家的部分智能活动，使系统具有智能特征。

智能制造系统基于智能制造技术，综合应用人工智能技术、信息技术、自动化技术、制造技术、并行工程技术、生命科学技术、现代管理技术和系统工程理论与方法，在国际标准化和互换性的基础上，使得整个企业制造系统中的各个子系统分别智能化，并使制造系统成为网络集成的高度自动化的制造系统。

智能制造系统是智能技术集成应用的环境，也是智能制造模式展现的载体。IMS 理念建立在自组织、分布自治和社会生态学机理上，目的是通过设备柔性和计算机人工智能控制，自动地完成设计、加工、控制管理过程，旨在解决适应高度变化环境的制造的有效性。

由于这种制造模式，突出了知识在制造活动中的价值地位，而知识经济又是继工业经济后的主体经济形式，所以智能制造就成为影响未来经济发展过程的制造业的重要生产模式。

因本章不涉及智能制造技术本身，侧重于论述制造模式，故仅讨论智能制造系统。

三、智能制造系统的特征

与传统的制造系统相比智能制造系统具有以下特征。

1．自组织能力

自组织能力是指 IMS 中的各种智能设备，能够按照工作任务的要求，自行集结成一种最合适的结构，并按照最优的方式运行。完成任务以后，该结构随即自行解散，以备在下一个任务中集结成新的结构。自组织能力是 IMS 的一个重要标志。

2．自律能力

即搜集与理解环境信息和自身的信息，并进行分析判断和规划自身行为的能力。IMS 能根据周围环境和自身作业状况的信息进行监测和处理，并根据处理结果自行调整控制策略，以采用最佳行动方案。这种自律能力使整个制造系统具备抗干扰、自适应和容错等能力。

3．学习能力和自我维护能力

IMS 能以原有专家知识为基础，在实践中，不断进行学习，完善系统知识库，并删除库中有误的知识，使知识库趋向最优。同时，还能对系统故障进行自我诊断、排除和修复。这种特征使智能制造系统能够自我优化并适应各种复杂的环境。

4．人机一体化

IMS 不单纯是“人工智能”系统，而是人机一体化智能系统，是一种混合智能。基于人工智能的智能机器只能进行机械式的推理、预测、判断，它只能具有逻辑思维（专家系统），最多做到形象思维（神经网络），完全做不到灵感思维，只有人类专家才真正同时具备以上三种思维能力。人机一体化一方面突出人在制造系统中的核心地位，同时在智能机器的配合下，更好地发挥人的潜能，使人机之间表现出一种平等共事、相互“理解”、相互协作的关系，使二者在不同的层次上各显其能，相辅相成。

因此，在智能制造系统中，高素质、高智能的人将发挥更好的作用，机器智能和人的智能将真正地集成在一起，互相配合，相得益彰。

四、智能制造系统的构成及典型结构

从智能组成方面考虑，IMS 是一个复杂的智能系统，它是由各种智能子系统按层次递阶组成，构成智能递阶层次模型。该模型最基本的结构称为元智能系统（Meta-Intelligent System，M-IS）。其结构如图 5-15 所示，大致分为学习维护级、决策组织级和调度执行组三级。

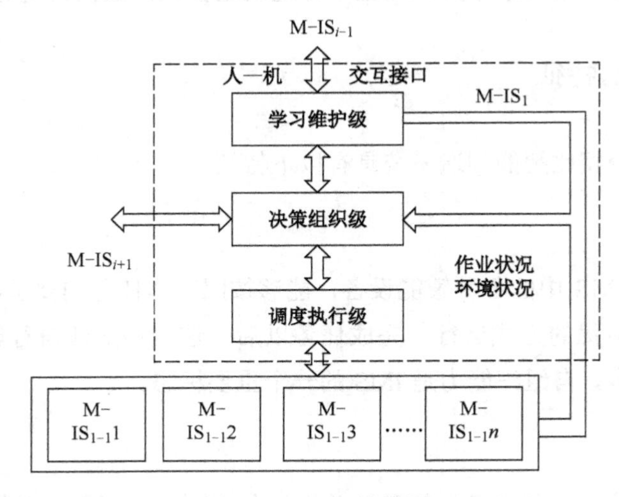

图 5-15　M-IS 结构图

学习维护级，通过对环境的识别和感知，实现对 M-IS 进行更新和维护，包括更新知识库、更新知识源、更新推理规则以及更新规则可信度因子等。决策组织级，主要接受上层 M-IS 下达的任务，根据自身的作业和环境状况，进行规划和决策，提出控制策略。在 IMS 中的每个 M-IS 的行为都是上层 M-IS 的规划调度和自身自律共同作用的结果，上层 M-IS 的规划调度是为了确保整个系统能有机协同地工作，而 M-IS 自身的自律控制则是为了根据自身状况和复杂多变的环境，寻求最佳途径完成工作任务。因此，决策组织组要求有较强的推理决策能力；调度执行组，完成由决策组织级下达的任务，并调度下一层的若干个 M-IS 并行协同作业。

M-IS 是智能系统的基本框架，各种具体的智能系统是在此 M-IS 基础之上对其扩充。

具备这种框架的智能系统具有以下特点：决策智能化；可构成分布式并行智能系统；具有参与集成的能力；具有可组织性和自学习、自维护能力。

从智能制造的系统结构方面来考虑，未来智能制造系统应为分布或自主制造系统（Distributed Autonomous Manufacturing System）。该系统由若干个智能施主（Intelligent Agent）组成。根据生产任务细化层次的不同，智能施主可以分为不同的级别。如一个智能车间可称为一个施主，它调度管理车间的加工设备，它以车间级施主身份参与整个生产活动；同时对于一个智能车间而言，它们直接承担加工任务。无论哪一级别的施主，它与上层控制系统之间通过网络实现信息的连接，各智能加工设备之间通过自动引导小车（AGV）实现物质传递。

在这样的制造环境中，产品的生产过程为：通过并行智能设计出的产品，经过 IMS 智能规划，将产品的加工任务分解成一个个子任务，控制系统将子任务通过网络向相关施主“广播”。若某个施主具有完成此子任务的能力，而且当前空闲，则该施主通过网络向控制系统投出一份“标书”。“标书”中包含了该施主完成此任务的有关技术指标，如加工所需时间，加工所能达到的精度等内容。如果同时有多个施主投出“标书”，那么，控制系统将对各个投标者从加工效率、加工质量等方面加以仲裁，以决定“中标”施主。“中标”施主若为底层施主（加工设备），则施主申请，由 AGV 将被加工工件送向“中标”的加工设备，否则，“中标”施主还将子任务进一步细分，重复以上过程，直至任务到达底层施主。这样，整个加工过程，通过任务广播、投标、仲裁、中标，实现生产结构的自组织。

五、智能制造系统的主要支撑技术

1. 人工智能技术

IMS 离不开人工智能技术。IMS 智能水平的提高依赖着人工智能技术的发展。同时，人工智能技术是解决制造业人才短缺的一种有效方法，在现阶段 IMS 中的智能主要是人（各领域专家）的智能。但随着人们对生命科学研究的深入，人工智能技术一定会有新的突破，将 IMS 推向更高阶段。

2. 并行工程

针对制造业而言，并行工程作为一种重要的技术方法学，应用于 IMS 中，将最大限度地减少产品设计的盲目性和设计的重复性。

3. 虚拟制造技术

用虚拟制造技术在产品设计阶段就模拟出该产品的整个生命周期，从而更有效、更经济、更灵活地组织生产，达到产品开发周期最短，产品成本最低，产品质量最优，生产效率最高的目的。虚拟制造技术应用于 IMS，为并行工程的实施提供了必要的保证。

4. 信息网络技术

信息网络技术是制造过程的系统和各个环节“智能集成”化的支撑。信息网络是制造信息及知识流动的通道。因此，此项技术在 IMS 研究和实施中占有重要地位。

第五节　绿色制造（GM）

一、绿色制造的提出

环境、资源、人口是当今人类社会面临的三大主要问题。关于环境问题，其恶化程度与日俱增，正在对人类社会的生存与发展造成严重威胁。近年来的研究和实践使人们认识到环境问题绝非是孤立存在的，它和资源、人口两大问题有着根本性的内在联系。而关于资源问题，它不仅涉及人类世界有限的资源如何利用，而且它又是产生环境问题的主要根源。因此，可以认为：最有效地利用资源和最低限度地产生废弃物，是当前世界上环境问题的治本之道。

制造业是将可用资源（包括能源）通过制造过程，转化为可供人们使用和利用的工业品或生活消费品的产业，它在将制造资源转变为产品的制造过程中和产品的使用和处理过程中，同时产生废弃物（废弃物是制造资源中未被利用的部分，所以也称废弃资源），废弃物是制造业对环境污染的主要根源。由于制造业量大面广，因而对环境的总体影响很大。可以说，制造业一方面是创造人类财富的支柱产业，但同时又是当前环境污染的主要源头。制造系统对环境的影响如图 5-16 所示。

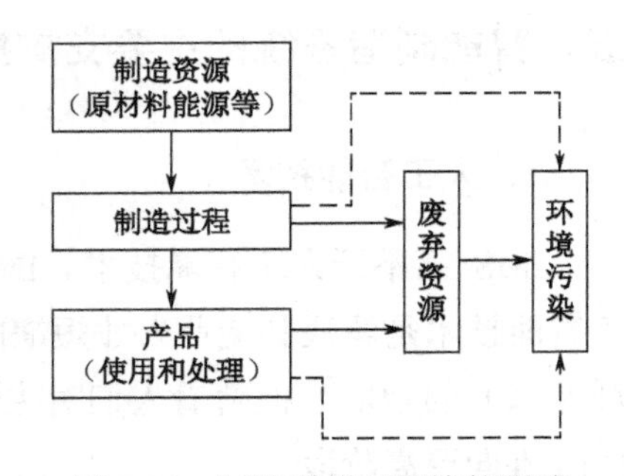

图 5-16 制造系统对环境的影响

注：其中虚线表示个别特殊情况下，制造过程和产品使用过程对环境直接产生的污染。如噪声、散发的有害物质等，而不是废弃物污染。

20 世纪飞速发展的工业技术使人类现在已面临环境污染、生态破坏和资源短缺的危机。美国能源部报告预测：全球能源消耗未来 20 年将增加 60%，在对环境的影响方面造成全球环境污染排放物的 70%以上来自制造业，它们每年产生约 55 亿吨无害废物和 7 亿吨有害废物，报废产品的数量则更是惊人。

传统的制造业一般采用“末端治理”的方法，以解决产品生产过程中产生的废水、废气和固体废弃物的环境污染问题。但是，“末端治理”的方法无法从根本上解决制造业及其产品产生的环境污染，而且投资大、运行成本高、消耗资源和能源。因此，如何使制造业尽可能少地产生环境污染，实行可持续发展的策略便成为当前制造科学所面临的重大问题，于是，无污染、低消耗的新型制造模式——绿色制造（Green Manufacturing，GM）便应运而生。

二、绿色制造的定义及特点

1．定义

绿色制造（Green Manufacturing，GM），又称为环境意识制造（Environmentally Conscious Manufacturing，ECM）和面向环境的制造（Manufacturing For Environment，MFE），是指在保证产品功能、质量、成本的前提下，综合考虑环境影响和资源效率的现代制造模式，其目标是使得产品从设计、制造、包装、运输、使用到报废处理的整个产品生命周期中，对环境的负面影响最小，资源效率最高，并使企业经济效益和社会效益协调优化。这里的环境包含了自然生态环境、社会系统和人类健康等因素。

2. 特点

（1）系统性　绿色制造系统与传统的制造系统相比，其本质特征在于绿色制造系统除保证一般的制造系统功能外，还要保证环境污染为最小。

（2）突出预防性　绿色制造是对产品生产过程进行综合预防污染的战略，强调以预防为主，使废弃物最小化或消失于生产过程中。

（3）保持适合性　绿色制造必须结合企业产品的特点和工艺要求，使绿色制造目标符合区域生产经营发展的需要，又不损害生态环境和保持自然资源的潜力。

（4）符合经济性　通过绿色制造，可节省原材料和能源的消耗，降低废弃物处理处置费用，降低生产成本，增强市场竞争力。在国际上绿色产品已获得越来越广泛的市场，生产绿色产品或环境标志产品必然使企业在国际市场具有更大的竞争力。

（5）注意有效性和动态性　绿色制造从“末端治理”转向对产品及生产过程的连续控制，使污染物产生最少化或消失于生产过程之中，综合利用再生资源和能源、物料的循环利用技术，如图 5-17 所示，虚线内表示传统制造的物流情况，这是一个开环系统，物流的终端是产品使用到报废为止；而绿色制造的物流则是一个闭环系统，可有效地防止污染再生产。

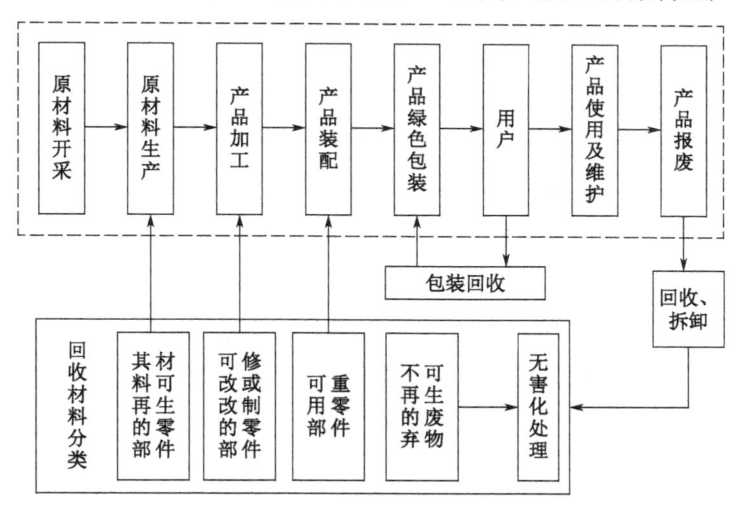

图 5-17　传统制造与绿色制造的物流

三、绿色制造的主要研究内容

绿色制造的主要研究内容有绿色设计技术、绿色制造工艺技术、绿色包装技术等。其中的绿色设计已在第二章介绍，下面就其他几方面的内容进行简要介绍。

1. 绿色制造工艺

绿色制造工艺是实现绿色制造的重要环节。绿色制造工艺是指在产品加工过程中，采用既能提高经济效益，又能减少环境影响的工艺技术。它要求在提高生产效率的同时，必须减少或消除废弃物的产生和有毒有害材料的用量，改善劳动条件，保护操作者的健康，并能生产出安全、可靠、对环境无害的产品。绿色工艺涉及诸多内容，如零件加工的绿色工艺、表面处理的绿色工艺、干式加工等。

绿色工艺要从技术入手，尽量研究和采用物料和能源消耗少、废弃物少、对环境污染小的工艺方案和工艺路线。如零件的绿色制造工艺主要包括加工工艺顺序、加工参数优化，绿色切削液、绿色润滑剂的使用，热处理、金属成形（铸造、熔炼）、表面喷漆中的绿色工艺以及环境影响评估。绿色制造工艺的开发策略如图5-18所示。

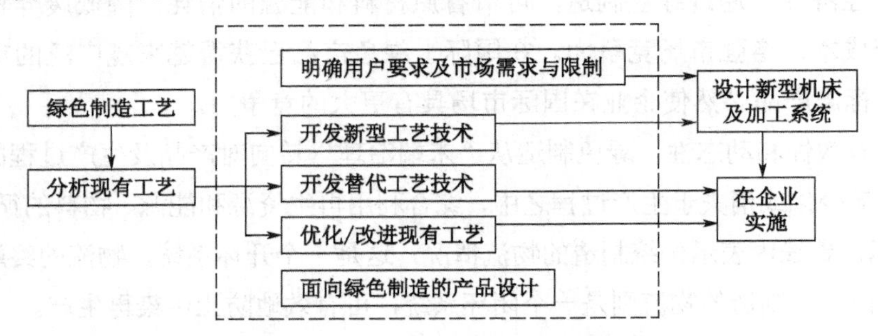

图5-18 绿色制造工艺的开发策略

机械加工中的绿色制造工艺主要包括少屑或无屑加工、干式切削和干式磨削等。少屑或无屑加工是利用精密铸造工艺，使工件一次成形，减少切削加工量；干式加工就是在加工过程中不用切削液的加工法。近年来，在高速切削工艺发展的同时，工业发达国家的机械制造行业受到环境立法和降低制造成本的双重压力，正在利用现有刀具材料的优势探索干式切削加工工艺。下面简单介绍干式加工和绿色切削液。

(1) 干式加工　这种工艺方法在生产中有较长时间的应用，但仅局限于铸铁材料的加工。随着刀具材料、涂层技术等的发展，干式加工的研究和应用已成为加工领域的新热点。近年来，美国在制造业广泛采用了干式加工。在欧洲已有一半的企业采用了干切削加工技术，尤其在德国，应用更为广泛。

采用干式加工方法，逐步取消切削液，可以取得经济和环境两方面的效益：

在经济方面，据国外统计资料表明，使用切削液的费用约占制造总成本的16%，而切削刀具消耗的费用仅占3%～4%。采用干式加工方法，可节约费用12%左右。

在环境方面，切削液，尤其是雾状切削液会对操作者的健康造成损害，同时还会产生废水，造成局部环境污染。

1）干式车削加工。干式车削加工的关键问题是选择适合干式车削的刀具（如涂层刀具、PCBN、聚合金刚石等）、改进刀具几何形状和确定干式车削加工条件。在适宜的切削条件下，可提高刀具寿命，降低切削温度。如采用GE超硬磨料公司的PCBN刀具进行旋风铣削加工丝杠螺纹，钢坯在精加工之前被淬硬，以硬旋风铣削取代软车削和精磨工序，明显提高了金属切除率，加工时间大大缩短，提高效率近100倍。

2）干式滚切加工。采用干式滚切加工是实现滚齿加工绿色化的主要措施。实现干式滚切加工需装解决的关键技术包括：提高滚切速度、快速排屑技术和开发高性能的高速滚刀等。如采用硬质合金或陶瓷刀具进行完全干式加工的新型滚齿机，既可以减少加工时间，又能够节约生产成本。如滚削汽车变速箱中的普通齿轮，用硬质合金滚刀进行干滚削，与高速钢湿滚削相比，加工费用降低了44%，加工时间缩短了48%，滚刀寿命提高了6倍。加工质量可与普通滚齿加工工艺相媲美，同时不影响随后进行的热处理和精加工。

3）干式磨削加工。磨削加工时，使用油基磨削液，在磨削过程中会产生油气烟雾，造成周围作业环境的恶化，同时磨削液后期处理既费时、成本又高。改善这种局面的方法就是采用干式磨削或新型磨削方式。

采用CBN砂轮的强冷风磨削是一种不用磨削液的干式磨削工艺方法。其原理是通过热交换器，把压缩冷空气经喷嘴喷射到磨削点上，并使用空气干燥装置，保持磨削表面干燥。由于压缩空气温度很低，所以在磨削点上很少有火花出现，几乎没有热量产生，因而工件热变形极小，可得到很高的磨削精度。此外，通过设置在磨削点下方的真空泵吸入磨削产生的磨屑，所收集的磨屑纯度很高，几乎没有混入磨料和黏结剂颗粒，因此，磨屑熔化后的材料化学成分几乎没有变化，可直接回收使用。

（2）绿色切削液　切削液是金属切削和磨削加工中大量使用的辅助消耗原料，也是产生工业废水的主要来源之一。科学、合理、清洁地使用、维护切削液，可以显著地提高切削效率、防止废水污染、减少切削液的使用成本，增加企业的经济效益和社会效益。

在切削液的使用中，为了尽可能地延长切削液的使用寿命，降低废弃切削液的处理费用，应遵循以下基本原则：

1）做好切削液的使用过程记录。如刀具使用寿命，工件表面粗糙度情况，加工生产率，停机更换刀具、清理工件所耗时间，废弃切削液和回收切削液的数量等。

2）运用科学方法确定不同切削条件的切削液配方，实现切削液配方标准化。

3）选择高质量的切削液或具有兼容特性的切削液，保证切削液固有的物理、化学特性。

4）在切削液的循环使用中，始终保持切削液浓度和pH的稳定。

5）采取有效防护措施，规范操作使用程序，防止切削液被工作环境或人为地污染。

6）建立切削液循环使用系统，及时清除切削液中的污染物和杂质。

7）避免过量使用切削液杀菌剂，以免降低切削液的使用寿命，并可能产生二次污染。

8）无毒、无害化处理废弃切削液。

2. 绿色包装技术

产品包装是产品生产过程的最后环节。绿色包装是指采用对环境和人体无污染、可回收重用或可再生的包装材料及其制品进行包装。它是从环境保护的角度，优化产品包装方案，使得资源消耗和废弃物产生最少。

（1）产品绿色包装的基本原则　产品绿色包装的基本原则是要符合“3R1D”，即：

1）减量化（Reduce）。减少包装材料消耗。包装应由“求新、求异”的消费理念转向简洁包装，这样既可以降低成本，减少废弃物的处置费用，又可以减少环境污染和减轻消费者负担。

2）重新使用（Reuse）。包装材料的再利用。应尽量选择可重新利用的包装材料，多次使用，减少资源消耗。

3）循环再生（Recycle）。包装材料的回收和循环使用。包装应尽可能选择可回收、无毒、无害的材料，如EPS、聚苯乙烯产品等。

4）可降解（Degradable）。应尽量选择易于降解的材料，如纸、可回收材料等。

（2）绿色包装技术研究的内容　绿色包装可以分为包装材料、包装结构和包装废弃物回收处理三个方面内容。

1）包装材料。绿色包装材料的研制开发是绿色包装得以实现的关键。绿色包装材料主要包括以下几种：① 轻量化、薄型化、无氟化、高性能的包装材料。如采用新型的镁质材料可部分代替金属包装材料。② 重复再用和再生的材料。再生利用是解决固体废弃物的好办法，并且在部分国家已成为解决材料来源，缓解环境污染的有效途径，如瑞典等国家实行聚酯PET饮料瓶和PC奶瓶的重复利用可达20次以上。③ 可食性包装材料。具有原料丰富齐全，可以食用，对人体无害甚至有利，并有一定强度等特点，在近几年获得了迅速的发展，广泛地应用于食品、药品的包装，其原料主要有淀粉、蛋白质、植物纤维和其他天然材料。④ 可降解包装材料。是指在特定时间内造成性能损失的特定环境下，其化学结构发生变化的一种塑料。发展可降解塑料包装材料，逐步淘汰不可降解塑料包装材料，是目前世界范围内包装行业发展的必然趋势，是材料研究与开发的热点之一。可降解塑料一般可分为生物降解塑料、生物分裂塑料、光降解塑料和生物/光双降解塑料。可降解塑料可广泛用于食品包装、周转箱、杂货箱、工具包装及部分机电产品的外包装箱，它在完成使用寿命以后，可通过土壤和水的微生物作用，或通过阳光中紫外线的作用，在自然环境中分裂降解和还原，最终以无毒的形式重新进入生态环境中，回归大自然。⑤ 利用自然资源开发的天然生物包装材料。如纸、木材、竹编材料、麻类制品、柳条、芦苇以及农作物茎秆、稻草、麦秸等，在自然环境中容易分解；不污染生态环境，而且可资源再生，成本较低。⑥ 大力发展纸包装。纸包装具有很多优点，如资源相对丰富，易回收，无污染。西方发达国家早就开始用纸包装来包装汉堡包、快餐、饮料等，并有取代塑料软包装之势。我国也在着手研制用纤维膜替代塑料膜作为农用薄膜，以避免对农田的污染。由于我国森林资源贫乏，必须发展纸包装主要资源的替代利用，探索新的非木纸浆资源，用芦苇、竹子、甘蔗、棉秆、麦秸等代替木材造纸，并设法扩大造纸木材的树种和充分利用丫材、废弃材和加工剩余边材，以扩大原料来源。

2）包装结构。在保证实现产品包装基本功能的基础上，从产品生命周期全过程考虑，应改革过度包装，发展适度包装，尽量减少使用包装材料，降低包装成本，节约包装材料资源，减少包装材料废弃物的产生量。

3）包装废弃物回收。包装废弃物主要包括可直接重用的包装、可修复的包装、可再生的废弃物、可降解的废弃物、只能被填埋焚化处理的废弃物等。图 5-19 所示是包装废弃物回收处理的系统框图。

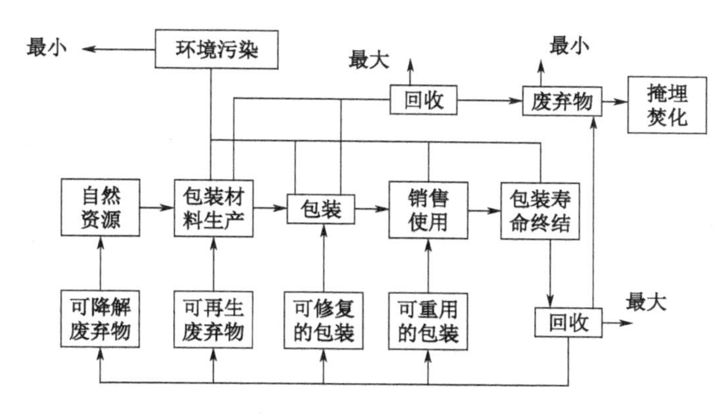

图 5-19 包装废弃物回收处理的系统框图

3. 绿色制造系统

（1）绿色制造系统的体系结构 根据绿色制造的特点、可持续发展对制造业的要求以及有关文献，重庆大学等院校在国家自然科学基金资助项目中，提出了绿色制造系统的体系结构，如图 5-20 所示。

从图 5-20 可以看出：绿色制造系统的体系结构中包括两个层次的全过程控制，三项具体内容、两个实现目标和三条实现途径。

1）两个层次的全过程控制。两个层次的全过程控制，是指在具体的制造过程即物料转化过程和在包括构思、设计、制造、装配、包装、运输、销售、服务、报废回收环节的产品生命周期全过程中，充分考虑资源和环境问题，实现最大限度地优化利用资源和减少环境污染。

2）三项具体内容。绿色制造的内容包括三部分，即用绿色材料、绿色能源，经过绿色的生产过程（绿色设计、绿色工艺技术、绿色生产设备、绿色包装、绿色管理等），生产出绿色产品。

① 绿色能源：绿色能源是指在产品生命周期全过程中尽量节约能源、资源，使其得到最大限度的利用。节约能源就是要求制造和使用较以前能显著地节省能量，能高效地利用能源，或者是以安全、可靠和取之不尽的能源为基础，如太阳能、风能、地热能、海洋能、氢能等。

② 绿色生产过程：绿色生产过程就是指将绿色产品的构思转化为最终产品的所有过程的综合。它以产品的物质转化过程为主线，同时融入保证物流畅通和有效的管理手段，主要包括绿色设计与绿色材料、绿色工艺技术、绿色生产设备、绿色包装、绿色营销、绿色管理等。

③ 绿色产品：在生命周期全程中符合特定的环境保护要求，对人体无害，对环境无影响或

影响极小；产品结构尽量简单而不降低功能，消耗原材料尽量少而不影响寿命；制造使用过程中消耗能源尽量少而不影响其效率；使用寿命完结时，零部件或者能翻新、回收、重用，或能安全地处理掉。

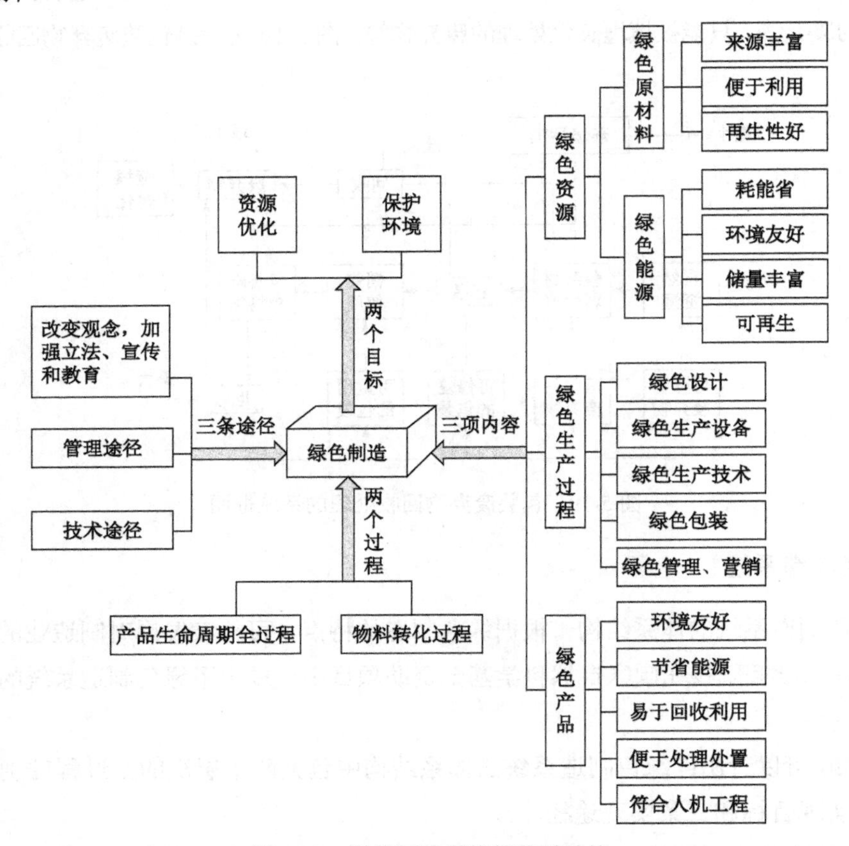

图5-20　绿色制造系统的体系结构

3）两个实现目标。绿色制造的两个目标是资源优化和环境保护。这两个目标的实现是在产品设计和制造过程中，始终按照绿色制造的三个内容要求，设计产品及其制造系统和制造环境，对绿色制造的两个过程进行全过程最优控制，合理配置资源，最大限度地发挥制造系统的效用，利用不同技术途径，最终实现节约资源保护环境的绿色制造目标要求。

4）三条实现途径。实现绿色制造的途径有三条：一是改变观念，树立良好的环境保护意识，并体现在具体行动上，可通过立法、宣传教育来实现；二是加强管理，利用市场机制和法律手段；促进绿色技术、绿色产品的发展和延伸；三是针对具体产品，采取技术措施，即采用绿色设计和绿色制造工艺，建立产品绿色程度评价机制等，解决所出现的问题。

（2）绿色制造系统的评价系统　实施绿色制造是一个极其复杂的系统工程问题。制造系统中资源的消耗种类繁多，因而制造过程对环境的影响状况多样，程度不一，极其复杂。如何测算和评估这些状态，如何评估绿色制造实施的状况和程度，这是当前绿色制造研究和实施均面临着的急需解决的问题。也就是说，绿色制造需要一套评估体系。它应包括绿色制造系统的评价指标体系、绿色制造系统的评价标准及绿色制造系统的评价方法。图 5-21 示出了绿色制造系统的评价指标体系。

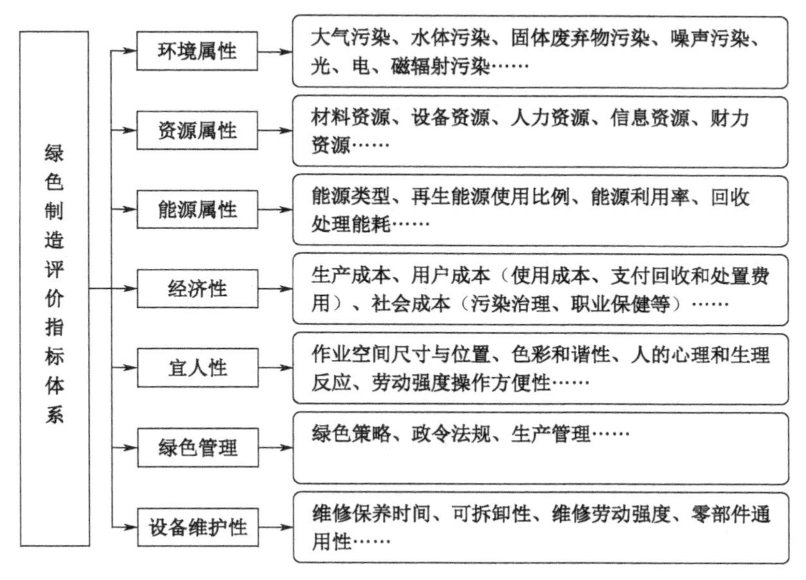

图 5-21　绿色制造系统的评价指标体系

四、绿色制造的发展趋势

1．全球化

全球化是指绿色制造的研究和应用将愈来愈体现全球化的特征和趋势，绿色制造的全球化特征体现在许多方面。

（1）制造业对环境的影响往往是全球化的，而绿色产品的市场竞争随着制造战略的升级也将是全球化的。

（2）国际环境管理标准——ISO 14000 系列标准的陆续出台增添了企业对实施绿色制造的需求，为绿色制造的全球化研究和应用奠定了很好的基础，实施绿色制造已是大势所趋。

（3）近年来，许多国家要求进口产品要进行绿色性认定，要有“绿色标志”，特别是有些国家以保护本国环境为由，制定了极为苛刻的产品环境指标来限制外国产品进入本国市场，即设置“绿色贸易壁垒”。这就需要产品的绿色制造过程应具有全球化的特征。

2．社会化

社会化是指绿色制造的社会支撑系统需要全社会的共同努力和参与。绿色制造涉及的社会支撑系统首先是立法和行政规定问题。当前，这方面的法律和行政规定对绿色制造行为还未能形成有力的支持，对相反行为的惩罚力度不够。立法问题现在已愈来愈受到各个国家的重视。

其次，政府可制定经济政策，用市场经济的机制对绿色制造实施导向。例如：制定有效的资源价格政策，利用经济手段对不可再生资源和虽属再生资源但开采后会对环境产生影响的资源（如树木）严加控制，使得企业和人们不得不尽可能减少直接使用这类资源，转而寻求开发替代资源。又如：城市的汽车废气污染是一个十分严重的问题，政府可以对每辆汽车年检时，测定废气排放水平，收取高额的污染废气排放费。这样，废气排放量大的汽车自然没有销路，市场机制将迫使汽车制造厂生产绿色汽车。

企业要真正有效地实施绿色制造，必须考虑产品寿命终结后的处理，这就可能导致企业、产品、用户三者之间的新型集成关系的形成。例如，有人就建议，需要回收处理的主要产品，如汽车、冰箱、空调、电视机等，用户只买了使用权，而企业拥有所有权，有责任进行产品报废后的回收处理。

无论是绿色制造涉及的立法和行政规定以及需要制定的经济政策，还是绿色制造所需要建立的企业、产品、用户三者之间新型的集成关系，均是十分复杂的问题，其中又包含大量的相关技术问题，均有待于深入研究，以形成绿色制造所需要的社会支撑系统。这些也是绿色制造研究内容的重要组成部分。

3．集成化

集成化是指绿色制造将更加注重系统技术和集成技术的研究。绿色制造涉及产品生命周期全过程，涉及企业生产经营活动的各个方面，因而是一个复杂的系统工程问题。因此要真正有效地实施绿色制造，必须从系统的角度和集成的角度来考虑和研究绿色制造中的有关问题。

当前，绿色制造的集成功能目标体系、产品和工艺设计与材料选择系统的集成、用户需求与产品使用的集成、绿色制造的问题领域集成、绿色制造系统中的信息集成、绿色制造的过程集成等集成技术的研究将成为绿色制造的重要研究内容。

绿色制造集成化的另一个方面是绿色制造的实施需要一个集成化的制造系统——绿色集成制造系统来进行。该系统包括管理信息系统、绿色设计系统、绿色加工系统、质量保证系统、物料资源系统、环境影响评估系统等六个功能子系统，计算机通信网络系统和数据库/知识库系统等两个支撑子系统以及与外部的联系。

绿色集成制造技术和绿色集成制造系统将可能成为今后绿色制造研究的热点。

4．并行化

并行化是指绿色并行工程，绿色并行工程又称为绿色并行设计，它是一个系统方法，以集成的、并行的方式设计产品及其生命周期全过程，力求使产品开发人员在设计一开始就考虑到产品整个生命周期中从概念形成到产品报废处理的所有因素，包括质量、成本、进度计划、用户要求、环境影响、资源消耗状况等。

绿色并行工程涉及一系列关键技术，包括绿色并行工程的协同组织模式、协同支撑平台、绿色设计的数据库和知识库、设计过程的评价技术和方法、绿色并行设计的决策支持系统等。

5．智能化

智能化是指人工智能与智能制造技术将在绿色制造研究中发挥重要作用，绿色制造的决策目标体系是现有制造系统 TQCS（即产品上市时间 T、产品质量 Q、产品成本 C 和为用户提供的服务 S）目标体系与资源消耗 R（Resource）和环境影响 E（Environment）两因素。要解决这个多目标优化问题及以下几个方面的问题都需要人工智能知识与智能制造技术，如在制造过程中应用专家系统识别和量化产品设计、材料消耗和废弃物产生之间的关系；应用这些关系来比较产品的设计和制造对环境的影响；使用基于知识的原则来选择实用的材料等。

6．产业化

产业化是指绿色制造的实施将导致一批新兴产业的形成。除了目前大家已注意到的废弃物回收处理装备制造业和废弃物回收处理的服务产业外，另有两大类产业值得特别注意。

（1）绿色产品制造业　制造业不断研究、设计和开发各种绿色产品以取代传统的资源消耗和环境影响较大的产品，将使这方面的产业持续兴旺发展。

（2）实施绿色制造的软件产业　企业实施绿色制造，需要大量实施工具和软件产品，如绿色设计的支撑软件（计算机辅助绿色产品设计系统、绿色工艺规划系统、绿色制造的决策系统、产品生命周期评估系统、ISO 14000 国际认证的支撑系统等），将会推动一类新兴软件产业的形成。

第六节　虚拟制造（VM）

一、虚拟制造的定义及特点

1．定义

虚拟制造（Virtual Manufacturing，VM）是美国于 1993 年首先提出的一种全新制造体系和模式，它以软件形式模拟产品设计与制造全过程，无须研制样机，实现了产品的无纸化设计。它是制造企业增强产品开发敏捷性、快速满足市场多元化需求的有效途径。由于虚拟制造基本上不消耗资源和能量，也不生产实际产品，而是产品的设计、开发与实现过程在计算机上的本质实现，因此，虚拟制造的研究、开发与应用已引起各国的高度重视，尤其是欧美、日本等工业发达国家，竞相投入大量人力、物力进行 VM 的研究与开发，VM 成为现代制造技术发展中最重要的模式之一。

虚拟制造目前还没有一个统一的定义。总的来说，虚拟制造就是利用仿真与虚拟现实技术，在高性能计算机及高速网络的支持下，采用群组协同工作，通过模型来模拟和预测产品功能、性能及可加工性等各方面可能存在的问题，实现产品制造的本质过程，包括产品的设计、工艺规划、加工制造、性能分析、质量检测等，并进行过程管理和控制。

2．特点

（1）虚拟制造是实际制造过程在计算机上的映射和本质表现。

（2）虚拟制造虽然不是实际的制造，但却实现实际制造的本质过程，是一种通过计算机虚拟模型来模拟和预估产品功能、性能及可加工性等各方面可能存在的问题，提高人们的预测和决策水平，使得制造技术走出主要依赖于经验的狭小天地，发展到了全方位预报的新阶段。

（3）产品设计与制造是在虚拟环境下进行的，在计算机上进行产品设计、制造、测试，甚至设计人员或用户可“进入”虚拟的制造环境检验其设计、加工、装配和操作，而不依赖于传统的原型样机的反复修改；还可将已开发的产品（部件）存放在计算机里，不但大大节省仓储费用，更能根据用户需求或市场变化快速改变设计，快速投入批量生产，从而能大幅度压缩新产品的开发时间，提高质量，降低成本。

（4）可使分布在不同地点、不同部门的不同专业人员在同一个产品模型上协同工作，相互交流，信息共享，减少大量的文档生成及其传递的时间和误差，从而使产品开发以快捷、优质、低耗响应市场变化。

二、虚拟制造的关键技术

虚拟制造的实现主要依赖于 CAD/CAE/CAM 和虚拟现实等技术，可以看作是 CAD/CAE/CAM 发展的更高阶段。虚拟制造不仅要考虑产品，还要考虑生产过程；不仅要建立产品模型，还要建立产品生产环境模型；不仅要对产品性能进行仿真，还要对产品加工、装配和生产过程进行仿真。因此，虚拟制造涉及的技术领域极其广泛。VM 的关键技术主要有虚拟现实技术、虚拟设计技术、可制造性评价等。

1．虚拟现实技术

虚拟现实技术（Virtual reality，VR）是在计算机图形学、计算机仿真技术、人机接口技术、多媒体技术以及传感器技术的基础上发展起来的一门交叉技术。是指由计算机直接把视觉、听觉和触觉等多种信息合成，并提示给人的感觉器官，在人的周围生成一个三维的虚拟环境，从而把人、现实世界和虚拟空间结合起来融为一体，相互间进行信息的交流和反馈的技术。虚拟现实又被称为幻境或灵境技术。

（1）虚拟现实技术的特征

1）多感知性。多感知性就是说除了一般计算机所具有的视觉感知外，还有听觉感知、力觉感知、触觉感知、运动感知，甚至包括味觉感知、嗅觉感知等。理想的虚拟现实就是应该具有人所具有的几乎所有的感知功能。

2）沉浸感。又称临场感、存在感，是指用户感到作为主角存在于虚拟环境中的真实程度。理想的模拟环境应该达到使用户难以分辨真假的程度。这种沉浸感的实现是根据人类的视觉、听觉的生理心理特点，由计算机产生逼真的三维立体图像。用户戴上头盔显示器和数据手套等交互设备，便可将自己置身于虚拟环境中，成为虚拟环境中的一部分。用户与虚拟环境中的各种对象的相互作用，就如同在现实世界中的一样。当用户移动头部时，虚拟环境中的图像也实时地发生变化，拿起物体可使物体随着手的移动而运动，而且还可以听到三维仿真声音。用户在虚拟环境中，一切感觉都是那么逼真，有一种身临其境的感觉。

3）交互性。在虚拟环境中，操作者能够对虚拟环境中的对象进行操作，并且操作的结果能够反过来被操作者准确地、真实地感觉到。例如，用户可以用手去直接抓取环境中的物体，这时手有握着东西的感觉，并可以感觉物体的重量，现场中的物体也随着手的移动而移动。虚拟现实系统中的人机交互是一种近乎自然的交互，用户不仅可以利用电脑键盘、鼠标进行交互，而且能够通过特殊头盔、数据手套等传感设备进行交互。计算机能根据用户的头、手、眼、语言及身体的运动，来调整系统呈现的图像及声音。用户通过自身的语言、身体运动或动作等自然技能，就能对虚拟环境中的对象进行考察或操作。

4）在虚拟环境中，对象的行为是自主的，是由程序自动完成的，要让操作者感到虚拟环境中的各种生物是有“生命的”和“自主的”，而各种非生物是“可操作的”，其行为符合各种物理规律，如当受到力的推动时，物体会向施加力的方向移动，或翻倒，或从桌面落到地面等。

（2）虚拟现实系统的结构　由图形系统及各种接口设备组成，用来产生虚拟环境并提供沉浸感觉，以及交互性操作的计算机系统称为虚拟现实系统（Virtual Reality System，VRS）。虚拟现实系统包括操作者、机器和人机接口 3 个基本要素。它不仅提高了人与计算机之间的和谐程度，也成为一种有力的仿真工具。利用 VRS 可以对真实世界进行动态模拟，通过用户的交互输入，并及时按输出修改虚拟环境，使人产生身临其境的沉浸感觉。虚拟现实技术是 VM 的关键技术之一。

虚拟现实系统的基本构成如图 5-22 所示。

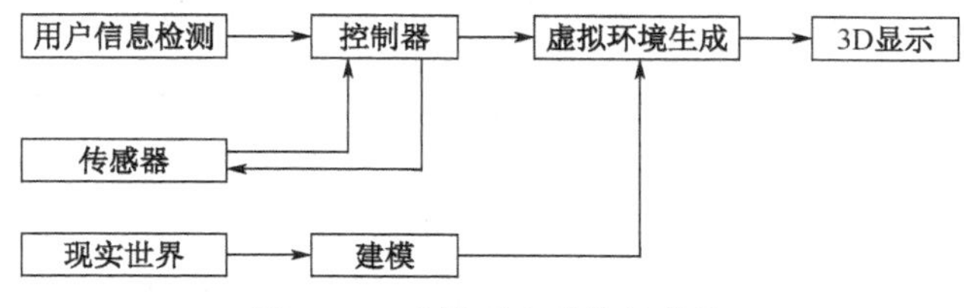

图 5-22　虚拟现实系统的结构

其中用户信息模块检测模块用来检测识别用户的操纵命令，并透过传感器模块作用于虚拟环境；传感器模块一方面接受来自用户的操作命令，感知现实世界、提取信息，并将其作用于虚拟环境，另一方面则将操作后产生的结果向用户反馈信息；控制器模块对传感器进行控制，使其对用户、虚拟环境和现实世界产生作用；建模模块构建现实世界的三维模型，由此构成对应的虚拟环境。

（3）虚拟现实技术的应用

虚拟现实技术首先在军事、航天等高科技领域以及娱乐等方面获得成功的应用。例如用于宇航员、飞行员训练的座舱系统、战场实时演练系统（虚拟战场）等。虚拟现实系统在产品设计、制造过程中同样具有重要的应用，可大大提高产品的技术水平，例如波音 777 飞机的设计、福特汽车外形设计与碰撞实验等。

2．虚拟设计技术

虚拟设计技术主要包括建模技术、虚拟仿真等。

（1）建模技术　虚拟设计的核心问题之一是建立产品数据模型（简称建模）问题。产品建模技术主要有基于 OpenGL 的建模技术与基于 VRML 的建模技术。

1）基于 OpenGL（Open Graphics Library，系统开发图像库，是 Windows 下三维图形的应用接口，由 Silicon Graphics 发布）的几何建模。建立虚拟制造系统的几何模型是虚拟仿真中非常关键的一环，也是最费时费力的工作。虚拟制造系统的建模包括静态建模和动态建模。静态建模是指构建那些不随仿真时间变化的实体的几何模型，如仿真场景中固定不变的物体。动态建模则是只构建那些位置或形状随仿真时间变化而变化的实体的几何模型，如虚拟机床、被加工的工件等。显然，后者要复杂得多。虚拟制造系统中的几何建模主要是动态建模。就静态建模而言，有很多交互式建模工具可供选用，典型的如 PC 上广泛适用的 AutoCAD、3D MAX 等，应用这些工具能大大提高建模工作的效率。由于诸多原因，这些建模工具还无法满足动态建模的需求。通常只用它们构建一些复杂的静态场景，而那些受仿真数据驱动，需要精确控制的实体，如机床、机械手等，则往往要通过底层的编程实现。

在制造系统中，无论是机床还是工件，通常都由比较规则的几何体构成，针对这个特点，OpenGL 图形库构造了 20 多个基本实体，包括立方体、棱柱、锥、球等。然后，由这些基本实体像搭积木一样组建更高一层的实体，进而构建较复杂机构（如各种机床、汽车、飞机等）的几何模型，这种方法在计算机图形学中被称之为构造实体几何法（Constructive Solid Geometry，CSG），在 CAD 中得到广泛的应用。CSG 的基本思想是，任何复杂的实体都可通过某些简单的体素（基本体素）加以组合来表示，通过描述基本体素（如球、柱等）和它们的集合运算（如并、交、差等）来构造实体。

CSG 法的结构为树状结构，是用一棵有序的二叉树记录实体的所有组合基本体素以及它们之间的集合运算和几何变换过程，而且同一物体完全可以定义不同的基本体素，经过不同的集合运算加以构造，如图 5-23 所示。采用 CSG 法构造实体时，计算机内部表示与物体的描述和拼合运算过程密切相关，即存储的主要是物体的生成过程，所以又称为过程模型。

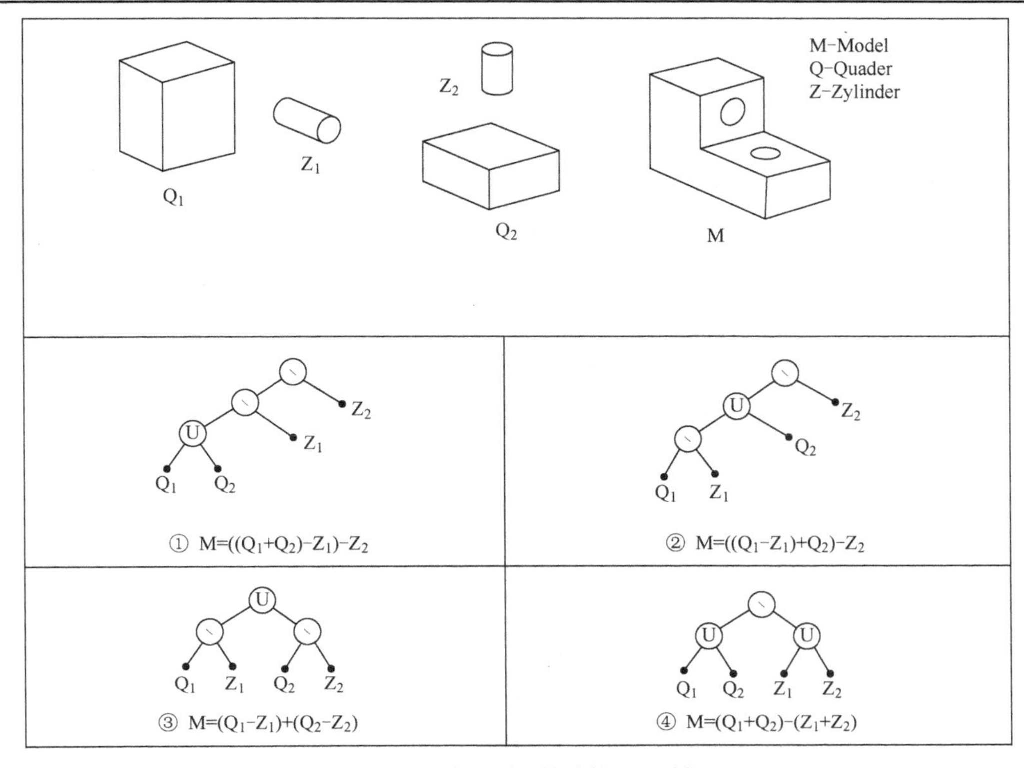

图 5-23　表示不同算法的 CSG 树

采用 OpenGL 技术构造虚拟制造单元的过程如图 5-24 所示。

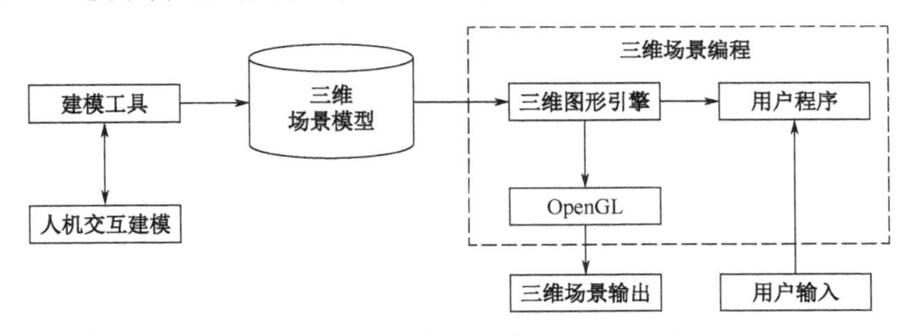

图 5-24　基于 OpenGL 的虚拟制造单元建模过程

2）基于 VRML 的虚拟制造单元建模。虚拟制造单元的建模工具除了 OpenGL 之外，常用的还有虚拟现实建模语言（Virtual Reality Modeling Language，VRML），该语言为虚拟制造的实现提供了一种低成本、易学易懂，而且可以在网上浏览的方法。VRML 于 1998 年 1 月被正式批准为国际标准（ISO/IEC14772－I：1997，通常称为 VRML97）。VRML 是 HTML 的三维模型，它使用 ASCⅡ的文本格式来描述现实和连接。

VRML 涉及多媒体通信、网络和虚拟现实等领域，其基本目标是实现在 Internet 上的具有交互能力的三维多媒体技术和规范。VRML 具有动态对象描述和超链接、通用性、扩展性、易实现等特点，可以描述静态的和动态的三维对象，也能描述链接别的场景或媒体类型（如音频、视频、图片等）的超链接。VRML浏览器和生成VRML文件的工具广泛使用于多种平台的计算机，经过注册后，允许应用者对基本标准增加新的可交互对象。用户可利用现有的图形接口，开发VRML的创作工具和浏览器，让人浏览Web上的三维实景。

VRML构造的是动态虚拟场景，但它不是三维建模工具，因此，对于复杂的模型，可以运用三维建模软件（如Pro/E、SolidWorks等）设计出三维模型，并输出格式为VRML的文件。再通过VRML编程实现虚拟制造单元的虚拟场景。基于VRML语言建立虚拟制造单元的建模过程如图5-25所示。

（2）虚拟仿真　虚拟仿真包括产品加工过程仿真、装配仿真及产品运动仿真等。

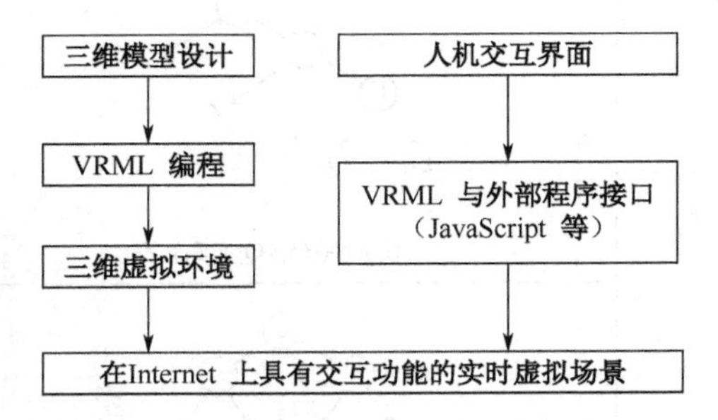

图5-25　基于VRML的虚拟制造单元建模过程

1）产品加工过程仿真。通过产品加工过程仿真可以达到以下几个目的：①采用加工件的实体模型和机床模型来模拟加工过程，刀具沿设计的轨迹切除工件上的材料，这样，就很容易地检验出刀具运动轨迹是否合理；②根据正常实际加工的各参数，设定虚拟加工过程，通过加工过程中表现出的各现象（如振颤、表面粗糙度、尺寸精度、刀具磨损等）验证加工参数的设置是否合理；③验证设计的合理性。产品设计的合理性、可加工性、加工方法和机床的选用、加工过程中可能出现的加工缺陷等，有时在设计时是不容易发现和确定的，必须经过仿真和分析。例如，冲压件的形状或冲压模具设计不合理，可能造成冲压件的翘曲和破裂，造成废品。铸造件的形状或模具、浇口设计不合理，容易产生铸造缺陷，甚至报废。产品的结构设计不合理，可能产生无法加工、或者加工精度无法保证、或者必须采用特种加工，增加了加工成本和加工周期。通过仿真，可以预先发现问题，采取修改设计或其他措施，保证工期和产品质量。

2）产品装配仿真。产品装配仿真，也称虚拟装配（Virtual Assembly），是在虚拟现实、产品建模的基础上，通过分析及预测模型、装配与制造规划等手段进行与装配相关的工程决策。

机械产品中有成千上万的零件要装配在一起，其配合设计、可装配性是设计人员常常出现的错误，往往要到产品最后装配时才能发现，造成零件的报废和工期的延误，不能及时交货以至于造成巨大的经济损失和信誉损失。虚拟装配可解决零件间静态干涉问题，也可在虚拟环境中以爆炸视图的形式把各装配件独立拆散，方便设计人员的检查。采用虚拟装配技术可以在设计阶段就进行验证，保证设计的合理性与精确性。

3）产品运动仿真。对于如汽车的发动机、传动系统、刹车系统等这类具有运动机构的零部件，采用虚拟装配技术，还不能保证运动机构的设计完全合乎要求，如各相关零件的动作是否协调、运动过程是否有干涉等，这就需要进行产品的运动仿真。

虚拟运动仿真可使“虚拟产品”在计算机中按设计的功能进行各种运动，根据其运动过程检查出机构间的动态干涉问题，得到指定构件或指定点的位移、速度、加速度等参数的连续变化的数据以及相关图形，最终可以准确地预测机构可能出现的问题，为改进设计提供准确的依据。

4）虚拟样机技术。虚拟样机技术是指在产品设计开发过程中，把虚拟产品建模技术（CAD）与分析技术（CAE）相结合，针对产品在投入使用后的各种工况进行动态仿真分析，预测产品整体性能，从而改进产品设计，提高产品性能。

虚拟样机是实际产品在计算机上的表示，又称为数字化样机。虚拟样机技术本质上是一种模拟仿真技术，涉及多体系统运动学、动力学建模理论及其技术实现，是基于先进的建模技术、多领域仿真技术、信息管理技术、交互式用户界面技术和虚拟现实技术等的综合应用技术。虚拟样机及其相关技术的关系如图 5-26 所示。各种相关技术可能涉及的部分典型软件如图 5-27 所示。

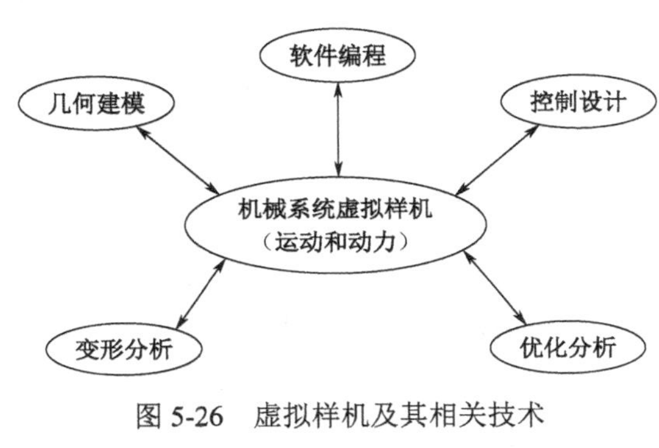

图 5-26　虚拟样机及其相关技术

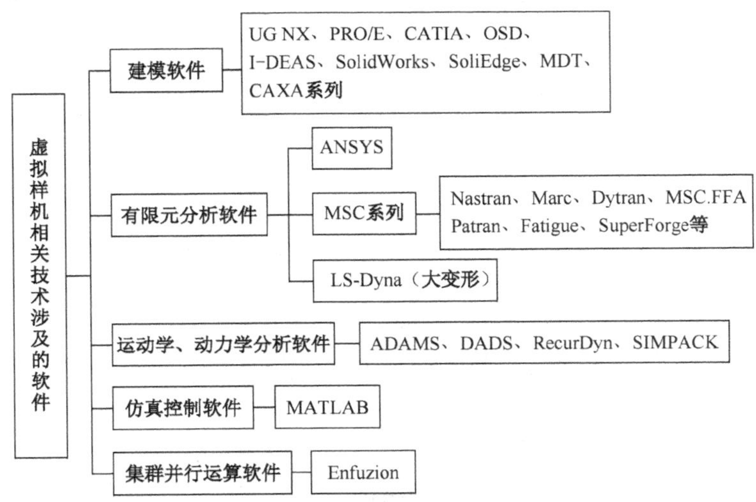

图 5-27　虚拟样机及其相关技术涉及的部分典型软件

3. 可制造性评价

可制造性评价主要包括对技术可行性、加工成本、产品质量和生产效率等方面的评估。虚拟制造的根本目的就是要精确地进行产品的可制造性评价，以便对产品开发和制造过程进行改进和优化。可制造性的评价方法可分为两类：基于规则的方法和基于方案的方法。前者即直接根据评判规则，通过对设计属性的评测来给可制造性定级；后者即对一个或多个制造方案，借助于成本和时间等标准来检测是否可行或寻求最佳方案。由于产品开发涉及的影响因素非常多，影响过程又复杂，所以建立适用于全制造过程的、精确可靠的产品评价体系是虚拟制造一个较为困难的问题。

三、虚拟制造系统

1．虚拟制造系统的体系结构

虚拟制造系统（Virtual Manufacturing System，VMS）的体系结构由三层构成，即经营决策层、产品决策层和生产决策层，如图5-28所示。

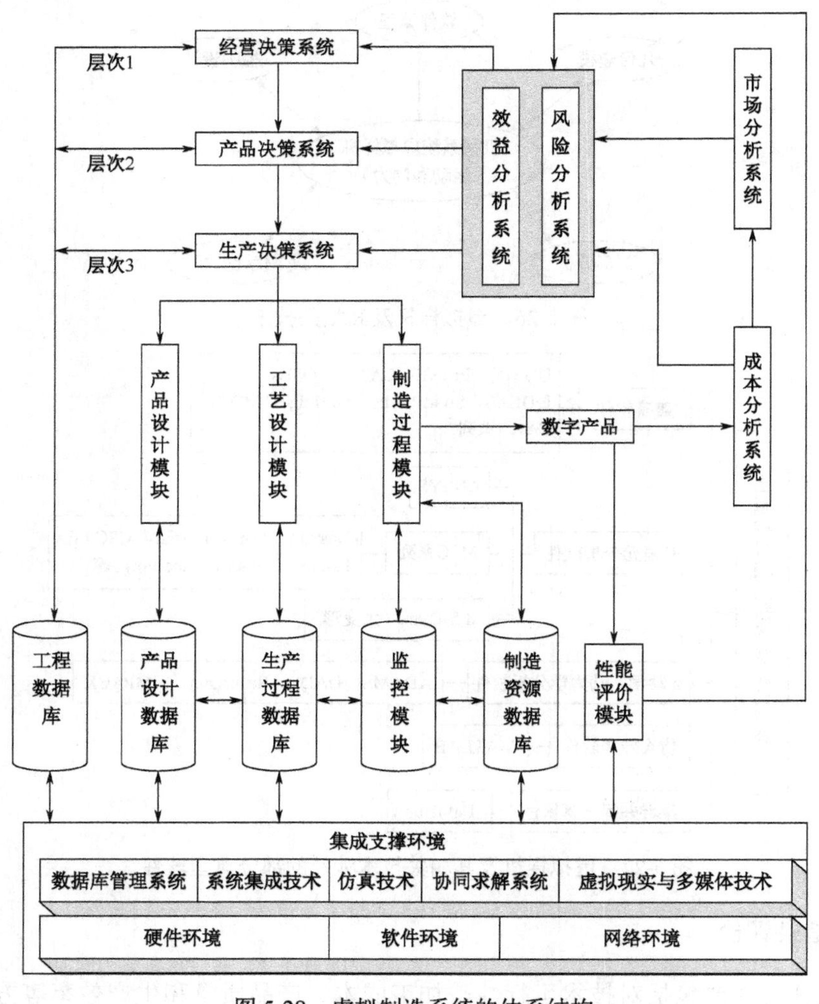

图5-28　虚拟制造系统的体系结构

（1）经营决策层　根据用户需求和市场信息、本企业的资源及技术条件等情况，做出生产产品的种类、规模、性能、规格等决策。

（2）产品决策层　根据上层所做出的生产产品的性能、规格做出产品总体方案决策，并对其性能做出初步评价，对其成本做出初步预估。

（3）生产决策层　根据上层决策和企业人力、物力及技术资源与水平等情况，做出产品开发计划、生产任务规划、生产调度计划等决策，并在计算机上实现其制造过程，生产出数字产品。通过对数字产品的工作过程仿真，对产品性能做出合理的评价。通过对数字产品的构成和形成过程进行分析，做出产品成本的分析报告。同时，数字产品可以展示给用户，让用户对该产品进行评价。综合各方面的因素，对产品投产的风险和效益做出评价。

上述三个层次的决策是在统一的软、硬件支持环境下，协同工作，求得全局最优的决策。

2．虚拟制造系统的开发环境

由于产品、制造环境和工厂业务活动的不同，制造活动的总体结构可能是不同的，因此，为适应不同的情况，必须提供能够灵活、方便地组织、构造 VMS 的开发环境，如图 5-29 所示。开发环境分为三个层次：组件层、开发层和应用层。

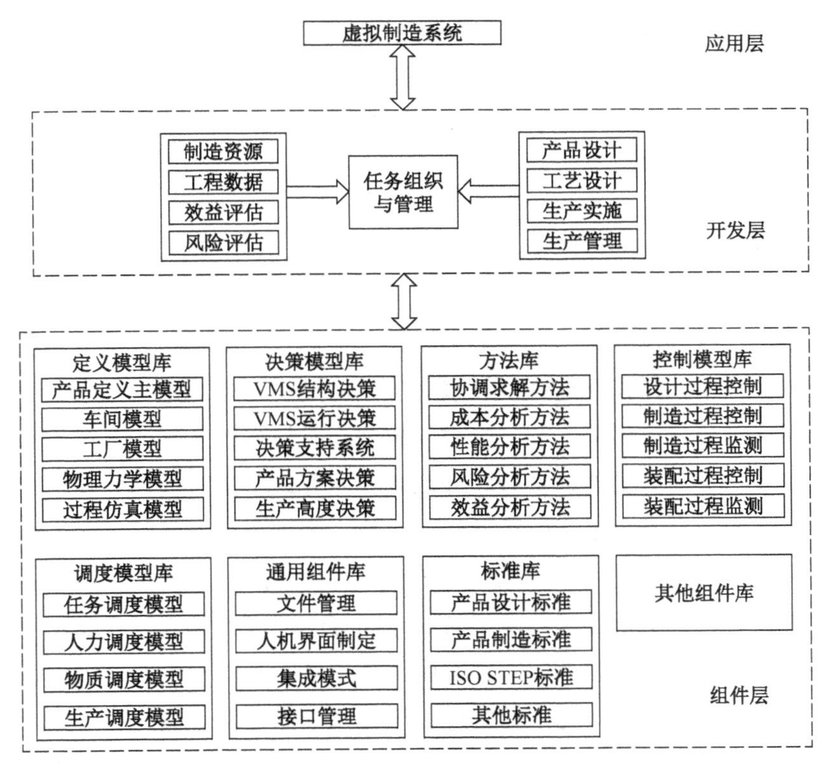

图 5-29　虚拟制造系统的开发环境

（1）应用层　应用层是根据市场变化、用户需求，通过下面的开发层面构造的特定虚拟制造系统，进行实际运行与考核。

（2）开发层　开发层是建造虚拟制造系统的集成开发环境，提供建造虚拟制造系统所用到的各种手段、工具和方法，完成虚拟制造系统中的产品设计、工艺设计、生产组织与管理、生产实施、效益及风险评估等。

（3）组件层　该层提供用于描述制造活动及其对象的各种组件及模型，主要有以下组成部分。

1）定义模型库。该库提供用于定义虚拟制造系统所需的各个组成部分的定义模型，按VMS的要求进行选取。

2）决策模型库。该库提供了建造与运行VMS的各种决策模型。

3）方法库。该库提供了建造与运行VMS所需的各种方法。

4）控制模型库。该库提供了运行VMS所需的各种控制模型。

5）调度模型库。该库提供了运行VMS所需的各种调度模型。

6）通用组件库。该库提供了VMS的通用组件。

7）标准库。该库提供了建立VMS所需的各种标准。

第七节　精良生产（LP）

一、精良生产提出的背景

20世纪初，由美国人Ford和Sloan开创的大量生产方式（Mass Production）揭开了现代化大生产的序幕，引起了制造业的根本变革，从而取代了单件生产方式，使美国战胜了当年工业最发达的欧洲，成为世界第一大工业强国。当他们正在津津乐道于大量生产方式所带来的绩效和优势时，日本人却在迅速恢复被战争破坏的经济，悄悄地开始酝酿一场制造史上的革命。日本丰田汽车公司丰田英二和大野耐一根据当时日本的实际情况：国内市场很小，所需的汽车种类繁多，又没有足够的资金和外汇购买西方最新生产技术。在丰田汽车公司创造了一种新的生产方式——丰田生产方式并付诸实施。这种生产方式既不同于欧洲的单件生产方式，也不同于美国的大批量生产方式，它综合了单件生产与大批量生产方式的优点，使工厂的工人、设备投资、厂房以及开发新产品的时间等一切投入都大为减少，而生产出的产品品种和质量却更多更好。丰田生产方式其实质是在产品的开发、生产过程中，通过项目组和生产小组把各方面的人集成在一起，把生产、检验与维修等场地集成在一起，通过相应的措施做到：零部件协作厂、销售商和用户的集成；去除生产过程中一切不产生附加价值的活动投资，简化生产过程和组织机构；以最大限度的精简，获取最大效益；以整体优化的观点，使企业具有更好的适应市场变化的能力。丰田公司的这种生产方式到20世纪60年代已经成熟，从而不仅使丰田汽车公司成为世界上效率最高、品质最好的汽车制造企业，而且使整个日本的汽车工业以至日本经济达到今天的世界领先水平。

进入 20 世纪 80 年代，欧美各国无法阻止日本在世界经济地位的快速发展，致使美国和西欧各工业国家开始对自己所依赖的生产技术产生了怀疑。1985 年初，美国麻省理工学院成立了一个名为“国际机动车辆计划（International Motor Vehicle Program，IMVP）”的专门机构，历时 5 年对美国、日本以及一些西欧国家的汽车工业进行全面、深刻的对比调查研究。其结果表明，造成日本与美国以及西欧各国在汽车工业发展上的差距不在于企业的自动化程度的高低、生产批量的大小、产品类型的多少，其根本原因在于生产方式的不同。日本之所以能在汽车工业上取得今天这样地位，就是因为它采用了由丰田汽车公司创造的新生产方式。并首次在《改变世界的机器》（*The Machine That Changed the World*）一书中提出了精良生产（Lean Production，LP）概念。精良生产其实指的就是丰田生产方式，它总结了日本推广应用丰田生产方式的精髓。

精良生产方式引起了欧美等发达国家以及许多发展中国家的极大兴趣。美国和德国率先引进精良生产方式。我国第一汽车制造厂等企业也进行了推广应用，初步取得了成效。

二、精良生产的含义

所谓精良生产就是有效地运用现代先进制造技术和管理技术成就，以整体优化的观点，以社会需求为依据，以发挥人的因素为根本，有效配置和合理使用企业资源，把产品形成全过程的诸要素进行优化组合，以必要的劳动，确保在必要的时间内，按照必要的数量，生产必要的零部件，达到杜绝超量生产，消除无效劳动和浪费，降低成本、提高产品质量，用最少的投入，实现最大的产出，最大限度地为企业谋求利益的一种新型生产方式。

精良生产方式及时地按照顾客的需求拉动价值流，产品生产是一种牵引式的生产制造过程。从产品的装配起，每道工序及每个车间，按照当时的需求，向前一道工序和车间提出需要的品种和数量，而前面工序、车间的生产则完全按要求进行，同时后一道工序负责对前一道工序进行检验，这有助于及时发现、解决问题。在生产过程中采用控制质量的办法，能够从质量形成的根源上来保证质量，减少了对销售、工序检验技术服务等功能的质量控制，这比最终成品的检验更为有效。

三、精良生产的体系结构及其特点

精良生产作为一种生产方式，它不像大批量生产那样把生产工人置于机器奴隶的地位，使工人不管产品有没有问题都要重复地进行同样的操作，也不像单件生产那样很长时间才能制造一个产品，产品的成本很高，又难以满足市场迅速变化的需要。

如果把精良生产体系看作为一幢大厦，则大厦的基础就是在计算机网络支持下的并行工程和小组化工作方式，大厦的支柱就是准时制生产、成组技术和全面质量管理，精良生产是屋顶。图5-30示出了精良生产的体系构成。

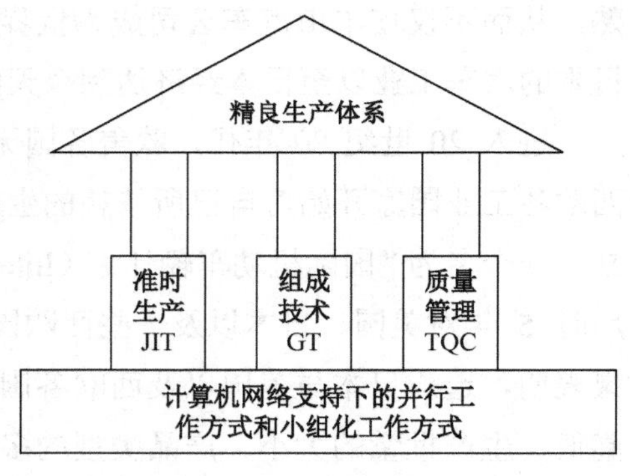

图5-30 精良生产的体系构成

精良生产的主要特点如下。

1. 强调人的作用——以人为中心

（1）在采用精良生产的企业中，所有工作人员都是企业的主人和终身雇员，不能随意淘汰，雇员被看作是企业最重要的资产，把雇员看得比机器更重要。这说明精良生产最强调人的作用。

（2）扩大雇员及其小组的独立自主权，在很大程度上减少了决策和解决问题过程中不必要的上传下达。在精良生产中，生产线上的每一个工人在生产出现故障时都有权让一个工区的生产停下来，并立即与小组人员一起查找故障原因，做出决策，解决问题，消除故障。这一点可清楚地说明，精良生产是以人为中心，生产工人在生产中享有充分的自主权。

（3）职工是多面手，公司各部门间人员密切合作，并与协作户、销售商友好合作。通过培训等方式创造条件使其扩大知识面，提高技能，培养雇员作为多面手的工作能力。创造工作条件和施加工作压力双管齐下，将任务和责任最大限度地托付给生产线上的工人。

2. 以简化为手段

简化是实现精良生产的核心办法和手段。为了使企业能够以最少的设备、装置、物料和人力资源，在规定的时间，以最低的成本、最高效益、最好的质量进行生产和完成交货，精简产品开发、设计、生产、管理过程中一切不产生附加值的环节，对各项活动进行成本核算，消除生产过程中的种种浪费，提高企业生产中各项活动的效率，实现从组织管理到生产过程整体优化，产品质量精益求精。

（1）简化组织机构和产品开发过程　采用并行工程方法，在产品开发一开始就将设计、工艺和工程等方面的人员组成项目组，简化组织机构和信息传递，提高系统柔性，缩短产品开发时间，降低资源投入和消耗。

（2）简化与协作厂的关系　总装厂与协作厂之间不再是以价格谈判为基础的委托和被委托关系，而是相互信任、生死与共的关系。在产品开发阶段，总装厂就根据以往的合作关系选定协作厂，并让协作厂也参加产品开发过程。总装厂和协作厂采用一个确定成本、价格和利润的合理框架，通过共同的成本分析，研究如何共同得益。

（3）简化生产过程，减少非生产性费用　在精良生产的企业中，后续工序需要前一工序什么时候、在什么地方提供什么工件或材料，需要提供多少，那么，前一工序就在什么时间，按需要量把工件或材料送到指定的地方。准时制生产（Just In Time，JIT）技术正是在这种需求下诞生的，它采用基本没有中间存储的、不停流动的、无阻力的生产流程。这不仅可以减少生产场地、库存，也可以减少流动资金的占用。同时，在精良生产中，精简不直接为产品增值的环节和工作岗位，如撤掉修理工、清扫工、检验员和一些间接工作岗位和中间管理层，以减少大量的非生产性费用。

（4）简化生产检验环节，采用一体化的质量保证系统　简化产品检验环节，以流水线旁的生产小组为质量保证基础。小组成员对故障的快速和直接处理是生产原则。因而从组织上就有了一个一旦发现故障、问题，即能迅速查找到起因的检验系统。同时，由于每一个小组自己检验产品，取消了昂贵的检验场所和修补加工区。这不仅简化了产品的检验，保证了产品的高质量，而且节省了费用。

3. 以尽善尽美为最终目标

精良生产所追求的是“尽善尽美”，即在提高企业整体效益方针的指导下，通过持续不断地系统结构、人员组织、运行方式和市场供求等方面的变革，使生产系统能很快适应用户需求而不断变化，精简生产过程中一切无用、多余的东西，在所需要的精确时间内，高质量地生产所需数量的产品，实现零缺陷（Zero Defects）、零准备（Zero Set-up Time）、零库存（Zero Inventories），零搬运（Zero Handling）、零故障停机（Zero Breakdowns）、零提前量（Zero Lead Time）和批量为一（Lot Size of One）。对这样理想境界的追求促使企业持续不断地获得更好的效益。

从上述特点不难看出，精良生产不仅是一种生产方式，而且更主要的是一种适用于现代制造企业的组织管理方法。实践证明，生产自动化的水平对企业来说是非常重要的，但未必是工厂效率的决定因素，更重要的是人的集成和协作关系的融洽，以及按需求驱动的原则进行组织和管理产品的生产和开发。例如，自动化程度不高的日本国内工厂（工序自动化率为34%）却是世界上效率最高的工厂，它比世界上自动化程度最高的欧洲工厂（组装工序自动化率为 48%）要少 70%的劳动投入量。由此表明，精良生产有着极强的生命力，将不断受到各种制造企业的青睐。

四、准时制生产

精良生产的核心内容是准时制生产。

1. 准时制生产的含义

准时制的核心就是及时，在一个物流系统中，原材料准确（适量）无误（及时）地提供给加工单元（或加工线），零部件准确无误地提供给装配线。这就是说所提供的零件必须是不多不少，不是次品而是合格品，不是别的而正是所需要的，而且提供的时间不早也不晚。对于制造系统来说，这肯定是一种苛刻的要求，但这正是准时制生产追求的目标。

显然，如果每个生产工序只考虑自己，不考虑下一道工序需要什么，什么时候需要和需要多少，那么一定会多生产或少生产，不是提前生产就是滞后生产，甚至生产出次品和废品，这种浪费必然降低生产的效率和效益，而准时制生产却可以消除这种浪费。其实在超级市场或餐饮行业，早已实行这种及时制造、及时供货的方式。饭店里总是顾客要什么菜才去做，绝对不会先做了一大堆菜让顾客去点，如果这样，那些吃不完的菜只好倒掉。丰田人正是将这种经营原则用到制造系统中来，从而创造出准时制生产方式。

2．看板系统

看板系统是准时制生产的核心内容之一。看板系统最原始的思想来自于美国的超级市场，超级市场的经理准备货物上架，主要依据顾客：要什么；什么时候要；要多少。这一做法用到生产上就可以降低库存和生产周期，提高生产率。看板系统的主要目的是准时把物料传送给制造工作站，并把有关生产什么和生产多少的信息送到前置工序。它可以在一条生产线内实现，也可在一个公司（或企业）内实现，因此不仅应用在制造过程，也可应用在生产过程的各个环节。

（1）看板的含义　所谓看板就是一种随着产品从一道工序转移至另一道工序的备忘卡片或工务票。它附着于制品实物上，在生产中由看板来严格控制零部件的制造和领取，以防止过量生产和降低库存。

（2）看板的类型　使用最多的看板类型有两种：移动看板（即拿取看板，如图5-31所示）和生产看板（订货看板如图5-32所示）。它们一般都做成10cm×20cm的尺寸，移动看板标明后一道工序向前一道工序拿取工件的种类和数量，而生产看板则标明前一道工序应生产的工件的种类和数量。除以上二种看板以外，还有一些其他的看板，如用于工厂和工厂之间的外协看板；用于标明生产批量的信号看板；用于零部件短缺场合的快捷看板；用于发现次品、机器故障等特殊突发事件的紧急看板等等。

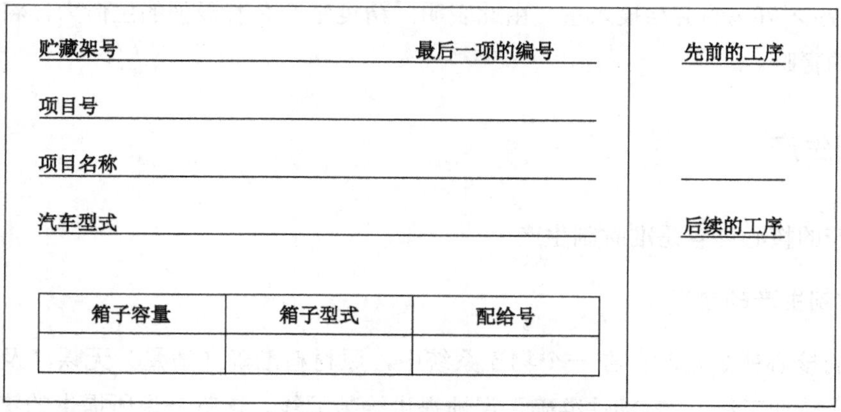

贮藏架号　　最后一项的编号　　先前的工序

项目号

项目名称

汽车型式　　后续的工序

箱子容量	箱子型式	配给号

图5-31　移动看板

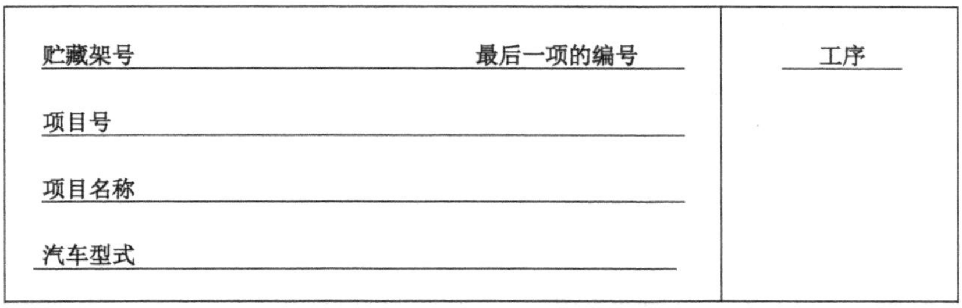

贮藏架号　　　　　　　　　　　最后一项的编号	工序
项目号	
项目名称	
汽车型式	

图 5-32　生产看板

（3）看板的工作过程

现以一个由三道工序组成的生产流程为例说明看板的工作过程。如图 5-33 所示，每道工序的设备附近均设有两个存件箱，一个存放前道工序已制成的为本道工序准备的在制品或零部件，另一个则存放本道工序已加工完成，以备下道工序随时提取的在制品或零部件。图 5-33 中甲是各道工序待加工的存件箱，附在该箱零部件上有移动看板；乙是各道工序已完成的存件箱，附在该箱零部件上有生产看板。图中实线表示物料传送过程，虚线为看板的传送过程。当产品装配工序（图中第 3 道工序）的工人从Ⅲ甲箱中取用一个零件或部件后，就从箱中取出附在零件或部件上的移动看板，到前道工序（图中第Ⅱ道工序）的乙箱中提取一个相同的零件或部件，以补足Ⅲ甲箱中已使用的一件。与此同时，再从Ⅱ乙箱中取出附在刚提走的零件或部件上的生产看板交与第Ⅱ道工序的生产工人。第Ⅱ道工序的工人在接到这块看板后，就立即生产这个零件或部件，制成后与这块看板一起补入Ⅱ乙箱中。第Ⅱ道工序开始制造时，又必须按同样的程序从Ⅱ甲箱中提取备用零件或在制品。很显然，这是一种“拉动式”的生产，即以销售（面向订货单位）为整个企业工作的起点，从后道工序拉动前道工序，一环一环地“拉动”各个环节，以市场需要的产品品种、数量、时间和质量来组织生产，从而消除生产过程中的一切松弛点，实现产品“无多余库存”以至“零库存”，最大限度地提高生产过程的有效性。

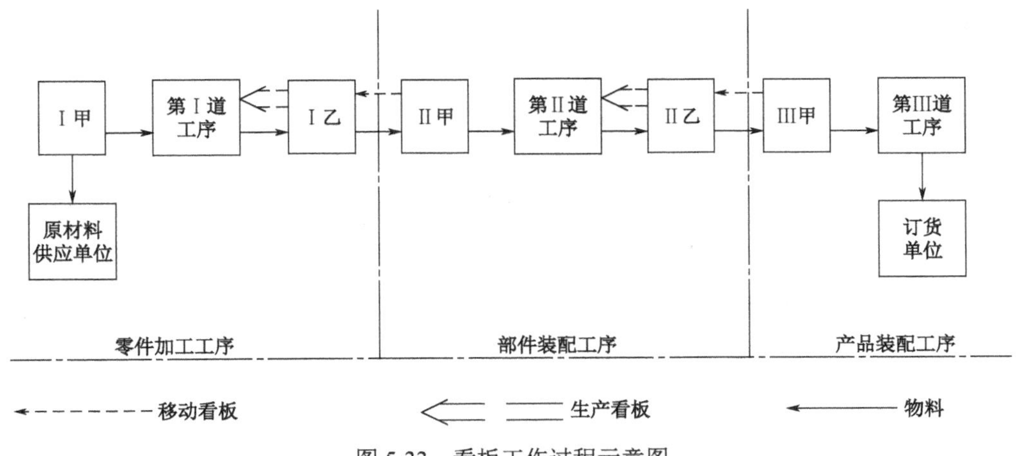

图 5-33　看板工作过程示意图

（4）使用看板应遵循的规则

1）下道工序应当准时到前道工序领取适量的零件。为此，须保证平稳的生产、合理的车间布置及工序标准化。

丰田公司有两种取货方式：一种是定量而不定周期，例如一台减速器是由四种零、部件组成，则货车由装配站出发逐一到加工上述四种零、部件的工作地去各取一种，以便组装一台减速器；另一种方式为固定周期的取货方式，例如四个协作厂在同一个地区，生产同一个组件所需的零件，因此它们的运货周期是一样的。如果每天必须给组装厂送四次货，则每个协作厂可以承担其中一次送货，送货时将本厂和其他三个厂的货一起送往组装厂，这样不仅减少了送货费用，而且也保证了组装厂及时生产。当然这必须要求四个协作厂距离均很近，交通运输畅通，如丰田汽车公司在美国选址的原则是必须距总装厂5h行车的半径范围（大约500km）内，以便总装厂能够准时取货，减少库存。

2）前道工序必须及时适量地生产后道工序所需的产品。如果要同时生产几种不同类型的产品，其生产顺序必须严格遵守看板订货或接收的顺序。为了实现这一点，前道工序必须多次进行生产准备，因此快速生产准备变得非常必要。

快速生产准备意味着将生产准备尽可能地减少（Setup Reduction，SUR），其主要思路是将在线和离线的生产准备活动分开，并尽可能地将在线活动转变为离线方式完成。要具体实施SUR，首先要将所有的生产准备工作列成清单，包括所需机器设备，注明准备步骤，所需工具，说明包括哪些活动，每项工作要做到什么地步，哪些属于离线，哪些属于在线等等。有了详尽的清单，可以避免准备工作丢三落四，且可以据此清单，分析研究哪些在线活动可以细化，以便使其中更多的部分转移到离线完成。

在我国，目前多是一人操作一台机器，当机器自动工作时，工人就无事可做。而在丰田公司，工人不仅一人看管一台以上的机器，而且利用机器自动工作的时间，进行离线的生产准备活动。

3）绝对不能将次品和废品送给下一道工序。很显然，废次品送到下道工序，必定会造成后道工序停工待料，从而使整条生产线瘫痪。

4）看板的数量必须减少和控制到最少。因为看板流通数量的多少，是衡量一个生产线能够减少库存程度的标志，最少看板的数量意味着最少的库存量。

5）看板应起到对生产幅度的微调作用，这样才能适应市场需求的小幅波动。从JIT拉动式的特点看出，生产计划的变更只需提供给总装线，其余各工序只要通过下道工序收到看板的变化，就可及时响应市场需求的微小变化。

复习思考题

1．CIM 与 CIMS 有何区别？
2．CIMS 的基本组成有哪些？
3．简述 CIMS 的体系结构。
4．实施 CIMS 会给企业带来什么效益？
5．什么是敏捷制造？它由什么组成？
6．智能制造的定义及特征是什么？其主要支持技术有哪些？
7．什么是绿色制造？它有什么特点？绿色制造的主要研究内容有哪些？
8．虚拟制造的定义及特点是什么？其关键技术有哪些？
9．虚拟制造的体系结构由哪些组成？各自的作用是什么？
10．什么是精良生产？它是在什么背景下产生的？有什么特点？

参 考 文 献

[1] 孙大涌．先进制造技术[M]．北京：机械工业出版社，1999.

[2] 李伟．先进制造技术[M]．北京：机械工业出版社，2005.

[3] 王隆太．先进制造技术[M]．北京：机械工业出版社，2003.

[4] 刘晋春，赵家齐，赵万生．特种加工[M]．北京：机械工业出版社，2004.

[5] 杨继全，朱玉芳．先进制造技术[M]．北京：化学工业出版社，2004.

[6] 盛晓敏，邓朝晖．先进制造技术[M]．北京：机械工业出版社，2000.

[7] 赵汝嘉．先进制造系统导论[M]．北京：机械工业出版社，2002.

[8] 朱晓春．先进制造技术[M]．北京：机械工业出版社，2004.

[9] 陈禹六．先进制造业运行模式[M]．北京：清华大学出版社，1998.

[10] [德]安德亚斯・格布哈特．快速原型技术[M]．曹志清等译．北京：化学工业出版社，2005.

[11] 刘志峰，刘光复．绿色设计[M]．北京：机械工业出版社，1999.

[12] 刘忠伟，邓英剑．水喷射加工技术及其在机械领域中的应用[J]．制造技术与机床，2004（2）：37-40.

[13] 王勤谟．敏捷制造与虚拟企业[J]．中国机械工程，1997，8（4）：76-77.

[14] 赵静一，姚成玉．液压系统可靠性工程[M]．北京：机械工业出版社，2011.

[15] 黎震，朱江峰．先进制造技术[M]．3 版．北京：北京理工大学出版社，2012.

[16] 戴庆辉．先进制造系统[M]．北京：机械工业出版社，2012.

反侵权盗版声明

电子工业出版社依法对本作品享有专有出版权。任何未经权利人书面许可，复制、销售或通过信息网络传播本作品的行为；歪曲、篡改、剽窃本作品的行为，均违反《中华人民共和国著作权法》，其行为人应承担相应的民事责任和行政责任，构成犯罪的，将被依法追究刑事责任。

为了维护市场秩序，保护权利人的合法权益，我社将依法查处和打击侵权盗版的单位和个人。欢迎社会各界人士积极举报侵权盗版行为，本社将奖励举报有功人员，并保证举报人的信息不被泄露。

举报电话：（010）88254396；（010）88258888

传　　真：（010）88254397

E-mail：　dbqq@phei.com.cn

通信地址：北京市万寿路 173 信箱

电子工业出版社总编办公室

邮　　编：100036